信息科学技术学术著作丛书

动态知识图谱应用及推理解释

李晓军　姚俊萍　著

科学出版社
北京

内 容 简 介

本书围绕动态知识图谱应用及推理解释,在分析知识图谱基本概念、理论与方法、主要应用及可解释性的基础上,系统介绍基于知识图谱的问答技术、动态推荐技术以及知识推理的可解释方法。本书的特点是结合作者及其团队研究的知识图谱应用问题,注重关键模型、算法基本原理以及领域前沿进展的讨论,兼具学术性和实践性特征。

本书可供计算机科学与技术、人工智能、数据科学与大数据技术等专业本科生和研究生学习使用,也可供从事相关研究的科研人员参考。

图书在版编目(CIP)数据

动态知识图谱应用及推理解释 / 李晓军,姚俊萍著. --北京:科学出版社,2025.6. --(信息科学技术学术著作丛书). -- ISBN 978-7-03-079798-8

Ⅰ.TP274

中国国家版本馆 CIP 数据核字第 2024GL2552 号

责任编辑:孙伯元　郭　媛 / 责任校对:崔向琳
责任印制:师艳茹 / 封面设计:无极书装

科 学 出 版 社 出版
北京东黄城根北街 16 号
邮政编码:100717
http://www.sciencep.com

北京富资园科技发展有限公司印刷
科学出版社发行　各地新华书店经销
*
2025 年 6 月第　一　版　开本:720×1000 1/16
2025 年 6 月第一次印刷　印张:13 3/4
字数:278 000
定价:130.00 元
(如有印装质量问题,我社负责调换)

"信息科学技术学术著作丛书"序

21世纪是信息科学技术发生深刻变革的时代,一场以网络科学、高性能计算和仿真、智能科学、计算思维为特征的信息科学革命正在兴起。信息科学技术正在逐步融入各个应用领域并与生物、纳米、认知等交织在一起,悄然改变着我们的生活方式。信息科学技术已经成为人类社会进步过程中发展最快、交叉渗透性最强、应用面最广的关键技术。

如何进一步推动我国信息科学技术的研究与发展?如何将信息科学技术发展的新理论、新方法与研究成果转化为社会发展的推动力?如何抓住信息科学技术深刻发展变革的机遇,提升我国自主创新和可持续发展的能力?这些问题的解答都离不开我国科技工作者和工程技术人员的求索和艰辛付出。为这些科技工作者和工程技术人员提供一个良好的出版环境和平台,将这些科技成就迅速转化为智力成果,将对我国信息科学技术的发展起到重要的推动作用。

"信息科学技术学术著作丛书"是科学出版社在广泛征求专家意见的基础上,经过长期考察、反复论证之后组织出版的。这套丛书旨在传播网络科学和未来网络技术,微电子、光电子和量子信息技术、超级计算机、软件和信息存储技术,数据知识化和基于知识处理的未来信息服务业、低成本信息化和用信息技术提升传统产业,智能与认知科学、生物信息学、社会信息学等前沿交叉科学,信息科学基础理论,信息安全等几个未来信息科学技术重点发展领域的优秀科研成果。丛书力争起点高、内容新、导向性强,具有一定的原创性,体现出科学出版社"高层次、高水平、高质量"的特色和"严肃、严密、严格"的优良作风。

希望这套丛书的出版,能为我国信息科学技术的发展、创新和突破带来一些启迪和帮助。同时,欢迎广大读者提出好的建议,以促进和完善丛书的出版工作。

中国工程院院士
原中国科学院计算技术研究所所长
李国杰

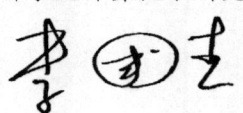

前　言

知识图谱以三元组的形式存储，并且表示现实世界中的实体以及实体之间的关系，其中的三元组通常描述一个领域的事实，由头实体、尾实体和描述这两个实体之间的关系组成。通过大量三元组之间的连接形成网络，知识图谱可以表示不同的实际场景，具有灵活的建模能力，成为人工智能领域重要的研究工具和手段。当前知识图谱的实践应用已经远超其最初的搜索引擎场景，在智能问答、推荐系统等应用中也发挥着重要作用。知识图谱通过提供结构化、语义化的知识表示，为智能问答和推荐系统带来了更高的精度和智能化，有助于改善用户体验，使系统能够更好地理解和满足用户的需求。

随着知识图谱及其应用领域研究的深入，其动态性及可解释性日益得到关注和重视。一方面，动态性更加符合现实世界工程实践特征，但其带给知识图谱应用的挑战也非常突出，如算法复杂性显著提升等；另一方面，出于算法可信赖体系建立的需要，尤其是神经网络、深度学习等技术逐步引入知识图谱推理系统中，可解释性成为知识图谱应用面临的急需解决的难题。本书正是基于上述问题，聚焦知识图谱应用的动态性和可解释性，结合作者及其团队多年的研究成果撰写而成。

在内容组织上，本书注重关键模型、算法基本原理以及领域前沿进展的讨论，同时也注重新技术及新方法的工程实践应用，遵循"科学问题抽象—理论模型研究—工程实践指导"的研究和分析逻辑，便于读者建立具象化的模型算法使用场景及框架结构，深入浅出。本书第1、2章介绍知识图谱基本概念、理论与方法，知识图谱应用与可解释性。第3~5章介绍基于知识图谱的问答技术，主要包括基于时序约束的候选空间缩减技术、衡量时间信息对向量精确依赖的时序知识问答方法，以及基于再验证框架的时序问题多答案推理方法。第6~8章介绍基于知识图谱的动态推荐技术，主要包括基于迁移学习和多智能体深度强化学习的知识推理方法、融合门控循环单元和图神经网络的知识图谱序列推荐算法，以及基于预训练与知识图谱的序列推荐模型。第9~11章介绍知识推理的可解释方法，主要包括面向知识图谱链接预测任务的解释子图生成、基于解释子图的知识图谱逻辑规则提取算法，以及面向两阶段规则提取的可解释性增强方法。

感谢程开原、王伊靖、袁聪、孙海峰等同学对本书做出的贡献。本书得到国家社会科学基金军事学重点项目、火箭军军内计划项目的支持。本书的出版可为计算机科学与技术、军事智能、作战指挥保障学科从人才培养、科学研究等方面提供支撑，为相关学科的发展做出贡献。人工智能以及知识图谱的研究一直处于蓬勃发展的状态,新的研究方向及范式、理论模型及算法层出不穷,希望本书的出版能够为读者提供一个窥探此领域研究的视角,起到抛砖引玉的作用。

由于作者水平所限,书中难免存在不妥之处,敬请各位读者批评指正。

作　者

2024 年 4 月

目 录

"信息科学技术学术著作丛书"序
前言

第一篇 基础理论篇

第1章 知识图谱基本概念、理论与方法 ······ 3
  1.1 引言 ······ 3
  1.2 知识图谱基本概念 ······ 4
  1.3 知识图谱理论与方法 ······ 5
  1.4 本章小结 ······ 7
第2章 知识图谱应用与可解释性 ······ 8
  2.1 引言 ······ 8
  2.2 知识图谱问答系统概述 ······ 9
    2.2.1 知识图谱问答基本概念 ······ 9
    2.2.2 时序问题 ······ 9
    2.2.3 时序知识图谱 ······ 11
    2.2.4 知识图谱问答方法 ······ 12
    2.2.5 时序知识问答 ······ 17
    2.2.6 基于知识图谱问答的图匹配技术 ······ 20
  2.3 知识图谱序列推荐系统概述 ······ 22
    2.3.1 知识图谱序列推荐系统的基本概念 ······ 24
    2.3.2 知识图谱序列推荐系统的分类、构建流程及推荐算法 ······ 24
  2.4 可解释知识推理 ······ 28
    2.4.1 知识推理技术分类 ······ 29
    2.4.2 基于图神经网络的知识推理 ······ 32
    2.4.3 面向图神经网络的解释方法 ······ 33
    2.4.4 知识推理解释形式 ······ 35
  2.5 本章小结 ······ 40

第二篇 基于知识图谱的问答技术

第 3 章 基于时序约束的候选空间缩减技术 43
  3.1 引言 43
  3.2 相关工作 45
    3.2.1 时序知识问答 45
    3.2.2 时序知识问答中的候选空间缩减 46
  3.3 CCSTI 候选空间缩减模型 48
    3.3.1 问题依赖增强表示 48
    3.3.2 答案时序区间判定 51
    3.3.3 答案逻辑推理 52
  3.4 实验准备 54
  3.5 实验结果与分析 55
  3.6 本章小结 58

第 4 章 衡量时间信息对向量精确依赖的时序知识问答方法 60
  4.1 引言 60
  4.2 相关工作 62
  4.3 模型设计 64
    4.3.1 答案子图信息增强 65
    4.3.2 问题表征增强 65
    4.3.3 答案预测 69
  4.4 实验准备 69
  4.5 实验结果与分析 71
  4.6 本章小结 75

第 5 章 基于再验证框架的时序问题多答案推理方法 76
  5.1 引言 76
  5.2 相关工作 78
  5.3 模型设计 79
  5.4 实验准备 83
  5.5 实验结果与分析 84
  5.6 本章小结 87

第三篇 基于知识图谱的动态推荐技术

第 6 章 基于迁移学习和多智能体深度强化学习的知识推理方法 …… 91
6.1 引言 …… 91
6.2 相关工作 …… 93
6.3 模型设计 …… 96
6.3.1 背景和问题定义 …… 96
6.3.2 基于强化学习的模型框架 …… 97
6.3.3 基于迁移学习的模型训练 …… 101
6.4 实验结果与分析 …… 102
6.5 对比实验与消融实验 …… 104
6.6 本章小结 …… 108

第 7 章 融合门控循环单元和图神经网络的知识图谱序列推荐算法 …… 109
7.1 引言 …… 109
7.2 相关工作 …… 110
7.3 模型设计 …… 112
7.3.1 问题描述与符号说明 …… 112
7.3.2 KGSR-GG 算法实现 …… 113
7.4 实验结果与分析 …… 120
7.4.1 实验数据集介绍 …… 120
7.4.2 基线方法 …… 121
7.4.3 实验设置 …… 122
7.4.4 基线方法结果与分析 …… 124
7.5 本章小结 …… 128

第 8 章 基于预训练与知识图谱的序列推荐模型 …… 129
8.1 引言 …… 129
8.2 相关工作 …… 130
8.3 模型设计 …… 132
8.3.1 相关定义及公式化描述 …… 132
8.3.2 模型描述 …… 132
8.4 实验 …… 139

8.4.1　实验数据集及预处理 ································· 139
　　8.4.2　评价指标 ··· 139
　　8.4.3　参数设置 ··· 140
　　8.4.4　基线方法 ··· 141
　　8.4.5　实验结果与分析 ···································· 141
8.5　本章小结 ·· 149

第四篇　知识推理的可解释方法

第 9 章　面向知识图谱链接预测任务的解释子图生成 ············ 153
9.1　引言 ··· 153
9.2　相关工作 ·· 154
9.3　模型设计 ·· 155
　　9.3.1　模型框架 ··· 155
　　9.3.2　单关系图转换 ······································ 156
　　9.3.3　图神经网络模型设置 ···························· 158
　　9.3.4　解释生成 ··· 159
9.4　实验 ··· 159
9.5　实验结果与分析 ·· 161
　　9.5.1　知识图谱补全实验与结果分析 ············· 161
　　9.5.2　解释提取实验与结果分析 ···················· 163
9.6　本章小结 ·· 165

第 10 章　基于解释子图的知识图谱逻辑规则提取算法 ············ 166
10.1　引言 ··· 166
10.2　相关工作 ·· 167
10.3　GKREx 规则提取模型 ································ 168
　　10.3.1　模型框架 ··· 168
　　10.3.2　基于单关系图的解释子图生成 ············ 168
　　10.3.3　语言偏置 ··· 172
　　10.3.4　面向解释子图的规则提取 ··················· 172
10.4　实验准备 ·· 175
10.5　实验结果与分析 ·· 176

10.6 本章小结 …………………………………………………………… 178

第 11 章 面向两阶段规则提取的可解释性增强方法 ……………… 179
11.1 引言 …………………………………………………………… 179
11.2 相关工作 ……………………………………………………… 180
11.3 IEM-TREx 可解释性增强方法 ……………………………… 181
    11.3.1 基于中心性的候选节点筛选 ………………………… 182
    11.3.2 基于连通性的解释子图裁剪 ………………………… 183
11.4 实验准备 ……………………………………………………… 184
11.5 实验结果与分析 ……………………………………………… 187
11.6 本章小结 ……………………………………………………… 189

参考文献 ……………………………………………………………… 190

第一篇　基础理论篇

　　本篇为基础理论篇，共分为两个章节。其中，第 1 章为知识图谱基本概念、理论与方法，主要介绍信息时代下知识管理所遭遇的挑战，引出知识图谱作为一种重要的解决方法的动机，并给出知识图谱中必要的基本概念定义以及相关理论；第 2 章为知识图谱应用与可解释性，介绍在实践中主要的基于知识图谱的应用场景：知识图谱问答系统以及知识图谱序列推荐系统，并且在第 2 章分别对这两种主要应用的问题背景和相关概念进行介绍。

第 1 章 知识图谱基本概念、理论与方法

1.1 引　言

随着信息化技术的加速演化,刻画人类社会痕迹的数据急剧增加,使得传统的知识管理方法面临严峻挑战。企业、学术机构以及个人都面临着从这些海量数据中提取、组织和理解信息的难题,这些异构数据经常以不同的组织方式存储在不同的数据源中,传统数据库和信息查询系统往往难以处理非结构化信息,而跨源数据整合和语义理解也成为知识管理的瓶颈。同时,对于同一件事物或相关联事件的描述可能存在于不同的数据源内,削弱了数据与数据之间的相关性。

传统的数据库系统主要依赖表格结构,而实际的知识往往是复杂而丰富的,涉及实体、关系和属性的多层次关联。这种复杂性使得在传统数据库中难以捕捉和表达知识的本质,阻碍了人们从信息中获取更深层次的理解。因此,传统方法已经无法满足当今信息时代对知识管理的迫切需求。

在上述背景下,为推进知识的增量更新,并促进机器由感知智能向认知智能发展,谷歌公司于 2012 年正式提出知识图谱(knowledge graph,KG)的概念。其核心是以三元组(头实体、关系、尾实体)形式组织现实事实,通过节点、边和属性的图结构显式表达实体间复杂关联,这种直观灵活的建模方式显著增强了知识表达与推理能力。最初作为搜索引擎的语义支撑技术,知识图谱凭借其强大的知识组织能力,可以表示不同的实际场景,具有灵活的建模能力[1]。知识图谱逐步拓展至语言理解、智能问答、推荐系统等领域。

同时,知识图谱的发展与语义网络密不可分,语义网络的概念于 2001 年提出。语义网络最初的目的是希望计算机可以智能化理解互联网上描述的内容,对不同来源的数据进行融合,以便人们更好地获取信息。知识图谱可以看作语义网络的简化形式。相比于传统的语义网络,知识图谱的优势在于:

(1) 语义表达能力更强,能够支持更多场景下的应用;

(2) 知识图谱可以很好地结合人工智能技术,实现认知智能、可解释人工智能;

(3) 基于图结构的数据,便于知识的存储和集成。

综上所述,研究知识图谱不仅是为了解决当前知识管理的难题,更是为了探索其在人工智能、自然语言处理和智能推荐系统等领域的潜在应用。通过深入了解

知识图谱的原理和实践,可以为信息科学领域的发展和创新提供重要的参考与支持。

1.2 知识图谱基本概念

知识图谱原本为谷歌公司于2012年发布的用于增强搜索体验的产品,因此又称为谷歌知识图谱(Google knowledge graph)。它与传统搜索产品的区别在于,在用户输入查询内容后,搜索引擎将不仅返回匹配搜索内容关键字的相关网页列表,而且会根据查询内容中提及的人名、物品名、地名、机构名等实体信息,对这些与实体相关的结构化信息进行展示。随后国内的搜索引擎厂商也相继推出了知识图谱产品,如图 1.1 所示,用户输入"华为公司的核心理念是什么"后,百度搜索引擎不仅会给出相关的网页,而且会直接给出华为公司核心理念的主要内容。

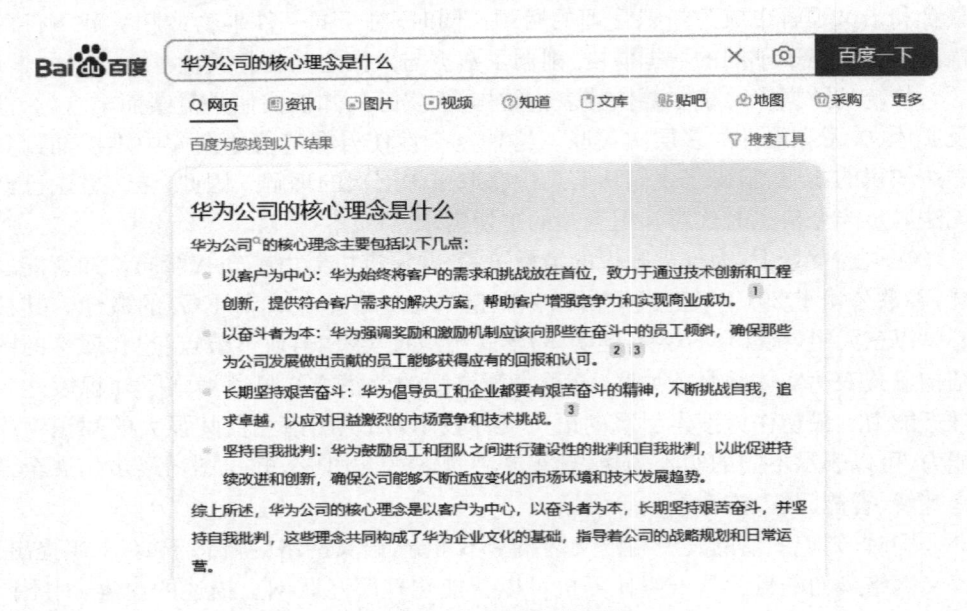

图 1.1 百度知识图谱示例

当前知识图谱已经从某种搜索产品的名称转变为学术界和工业界广泛研究的各类结构化知识库的统称。通过将现实世界中的具体事物或抽象概念表示为实体,并将这些实体之间存在的联系表示为关系,知识图谱可以将现实世界中的知识连接为一个庞大的知识网络。对知识图谱的相关研究涉及众多理论。

知识图谱是一种以图形结构表示的知识表示方法,涉及多个相关的理论和概念。以下是一些与知识图谱相关的理论。

(1) 图论(graph theory)。图论是研究图形结构和它们之间关系的数学理论。在知识图谱中,实体和关系可以被抽象为图的节点和边,因此图论为理解知识图谱的结构并进行相关分析提供了基础。

(2) 本体论(ontology)。本体论是关于存在的本质和本体之间关系的哲学分支。在知识图谱中,本体论用来定义实体和关系的本质、类型和属性,从而为知识图谱中的元素提供清晰的语义表示。

(3) 语义网络(semantic network)。语义网络是一种基于语义关系的知识表示结构。知识图谱的概念和原理受到语义网络的影响,通过语义关系连接实体,形成语义上的丰富网络结构。

(4) 开放世界假设(open world assumption)。开放世界假设是指在知识图谱中,未明确表示的信息并不等同于错误信息,而是暗示着开放世界中存在更多的未知知识。开放世界假设在处理现实世界的不完备信息时非常重要。

(5) 语义相似性和语义匹配。语义相似性和语义匹配理论涉及如何量化和衡量实体之间的语义关联。这些理论有助于在知识图谱中进行推理、搜索和相似性匹配。

(6) 形式概念分析(formal concept analysis)。形式概念分析是一种数学工具,用于在数据集中发现概念和概念之间的关系。在知识图谱中,形式概念分析可用于发现实体之间的概念和关系,从而揭示知识图谱中的隐藏结构。

(7) RDF 和 OWL 标准。RDF(resource description framework,资源描述框架)和 OWL(web ontology language,网络本体语言)是知识图谱建模中的两个重要标准。RDF 用于表示资源和资源之间的关系,而 OWL 则用于定义资源之间的本体结构和语义关系。

(8) 图数据库理论(graph database theory)。为了有效存储和查询知识图谱数据,图数据库理论提供了有关如何组织、索引和查询图形结构的方法。图数据库理论使得知识图谱的管理和查询变得高效和可扩展。

上述理论共同构成了知识图谱领域的基础,为知识图谱的构建、查询和应用提供了理论支持。在不断发展的人工智能和语义网络领域,这些理论的演进将继续推动知识图谱的进一步研究和应用。

1.3 知识图谱理论与方法

人们已经构建了数量众多的大型知识图谱,如 WordNet、HowNet、ConceptNet、Wikidata[2]等。按照知识类型划分,这些知识图谱可以分为常识知识图谱、世界知识图谱、语言知识图谱和专业知识图谱。其中,常识知识图谱存储了普通人应当了解的基本知识,如 ConceptNet 就是其中的代表;世界知识图谱则是指现实世界中的所有事实,例如,Freebase、Wikidata、DBpedia[3]和 YAGO[4]是应用最为广泛的知识图谱,此类知识图谱类似于具有海量词条的百科全书;语言知识图谱包含人类语言中的词法、句法、语义以及语用等语言方面知识,如 WordNet 为典型的语言知识图谱;专业知识图谱则是各行业自行维护的包含专业知识的知识图谱,这类知识图谱中的知识范围不大但非常深入,其中电商以及在线购物平台所维护的知识图谱(如美团知识图谱)则为典型的专业知识图谱。

知识图谱的全周期技术包括知识建模和存储、知识抽取、知识融合、知识推理和知识应用,如图 1.2 所示。

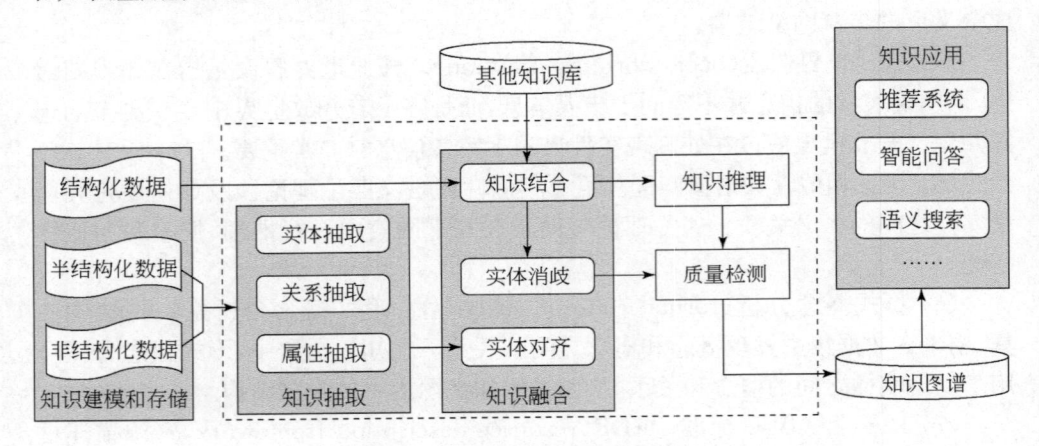

图 1.2 知识图谱的生命周期

1. 知识建模和存储

知识建模是指规定一个表达方式对知识进行描述,而知识图谱中经常采用 RDF 数据模型进行描述。RDF 是万维网联盟制定的用于描述现实资源的国际标准,具有独立性,使不同元数据间的转换成为可能。在知识表示后,知识图谱采用的存储方法主要有关系数据库的存储、面向 RDF 三元组数据库的存储和原生图数据库的存储。

2. 知识抽取

知识抽取指的是从结构化数据、非结构化数据、半结构化数据等不同数据源中抽取相关信息、创建知识,并存入知识图谱中,是构建大规模知识图谱的重要技术。在自然语言处理中,知识抽取的主要问题是如何对用户生成内容等产生的碎片化知识进行抽取合并,将非结构化数据转换为结构化数据。

3. 知识融合

知识融合是对不同来源、不同结构的知识进行融合，对知识图谱进行补充、更新和去重，以解决知识图谱异构等问题。例如，在自动问答、辅助决策等智能系统中，利用知识图谱进行知识融合的方法主要有基于张量分解的方法、基于低维向量的知识嵌入方法、实体消歧方法和基于概率模型的方法。

4. 知识推理

推理是模拟思维的基本形式，是指从一个已有的判断（前提）中推导出判断（结论）的过程。而知识推理主要是从已有的事实或关系中推断出未知的事实或关系，着重关注实体、关系和图结构三个方面的特征信息，辅助地推理出新的公式、新的规则等。

5. 知识应用

知识应用是指将构建好的知识图谱应用到不同的领域，以推动不同产业的发展。目前，知识图谱的应用领域包括推荐系统、智能问答、语义搜索和可视化决策支持等。

1.4 本章小结

本章从知识图谱的起源和发展两个阶段介绍了知识图谱相关的基本概念，总结了当前知识图谱的主要类型，并且以宏观的生命周期视角描述了知识图谱从创建到应用的全过程，包括知识的建模和存储、知识的抽取和融合，以及下游阶段的知识推理和应用。

第 2 章 知识图谱应用与可解释性

2.1 引　　言

在当今信息爆炸的时代,知识图谱作为一种强大的知识表示和组织工具,广泛应用于问答系统、推荐系统和可解释性领域,为人们获取、理解和利用大量信息提供了有效手段。这种先进的信息管理方法不仅使得计算机系统能够更智能地响应用户的提问,还能够提供个性化的推荐服务,并在决策过程中提供清晰且可解释的指导。

问答系统作为知识图谱应用的一个重要方向,旨在通过结构化的知识表示和自然语言处理技术使计算机能够理解和回答用户提出的问题。知识图谱为问答系统提供了丰富的语义关系和知识背景,使得系统能够更准确地理解用户的意图,实现更智能的问题回答。通过将问题与知识图谱中的实体和关系相匹配,问答系统能够从庞大的知识库中抽取相关信息,为用户提供即时、准确的答案。

推荐系统是另一个受益于知识图谱的重要领域,致力于为用户提供个性化的信息和产品推荐。知识图谱通过对用户和物品之间的关系进行建模,丰富了推荐系统对用户兴趣和偏好的理解。这种基于知识图谱的推荐系统不仅能够考虑用户的历史行为,还能够利用知识图谱中的领域知识来提高推荐的准确性和个性化程度。因此,知识图谱在推荐系统中的应用不仅拓宽了推荐的信息源,也提高了推荐的智能化水平。

在追求智能化的同时,可解释性一直是人工智能领域的重要课题。知识图谱在可解释性方面发挥了关键作用,将模型的决策过程映射到图谱中的知识结构,使得计算机生成的结果更容易理解和接受。这对于许多应用场景尤其是涉及决策和推荐的领域至关重要。知识图谱为模型的决策提供了透明的解释路径,帮助用户理解系统的工作原理,并增强用户对模型输出的信任感。

综合而言,知识图谱在问答系统、推荐系统和可解释性领域的应用,为人们提供了更智能、更个性化、更可解释的信息服务。通过将丰富的知识结构与先进的计算技术相结合,知识图谱为人机交互提供了新的可能性,推动着人工智能技术在实际应用中的不断演进。未来,随着对知识图谱的深入研究和应用的不断拓展,可以期待更多基于知识图谱的创新应用,进一步推动人工智能技术的发展。

2.2 知识图谱问答系统概述

2.2.1 知识图谱问答基本概念

由于知识图谱强大的知识组织能力和存储方式创新,其应用由最初的搜索引擎逐步向语言理解、智能问答、推荐系统等领域拓展。在这样的背景下,Wikidata、DBpedia、YAGO、知立方、CN-DBpedia[5]等百科类大规模知识图谱被相继推出,知识库的存储及交互水平得到极大提升。然而,对普通用户而言,在数十亿节点交互的大规模知识库中进行查询较为困难。为降低知识图谱服务于用户的技术门槛,并准确返回用户所期待的相关节点事实,一种不需要用户使用复杂的底层查询语言就可以快速准确地返回问题答案的新型信息查询技术——知识图谱问答(question answering over knowledge graph,KGQA)得到了研究者的广泛关注[6]。知识图谱问答技术以知识图谱为背景知识源,旨在对用户意图进行准确解析,并直接返回用户感兴趣问题的答案。其中,解析问题意图、游走查询事实、约束推理答案等相关步骤被隐藏在知识图谱问答系统中,仅需用户表达感兴趣的自然语言问题即可获得精确答案,图1.1展示了基于百度知识图谱得到的问答结果。

知识图谱问答按照回答方式不同主要分为查询型知识图谱问答和推理型知识图谱问答。查询型知识图谱问答仅需要在知识图谱上对路径或者相关项进行查询查询,找到缺失实体或属性作为答案,可分为简单问题和复杂问题,简单问题需要在一个事实内查找,而复杂问题则需要跨越多个实体进行答案查询。推理型知识图谱问答在查询相关事实的基础上,对问题中涉及的实体或者属性进行聚合推理计算,包括求和、求差、求平均、比较大小、数量统计、极值判断、归属判断等复杂操作。目前,对于简单问题的处理,知识图谱问答模型已经取得了可媲美人类的性能,但对另一类涉及多跳与推理交互、需要进行路径跨实体查询和聚合相关信息进行推理的复杂问题,现有知识图谱问答模型未达到人类预期水准,仍具有广阔的发展空间[7]。

2.2.2 时序问题

时序问题广义上是问题意图包含时间信息的一类特殊问题。Jia等[8]认为,对于任何问题,只要其至少包含一个时间性表达、一个时间性信号或者答案涉及时间,都可判定为时序问题。时序问题组成如图2.1所示。

其中,时间性表达是对四种形式时间信息的表示形式,包括时间表达式、日期表达式、持续时间表达和时间集合表达。时间和日期表达式均为时间点,但一般将某一天内的时间点称为时间表达式,将某一特定日子或更粗粒度的时间点表示称

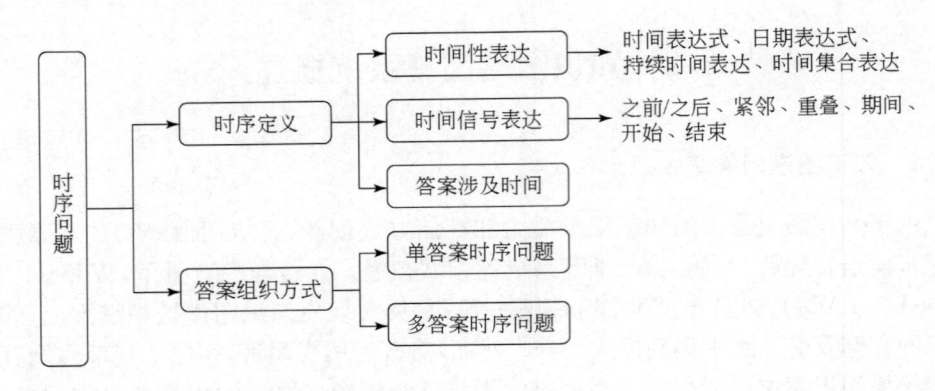

图 2.1 时序问题组成

为日期表达式。时间和日期的表达式差异衍生出不同的实现方式：完全指定、相对指定、欠指定和隐含指定。完全指定的表达式可以直接规范化而不需要任何进一步的上下文信息，例如，2022 年 8 月表达为 2022-8。相比之下，相对指定的表达式需要一个潜在的参考时间（如上周一）。而欠指定的表达式需要一个参考时间和与参考时间的关系，例如，（截至 2023 年）华为 Mate 60 Pro 发布日。在这两种情况下，参考时间可能是句子的时间或文本语境中提到的日期。当自然语言问题中出现了相对的和不明确的日期及时间表达式时，问题形成的时间信息就变得至关重要。回答诸如"两年前华为公司总裁是谁?"这样的问题，需要明确当前的参考时间点。持续时间表达指定了一个事件的时间间隔长度，如"两周""几个月"等表述。时间集合表达则指定了一个事件再发生的情况，如"每天两次""每月三回"等表述。持续时间表达和时间集合表达的语义都可以通过规范化表述为标准格式的数值。总体而言，时间和日期表达式将时间点锚定在对应粒度的时间轴上，而持续时间表达和时间集合表达则是抽取事件间隔的长度。

时间信号表达 TimeML[9] 中将时间信号定义为描述两个事件（或时间性表达）之间时间关系的文本表示，如之前、之后、在……期间等，明确了事件所处的有效时间区间。Allen[10] 定义的 13 种时间关系均属于时间信号表达，可以等价为"之前/之后、紧邻、重叠、期间、开始、结束"六种关系及其倒数表达。但考虑到自然语言的模糊性，一个不明晰的问题往往有多种不同的理解，例如，"小明和小红认识之前在哪里上学?"可以理解为"小明在与小红认识之前在哪里上学"或"小明与小红分别在哪里上学"。这种差异使得为每个时间性表达选择一个针对性的时间关系成为难题。Jia 等[8] 在保证时间性表达质量的背景下，简化时间信号表达为 Explicit、Implicit、Temp. Ans 和 Ordinal 四种类型。其中，Explicit 表示显式时间性表达（在 2022 年）；Implicit 表示隐式时间性表达（华为 Mate 60 Pro 发布日）；Temp. Ans 表示包含时间答案的表达（什么时候华为 Mate 60 Pro 发布）；Ordinal 表示包含时间序数的表达(第一任总裁)。同时,一个自然语言问题有可能包含多个时间信号表达,可以属于多个类型,例如,"截至 2023 年华为 Mate 60 Pro 发布日,新机发布已经持续了多长时间"就包含 Explicit、Implicit 和 Temp. Ans 三种时间信号表达。

时序问题按照答案组织方式也可以分为单答案时序问题和多答案时序问题。单答案时序问题仅有一个确切答案,多答案时序问题则存在多个有效答案。目前,现有问答方法普遍采用 Top-k 形式给出一组评分较高的答案,用户无法明确获取答案的数量,需要自己决定采用单答案或前 k 个答案。

时序信息作为生活中一类特殊而又常见的复杂自然语言属性,是对复杂对象进行交互演化研究的基础。因此,含时序信息的时间问题在智能问答、动态推荐、时序分析等领域得到了广泛关注。

2.2.3 时序知识图谱

时序关系是用于表示对象之间时间相关关系的特殊属性,其中每个关系与一些时间信息相关联,表现为关系涉及的时间戳、时间区间和时间指代事实。目前,时序关系已经被进一步延伸到协作网络、通信网络、知识图谱等领域,使用百科类或垂直领域知识图谱满足下游细粒度任务的信息需求不断深化。时间作为自然界中所有实体都具备的重要属性,许多知识图谱(如 Freebase、Wikidata、DBpedia、YAGO 等)都存在被时间标记的知识事实。将时间信息引入三元组中构成四元组集合,称为时序知识图谱(temporal knowledge graph, TKG)。金融领域知识图谱、冲突事件知识图谱等都是典型的基于事件的时序知识图谱,其不仅包含了事件之间的共指、因果和时序等关系,还描述了事件之间的规律和演化模式。

时序知识图谱现有的研究主要集中于时间感知模型、动态实体、时序关系依赖和时序逻辑推理四个方面。其中,时间感知模型提供了额外的时间维度 τ,将三元组 (h,r,t) 拓展为四元组 (h,r,t,τ) 形式,τ 一般使用时间范围[开始时间,结束时间]表示。时间感知模型能够结合事件发生时间在向量空间自动分离先验关系和后续关系,从而确定事实的时序关系。随着时间的变化,实体自身的状态以及与其他实体的交互会发生改变,对动态实体的研究有助于明确知识图谱中事实的演化历程。时序关系依赖主要在于事实间时序关系的交互,可以使用与时间相关的语义约束进行整数线性规划,以构造相应的模型。经常考虑的时序约束可以分为同一事实不同时间区间的时间分离约束、一个事实先于另一事实发生的时间顺序约束和某一事实仅在某段时间内生效的时间跨度约束。时序逻辑推理主要使用逻辑规则进行时序推理,例如,结合马尔可夫逻辑网络在不确定时序知识图谱上的推理、考虑时间相邻路径规则的推理等。

时序知识图谱被严格定义为每个边上都包含时间信息,但现实中满足这一条件的知识图谱并不多见。许多知识图谱会囊括时间信息,但并不单单覆盖时间属性。本课题属于时序知识问答范畴,但更多的是整合知识图谱中的时序信息对时序问题进行回答,并不要求严格满足时序知识图谱的定义。

2.2.4 知识图谱问答方法

知识图谱问答主要分为以下三类:基于语义解析的知识问答、基于信息抽取的知识问答和基于深度学习的知识问答,具体如图 2.2 所示。本节首先从模板问答解析、句法语义解析、查询图语义解析和神经网络语义解析四个角度介绍基于语义解析的知识问答;其次,描述基于信息抽取的知识问答,该方法重点在于图谱知识的利用,包括基于特征、基于子图匹配、基于向量表示和基于记忆网络的方法;最后,对基于深度学习的知识问答进行了划分,对分类模型和生成模型进行介绍。

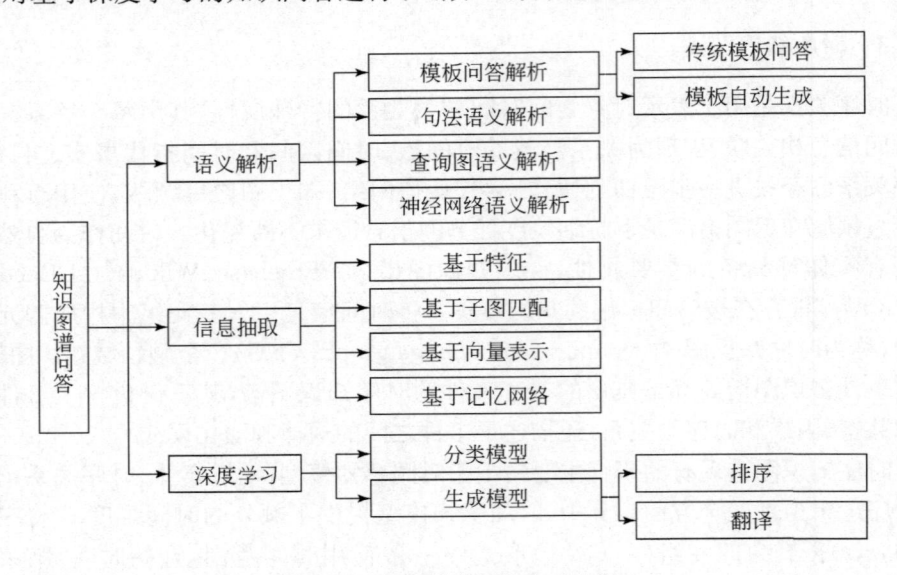

图 2.2 知识图谱问答方法分类

1. 基于语义解析的知识问答

基于语义解析的知识问答首先对自然语言问题进行语法分析,将用户的查询意图转换成逻辑表达式后,在知识图谱进行最终结果的直接查询[11],可分为一步语义解析和二步语义解析。基于语义解析的知识问答流程如图 2.3 所示。

1) 基于模板问答解析的方法

基于模板问答解析的方法具有答案获取准确且响应速度较快等优点。传统模板问答方法在输入自然语言问题后,使用预先定义的意图模板解析到问题意图,将解析出的能表达问题意图的实体、关系和相应成分填入查询模板,依据知识图谱底

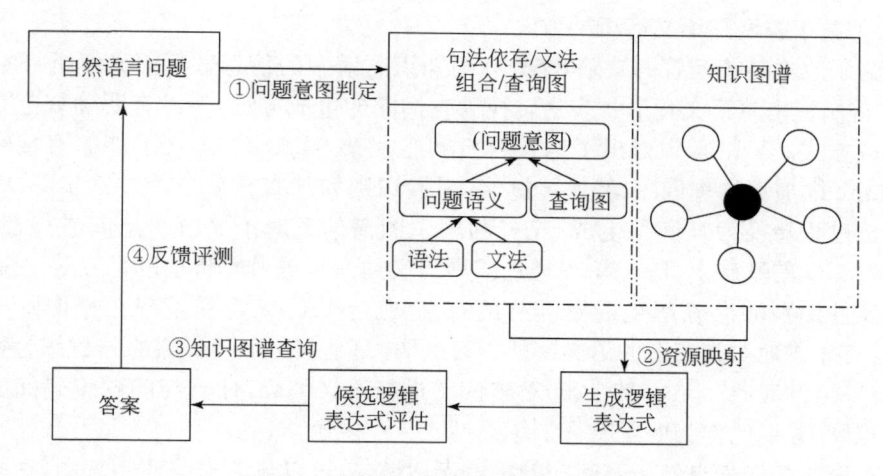

图 2.3 基于语义解析的知识问答流程

层查询语言,生成问题对应的查询语句,在知识图谱中建立映射来查找答案。将问题转换成三元组在知识图谱查询答案的方式不能充分表示自然语言问题的含义,Unger 等[12]提出了 TBSL 模型,在模板生成阶段对问题进行标注,借助领域无关词库和领域相关词库产生句法树与语义表示,通过模板实例化,对匹配后产生的多组 SPARQL(simple protocol and RDF query language)进行筛选,以生成最终答案。但在 TBSL 模型中,对应一个问题的潜在模板数量极多,手工定义模板代价过大。针对该问题,True Knowledge 模板[13]实现了一套模板对应多个问题,但限于句式多样及变量繁多,难以复用,并且完整落地需要人工构建大量模板,导致全局调优冲突和成本过高的问题。

自动模板构建[12,14-16]在对问题的句式进行依赖分析时,对于核心句法相同的问句,或者实体、关系、属性等具有候补要素的问句,通过构建候选项实现一对多映射,从而形成模板的大规模、自动化生成方法,尽管覆盖面过小的问题会得到缓解,但模板问答的准确率也会有所下降。Saxena 等[17]通过构建反映类型和谓词关系的模式图,允许用户使用关键字进行聚合查询,提升了问答模型的推理效果。

2) 基于句法语义解析的方法

基于句法语义解析的方法依赖预先定义的规则模板,或者通过监督模型对用户查询意图和语义化形式表示(如组合范畴语法(combinatory categorial grammar,CCG)[18]、λ 动态约束子图[19])的关系进行学习,然后对问题进行解析。该方法要求训练语法分析器时有大量的标注数据;通过规则生成标注数据,但依赖语言学专家,建立效率低且成本较高,拓展性差,仅在限定领域或小规模知识图谱(航空旅行信息系统[20]、高通量基因表达数据库等)中能够取得较好的效果,在 Freebase[21]和 DBpedia 等大规模知识图谱上表现很差。

3) 基于查询图语义解析的方法

为了改进传统问答的缺陷,充分利用知识图谱中的信息进行语义解析,Reddy 等[22]首次提出将语义化形式表达转换为查询图的生成方法,但没有明确规范查询图生成方式。Yih 等[23]提出了语义解析问答框架 STAGG,定义了能够直接转换成 Lambda 演算的查询图,经实体链接、属性识别和约束挂载三个关键步骤,将语义解析过程转换为查询图生成,充分利用了图谱信息对语义解析空间进行裁剪。在 STAGG 的基础上,Bao 等[24]通过扩展语义约束来提升解析精度,Yu 等[25]通过提升属性识别的准确率生成更准确的查询图。STAGG 系列模型在查询图排序时,没有显式地对查询图的语义特征进行提取,而是利用不同步骤的分数作为特征进行排序,针对此问题,文献[26]对查询图进行语义编码,计算与问题编码间的相关性程度,并以此作为匹配特征训练模型。

查询图结构是自然语言问句的精炼表达形式,可以显著表明问句意图,在语义解析中能够链接到知识图谱的约束信息,缩小剪枝空间,但查询图还存在构建不完全、复杂表示难以自动化构建以及查询图排序考虑因素不全等问题。

4) 基于神经网络语义解析的方法

基于神经网络语义解析的方法广义上是指通过神经网络对语义解析的各个环节进行提升,狭义上是指应用端到端网络直接将输入序列生成可执行的逻辑形式。本节主要介绍广义上的神经网络解析模型[27]。深度学习可对传统问答流程的各个模块进行改进,包括实体识别、实体链接、实体消歧、问句语义解析、意图识别等。例如,实体识别模块可以使用卷积神经网络(convolutional neural network, CNN)、长短期记忆结合条件随机场(long short-term memory + conditional random field, LSTM + CRF)或双向编码器表征法(bidirectional encoder representation from Transformer, BERT)提升识别正确率;实体消歧模块可基于深度学习的排序方法来判断语义融洽度;或者利用基于字符级别的文本分类深度学习模型及预训练模型来进行关系分类和意图分类。

模板和语义解析方法关注的重点在于问句本身,其最大缺点是对知识图谱中资源的利用程度不够。事实上,知识图谱所包含的丰富知识能显著提升对问句的理解,而基于信息抽取的知识问答能够充分挖掘问句和知识图谱两方面资源所蕴含的信息。

2. 基于信息抽取的知识问答

近年来,研究人员开始将问答问题转换为用户查询意图和答案的二分类问题或排序问题,通过利用不同的网络结构,结合知识图谱的上下文信息,编码候选答案和查询意图的分布式表达,通过计算两者相似度得出最终答案。基于信息抽取的知识问答的训练目标是使正确的答案实体的排序高于其他实体。

1) 基于特征的查询排序

传统基于特征工程的方法需要针对每个答案构建 N 维特征表示，这些特征反映了问题和查询所得的候选答案在某个维度上的匹配程度，常被用于排序。常用的问题特征包括疑问词特征、问题实体特征、问题类型特征、问题动词特征和问题上下文特征；常用的答案特征包括谓词特征、类型特征和上下文特征。首先对问句进行句法分析，对分析结果提取问题词（qword）、问题焦点词（qfocus）、主题词（qtopic）和中心动词（qverb）特征，将其转换为问句特征图，然后利用主题词在知识图谱内提取候选子图，并基于此生成候选答案特征图，最后将问句中的特征与候选特征图中的特征进行组合，通过分类器将关联度高的特征赋予较高的权重。

基于特征的查询排序需要自行定义并抽取特征，且问句特征和候选答案特征组合需要进行笛卡儿乘积运算，特征维度过大，计算困难，而且难以处理复杂问题。

2) 基于子图匹配的查询排序

基于子图匹配的查询排序首先从输入问题中定位问题实体，然后候选答案查询模块从此实体出发，按照特定规则在知识图谱中选择候选答案，最后答案子图生成模块为每个候选答案从知识图谱中抽取出一个候选答案子图，作为该答案实体的一种表示[28]。答案查询排序模块计算输入问题和每个答案子图之间的相似度，排序得到最佳答案。Yih 等[23]将语义解析转换为查询图，通过查询图与候选图匹配进行问答，本质上转换为子图匹配的查询问答形式。Hu 等[29]将 RDF 上的问答问题归结为子图匹配问题。ComQA 模型[30]通过评估子图与复杂问题分解成的三种模式之间的语义相似度来寻找答案。现有的图查询方法无法衡量子图匹配项是否满足真实的查询意图，K 星查询[31]模型立足语义匹配，能够以较低的语义相似度有效裁剪无希望匹配项。

基于子图匹配的查询排序均衡考虑到了问句和图谱的信息，有较好的可解释性，但当候选空间较多时，匹配空间过大[32]。如何利用时间等约束信息进行剪枝已经成为当前研究的难点[33]。

3) 基于向量表示的查询排序

基于向量表示的查询排序是指为输入问题和候选答案分别学习两个稠密的向量表示，并计算两个向量之间的相似度或关联度，用于对不同候选答案进行评分。Bordes 等[34]首先将问句以及知识图谱中的候选答案实体映射到同一语义空间，为基于向量表示的知识问答提供了思路。考虑到词序对句子的影响，以及不同类型属性的不同特性，多列卷积神经网络（multi-column convolutional neural network，MCCNN）模型[35]利用卷积神经网络分别对问句和答案类型、答案实体关系路径和答案实体在一跳内的子图进行编码，验证了词序信息、问句与答案的关系对知识问答效果的提升有效。多列卷积神经网络模型对不同答案，都会将问句转换成固定长度的向量，基于交叉注意力的神经网络模型[36]则将候选答案分成答案实体、答案实体关系路径、答案类型和答案上下文四个维度,依据注意力机制让问句对不同答案维度学习权重,有效提升了问答效果。在垂直领域下,研究者将领域知识图谱嵌入低维向量空间中[37],再通过相似度计算得到最终答案。当前基于BERT的问答系统使用问题和上下文文本来查找答案,导致系统返回错误答案,针对此问题,Do等[38]提出了一种利用BERT模型和知识图谱增强问答系统的方法来有效完成分类任务。

基于向量表示的查询排序几乎不需要任何手动定义的特征,也不需要借助额外的系统(词性标注、依赖树等),模型不会受限于缺失的知识图谱,能够灵活地应用神经网络,较易实现新知识迁入,但受深度学习黑盒的影响,缺乏可解释性。

4) 基于记忆网络的查询排序

除问答模块,还可以通过引入记忆网络模块,将外部数据输入表示为记忆单元,对问句和记忆单元进行计算来寻找答案[39]。在问答领域,记忆神经网络(memory neural network,MNN)模型[34]进行了首次尝试,为后续的知识图谱问答研究工作奠定了基础。事实记忆网络(factual memory network,FMN)[40]、双向注意力机制记忆网络(bidirectional attentive memory network,BAMNet)[41]等模型在记忆神经网络模型的基础上,着重提升对复杂问题的处理能力。应用记忆网络模块,可以避免大量的手工标注数据,并且使问答中间过程部分清晰化,加强了可解释性,但需要考虑到主题词的位置信息等一系列详细特征。

3. 基于深度学习的知识问答

基于深度学习的知识问答有两个主要方向:第一是通过深度学习提升各个问答步骤的效果;第二是采用端到端的问答方式。接下来将着重介绍端到端的问答方式。端到端的知识图谱问答系统要求选择合理的模型架构,常用的模型主要有分类模型和生成模型。

1) 分类模型

将问题数据分类到相应的知识图谱属性上,本质是将知识图谱的属性作为分类标签,没有充分利用知识图谱中的上下文、路径等信息,并且单一属性作为简单标签,对于多义、歧义等现象不能很好地匹配。同时,由于复杂问题匹配的分类空间更大,所以分类方法不再适用。

为了提升分类模型的效果,Li等[39]将问题和知识图谱同时输入分类模型中,将基于知识图谱属性的分类问题转换为判定问题与候选答案是否匹配的分类问题,促进了查询排序知识图谱问答模型的发展。在不完整知识图谱的基础上,为了利用文本证据优化问答效果,Banerjee等[42]对文本和知识图谱子图中的信息进行聚合来进行答案实体预测。

2）生成模型

复杂问题对应知识图谱的候选答案域会更为繁杂，分类空间的指数增长会使得分类效果变差。此时，将自然语言问题到知识图谱结构化查询的映射转换为如何生成更合理的结构化查询语句是一种可行的替代。生成模型本质上是将自然语言问题对应的序列作为输入，生成一个结构化的查询语句在知识图谱上进行查询，从而得到答案，包括排序和翻译模型。给定一个自然语言问题和一组候选正式查询，排序模型的任务是为候选正式查询中的每个查询输出一个分数，该分数允许对该组查询进行排序，其中较高的分数更适合给定的自然语言问题。在给定问题可能有多个答案的情况下，也可以通过考虑排名次之的候选形式来确定一组输出[27]。Maheshwari 等[43]提出了一种基于注意力的方法，以计算逻辑形式下每个关系的不同自然语言问题表示，表明了跨知识图谱问答数据集的迁移学习是一种有效的方法。同时，Cheng 等[44]探索了在知识图谱问答任务中使用注意力机制解决语言与逻辑表达不匹配的语言模型。

在基于翻译的模型中，端到端模型可以将一种语言中的序列映射到另一种语言中的序列，近年来被广泛用于知识问答中的语义解析[45-51]。典型的端到端模型由编码器、解码器和注意力机制组成。编码器为输入序列中的每个标记创建上下文相关的表示；解码器生成输出序列；注意力机制对输入序列和输出序列之间的对齐进行建模，对翻译模型进行有效的归纳偏置。在端到端模型中，通常使用循环神经网络对输入进行编码，并预测输出表征，也可选择其他编码器/解码器网络，如卷积神经网络和 Transformer。Dong 等[52]提出了利用注意力机制增强的编码器-解码器模型，将语义解析问题转换为端到端模型，完成意图查询到逻辑形式的转换。由于逻辑形式通常是树结构的，并且基本的序列解码器没有明确利用树结构的依赖性，其主要工作集中在开发更优的结构化解码器上。

2.2.5 时序知识问答

现实生活中存在一类特殊的问题涉及与时间的复杂交互，一直受到人们的广泛关注。在许多场景中，对象之间的关系与时间信息密切关联，例如，获悉在特殊的时间期限内某个对象完成的动作；预测在特定的时间节点会发生的动作序列。对于问题"截至华为 Mate 60 Pro 发布日，华为公司已经成立了多长时间"，知识图谱问答系统不仅需要查询"发布日—华为 Mate 60 Pro—华为公司—公司成立时间"等多跳路径，而且需要结合给定的特殊时间节点"2023 年"查询得到关注对象的时间存在区间[公司成立时间，华为 Mate 60 Pro 发布日时间]为[19870915，20230829]，最后由模型进行聚合推理得出最终答案。此处的推理形式为求差集，得到持续时间为 13133 天。这类时序问题回答不仅需要对问题中的时序依赖进行精确分析以得到准确的用户意图，还需要在通过命名实体识别消歧、关系抽取等技术筛选出的候选邻域内进行复杂的聚合推理。目前,复杂时序知识问答系统的性能难以令人满意,在知识图谱上进行时序问题回答已经成为评判复杂问答系统效果的一个新标准。

针对如何在知识图谱上进行查询,并对相关信息进行聚合约束推理,进而正确理解用户意图,准确回答自然语言问题,已经有规范化的问答流程被提出,包括基于语义解析的知识问答、基于信息抽取的知识问答和基于深度学习的知识问答[53]。基于语义解析的知识问答要求问答系统将用户的意图表示为结构化的逻辑查询语言在知识图谱上直接进行查询等。基于信息抽取的知识问答旨在通过问题表征对问题词映射实体所在的候选区域进行筛选,对符合约束的特征节点进行排序得到最优答案。随着深度学习的快速发展,越来越多的研究者将深度学习模型引入到前两种知识问答方法中,尝试学习问题和答案到相关向量空间的转换,从而将复杂的知识图谱问答任务转换为相对简单的序列生成任务、相似度匹配任务、排序任务或分类任务。在这三种方式中,基于语义解析的知识问答中逻辑查询语言的语法形式复杂,底层用户使用较为困难[27]。基于深度学习的知识问答一般不对问题进行精确解析,而是采用相应模型直接提取问题表征,不能准确理解用户意图[54]。相较而言,基于信息抽取的知识问答通过查询问题相关子图并进行推理,不仅将候选空间由整个知识图谱缩减到相关实体领域,大大减小了推理空间,且保留了对问题进行精确解析的可能。同时,由于子图上包含了知识图谱原始拓扑语义信息,可以并发执行路径推理与表示推理,在可解释性与准确性上表现优越[55]。

基于信息抽取的知识问答将问题与知识图谱的全局匹配调整为问题在候选答案上的查询推理,本质是对问题解析意图与候选空间进行匹配并执行推理。子图匹配是图分析中的一个基本问题,是图数据库、SPARQL 查询处理和图挖掘的基础。给定一个查询图,它在数据图中搜索所有与查询图匹配的子图结构。传统的子图匹配可以建模为图论中的经典 NP 难问题——子图同构问题,目的是在大的图上查找与给定子图具有相同结构和特征的结果[56]。子图同构不仅需要保证图结构相同,还需要边标签一致。在知识图谱上边标签构成了节点事实的语义关系,进行严格的子图同构会丢失许多有意义的候选,执行近似图匹配可以召回更多语义丰富的候选项。基于信息抽取的知识问答可视为传统子图匹配问题的领域延伸。

网络技术的快速发展使得信息爆炸式增长,不断更新的信息中的时序关系是一类重要特征。在时序图的许多应用中,数据图的边与时间戳相关联,人们倾向于找到匹配查询图结构的相关子图,并且使边的时间区间满足用户指定的时间约束[28],例如,在金融网络中,银行账户之间的资金转账记录有交易时间。知识图谱通过在每条边上提供时间范围,或者在时间线索上不断地更新,均可以扩展为时序知识图谱。虽然知识图谱问答已经受到了学术界的广泛关注,但是知识图谱上的时序知识问答,尤其是时序知识问答中的图匹配技术还是一个相对较新的领域。使用问题意图与候选空间的相似度来衡量问题特征与答案特征的接近程度已成为主流方法。其中,子图匹配步骤不仅涉及问答系统中的命名实体识别[26]、实体链接[57]、实体消歧[58]、关系抽取[59]等步骤,还可以结合问题特征和候选空间特征进行综合评判,是关系问答成功率的核心步骤。因此,本节针对基于图匹配的时序知识问答技术展开研究。

为回答时序问题,需要在获得时间约束的基础上,对知识图谱包含时间信息的事实进行时序推理。目前,时序知识问答主要分为两个流派:一种是基于时序嵌入预测的方法;另一种是基于信息查询的子图时序增强方法。

1. 基于时序嵌入预测的方法

时序知识图谱是一个多关系的有向图。时序事实可以被形式化为$(s,p,o,\tau) \in F$,其中,在该四元组中,事实 F 的主体 s 代表实体、对象 o 代表实体、类型或属性,即 $s,o \in$ Entity,谓词 $p \in$ Relation,表示这两者之间的关系,$\tau \in$ Time,表示该事实的时间存在区间。时序知识图谱的嵌入方法旨在训练一个 D 维向量,使得满足时间约束的四元组事实得分高于其他事实。

许多工作尝试将时间信息加入链接预测中以进行事件的时序建模。时间翻译嵌入(temporal translating embedding,TTransE)[60]将时间信息作为与实体关系平级的维度,直接加入预测函数。HyTE[61]利用时间快照对每个子图在超平面映射,但未对关系施加约束,存在预测错误的情况。Know-evolve[62]对事实的发生点进行计算,通过实体嵌入计算该事实分数。DE-SimplE[63]为静态模型配备历史实体嵌入来表示不同时间节点的实体,构建新的时间知识图谱完成模型。基于Tucker[64]等张量分解模型主张学习新的张量来表示时间信息,但是以上模型都不能对事实中持续时间的长期依赖性进行建模。为获取时序知识图谱事实的长期依赖性,TA-DistMult[65]使用递归神经网络对关系进行时间感知学习。图卷积循环网络[66]将各时间节点的图形聚合用循环神经网络建模,以在空间结构中纳入时间信息。RE-NET(recurrent event network)[67]使用快照图编码器和循环神经网络时序编码器一并对事件进行建模。TComplEX[68]将每个时间戳表示为复矢量。TNTComplEX[68]将关系分为时间敏感部分和时间不敏感部分,并在预测函数中依次进行评定。

基于时序嵌入预测的方法将问题与知识图谱进行时序向量表示,通过在链接预测上融合时间信息,设定时序三元组评分函数推断出对时间敏感的事实,得到符合问题语义要求的缺失实体作为目标答案。CronKGQA[17]使用 TComplEx 获得知识图谱的时序嵌入,分别与 BERT 处理问题后得到的问题嵌入和问题时间嵌入拼接,最终使用 softmax 函数计算最可能答案,证明了时序知识图谱嵌入在时间性知识问答上的有效性。尽管CronKGQA在简单问题上表现优异,但没有对问题中的时序约束进行明确研判,在需要进行隐式时间的复杂推理上仍有较大空间。TempoQR[69]利用知识图谱实体信息和知识图谱时序信息对问题进行增强,通过问题上下文语境感知、知识图谱变实体感知、时间感知三个步骤,显著提升了在复杂时序问题上的回答效果。Shang等[70]将问题的时序信号表达进行反义替换,例如,将Before替换为After,形成高质量负例,提升了模型对时间信息的敏感程度。Saxena等[17]将时序知识问答拓展到实体预测问题、是非问题和事实推理问题,并构建了ForecastTKGQA数据集。

2. 基于信息查询的子图时序增强方法

基于信息查询的子图时序增强方法通过解析问题得到与时间高度相关的事实,筛选子图满足时间约束的候选,助力基于子图时序推理的准确进行。Li等[71]通过定义规则将时序问题分解为时序部分和非时序部分,而后采用传统知识图谱问答方式回答子问题,通过组合子答案得到问题的最终答案。Jia等[72]又提出了时序知识问答的端到端系统,使用时间相关事实和问题相关事实将注意力集中在与问题最匹配的子图上,并通过图神经网络(graph neural network, GNN)推断缺失事实。Yao等[73]认为时序特征与语义特征进行简单拼接增强,忽略了两种向量在映射空间的精确依赖特性,提出了依赖再学习的策略并验证了其有效性。

根据作用对象的不同,时序知识问答方法分别针对问题的时序表示增强、候选项的时序约束筛选和推理过程中时间信息的整合进行重点研究。现有工作常将这三点结合起来进行改进,以期得到更优的时序知识问答系统效能。Chen等[74]提出首先用实体和时间信息增强问题表示,然后采用时间信息约束相关事实搜索域,最后通过四个时间激活函数进行子图逻辑推理的方法,该方法取得了先进性能。Cai等[75]通过增加一阶逻辑的形式来表达问题中的时序常识信息,充分建模其互补关系,最终通过端到端系统实现问答推理。

当图谱面临路径缺失时,基于路径的子图推理方法无法跨越路径查找答案。此时,链接预测可以不经过路径学习到两实体之间的关系,增强了子图推理效果。当时序链接预测在处理新实体时,缺乏背景知识导致处理出错,基于子图推理的问答模型可以引入丰富的图谱信息,助力链接预测取得较好效果。因此,在特殊场景下,知识图谱子图推理和链接预测模型彼此间可以相互完善增强。本节方法基于信息查询下的子图推理技术,但同时会在知识图谱存在缺失的条件下采用链接预测技术进行效果补充。

2.2.6 基于知识图谱问答的图匹配技术

知识图谱以图的形式组织现实世界数以万计的事实,而自然语言问题可以解析为一个规模较小的语义查询图。因此，在整个知识图谱或问题实体相关邻域子图内进行问题查询图的查询匹配，是基于图数据库实现知识图谱问答的关键步骤。图匹配技术主要分为时序图匹配技术、传统图匹配技术和知识问答图匹配技术。其中，时序图匹配技术可以分为基于回溯的方法和基于连接的方法，但时序图匹配技术要求匹配边均具备时间戳关系，不符合知识图谱中时间作为实体节点属性的组织方式。传统图匹配技术可以从子图同构和近似图匹配两个方面进行介绍，而近似图匹配又分为结构相似性、图编辑距离和弱语义相似性。子图同构、结构相似性和图编辑距离要求匹配执行严格的结构或标签对应，与知识问答中基于语义的图匹配技术有较大的差别。而弱语义相似性弱化了图形结构，强化了节点与节点间的语义相似程度，成为知识问答的重要支撑技术。知识问答图匹配技术分类如表 2.1 所示。

表 2.1　知识问答图匹配技术分类

时序图匹配技术		传统图匹配技术				知识问答图匹配技术	
基于回溯	基于连接	子图同构	近似图匹配			语义解析	信息抽取
^	^	^	结构相似性	图编辑距离	弱语义相似性	^	^
查找所有匹配项并逐个验证是否满足时间偏序	将查询分为多个简单查询，并找到各自的子匹配链接	图结构和边标签严格匹配	仅考虑实体间的路径长度来衡量图结构的相似性	在结构相似性基础上，考虑了将目标图转化为查询图所需的最少操作步骤数量	不要求标签之间的严格匹配，弱化了结构上的相似性，看重语义相似程度	问题转化的查询图转化为逻辑语言在知识图谱进行全局匹配	问题转化的向量在候选空间领域进行局部匹配

弱语义相似性图匹配中语义相似度的衡量通常采用余弦距离、曼哈顿距离、欧几里得距离等。两个图之间采用的匹配形式有两种：一种是在局部通过按节点拓展或按边拓展的方式逐级查找相似度最高的匹配；另一种是在全局视野下，采用深度学习的方法，基于查询图和目标图构建用于衡量两者匹配关系的特征向量，采用额外的模型（如多层感知器、图神经网络等）学习通用的两图之间的映射关系。同时，弱语义相似性图匹配不要求标签之间的严格匹配，降低了语义约束的强度，能够进一步返回更多语义相近的答案。理论上，几乎所有的图都与查询图存在一定的相似度，因此弱语义相似性图匹配需要通过 Top-k 查询返回前 k 个相似度最高的匹配。

弱语义相似性图匹配技术能较好地适配知识问答场景，知识图谱中包含的语义信息可以度量与问题概念、实体和谓词之间的语义相似度。一个常用的语义信息是概念之间的语义距离（两个概念之间的路径），路径越短，概念之间越相似。另有文献[76]指出,将知识图谱中的每个实体和谓词表示为 n 维语义向量(即知识图谱嵌入),使得知识图谱中的原始结构和关系被保存在这些学习的语义向量中。知识图谱建模了大量的对象之间语义关联,传统的子图同构与近似图匹配均不能有效保证匹配的准确召回。知识问答图匹配技术不仅要求图结构间的匹配,更看重语义层面的相近。按照知识图谱问答方式的划分,知识问答图匹配技术也可以分为两类:语义解析过程中的图匹配和信息抽取中的图匹配。在语义解析过程中,依据特定的转换规则,将由问题解析的查询图、依赖图、草图等特殊形式转换为图数据库上的逻辑查询语言,在知识图谱上直接进行查询。这种方式可以看作语义图转换的特殊图与知识图谱之间的图匹配,是知识问答图匹配技术的一种典型方式。在信息抽取过程中,根据问题主题词,由实体链接或关系映射生成对应的候选空间,包括逐节点或逐边的方式在子图进行推理;直接通过编码器对问题进行表征,计算与候选空间的相似路径;对问题进行查询图生成,以求得更精确的意图表示,随后在子图上进行路径推理。

综上,知识问答图匹配技术旨在计算问题与知识图谱的语义接近项。问题可以表示为文本、查询图、依赖图、依赖树、向量表示等一系列形式,候选图可以是整个知识图谱,也可以是经过有效信息裁剪后的邻域子图。严格意义上的图匹配技术是指两个图之间的匹配过程,例如,查询图与候选图之间的匹配。在宏观上,知识问答图匹配可以是一种非图形表示形式与一种图形表示形式之间的匹配,例如,文本与候选图之间的匹配。本节采用宏观上信息抽取的图匹配方式,主要衡量问句序列表征向量和候选空间项目之间的匹配程度,从传统图匹配技术到时序图匹配技术,再到知识问答图匹配技术,表明了该研究是对传统图匹配技术的领域延伸和对时序图匹配技术的领域拓展。

2.3 知识图谱序列推荐系统概述

由于互联网和信息技术的迅速发展,用户已经从信息匮乏的时代进入到信息过载的时代。目前,解决信息过载问题的两种主要技术是查询技术和过滤技术。以搜索引擎为代表的查询技术要求用户主动提供明确的关键词等需求,然后根据一定的策略和特定的算法得到信息反馈。虽然搜索引擎具有快速满足用户需求、获取信息效率高等优点,但是其最大的缺点是需要用户主动参与,只能狭隘地进行趋同化的信息服务,无法进行个性化信息推送和多场景的灵活应用。相反,以推荐系统为代表的过滤技术能够提供个性化的信息推送和决策辅助,并且不需要用户提供准确的信息需求。具体而言,搜索引擎和推荐系统的相同点和不同点如表 2.2 所示。

表 2.2　搜索引擎和推荐系统的相同点和不同点

项目		搜索引擎	推荐系统
相同点		为用户提供信息服务,都可以解决信息过载的问题	
不同点	用户参与方式	主动	被动
	获取信息方式	明确的需求	模糊的需求
	服务特性	快速满足(用户停留时间更短、获取信息效率更高)	持续服务(用户停留时间更长,带来更多的浏览量)
	个性化程度	低	高
	信息反馈结果	趋同化的推送结果(千人一面),不同用户搜索同一个关键词获得几乎相同的结果	个性化的推送结果(千人千面),用户获得定制化的信息推荐结果

推荐系统作为解决信息过载问题的一种技术广泛应用于民用领域和军事领域。例如,在军事领域,传统的信息处理方式(如传统搜索引擎的查询方式)已经无法及时地从大量的战场信息中获取有价值的数据,不能为军事人员准确地提供决策辅助;而推荐系统可以及时捕捉有价值的战场信息,提高作战过程中的信息服务保障能力。然而,无论是在民用领域还是在军事领域,大多数的推荐系统都是利用用户的历史信息和行为信息来生成推送内容的,忽略了现实世界中动态因素对推荐过程的影响。

同时,知识图谱作为推荐系统中一类有效的辅助信息,近年来受到了大量研究者的广泛关注[77]。知识图谱是一种以三元组形式组成的有向信息异构网络。具体来说,一方面,知识图谱中蕴含着大量物品的属性信息、关系信息,以及用户的社交信息、行为历史信息等,拓展了用户和物品之间的关联关系,将其融入推荐系统中可以有效缓解数据稀疏问题,提高推荐的准确性。另一方面,大多数的推荐系统具有黑盒性质[78],用户不清楚系统推送内容的意义,不利于用户信任感和满意度的提升。而推荐系统刻画了大量实体的多样关系,将这些语义关系融入推荐系统中,可以进行路径的逻辑推理,提高推荐结果的可解释性。

知识图谱与动态推荐相结合,不仅可以解决推荐领域中存在的数据稀疏、可解释性差等问题,而且可以对动态时序特征进行建模,实现动态的个性化信息推荐。例如,在军事领域,战场态势感知、数据情报更新等实战场景都可以利用知识图谱进行建模,构建相关的动态感知图谱提供信息推荐服务,提高了军队在联合作战中的指挥决策能力,图 2.4 是基于知识图谱的战场信息推荐模型。但是,该领域缺乏完备的技术体系架构和成熟的理论基础。因此,本节针对基于知识图谱的动态推荐关键技术展开研究具有必要的理论价值和实践价值。

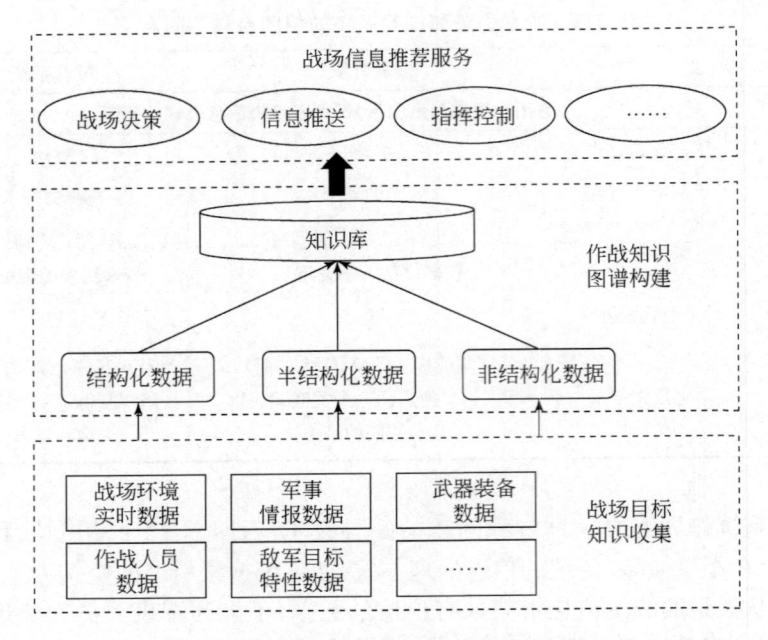

图 2.4　基于知识图谱的战场信息推荐模型

2.3.1　知识图谱序列推荐系统的基本概念

虽然推荐系统近年来获得了飞速发展,但是传统推荐系统仍然无法很好地解决数据稀疏、冷启动、推荐结果多样性和推荐可解释性的问题。推荐系统中经常使用附加信息来解决上述问题。其中,知识图谱作为推荐系统的附加信息[79,80]越来越受到人们的重视。

推荐系统中的用户信息、物品信息、用户-物品的交互信息、历史数据信息等都可以用图形网络集成表示,准确地刻画各实体之间的关系,有利于个性化推荐和可解释性推荐。基于图表式的推荐系统主要有四种方法:随机游走的方法、图表式学习的方法、图神经网络的方法和知识图谱的方法。知识图谱是一种灵活的图数据结构,知识图谱序列推荐系统包括两个环节:知识图谱序列推荐系统的构建和利用知识图谱序列推荐系统产生推荐算法[42]。

2.3.2　知识图谱序列推荐系统的分类、构建流程及推荐算法

依照知识图谱的应用场景将知识图谱序列推荐系统分为三类:传统推荐系统、可解释推荐系统和序列化推荐系统[1]。传统推荐系统的特点是针对特定领域的用户信息、物品信息直接构建相应的知识图谱,然后给出个性化的推送内容,它主要应用在电影、图书、新闻、电商产品、兴趣点、音乐和药物等领域。可解释推荐系统

不仅要推荐用户感兴趣的物品,而且要给出推荐系统的原因。目前,可解释推荐系统的研究主要依靠基于路径排序的知识推理方法完成推荐结果的可解释性。序列化推荐系统主要关注的是动态变化的知识图谱,例如,利用用户的历史交互信息推荐兴趣点[81]。

当前,基于内容的推荐和协同过滤推荐等传统推荐系统都是依赖静态的用户-物品交互信息进行内容推送的。在实际生活中,用户的兴趣、物品的流行度等信息都是动态变化的,因此如何准确地利用动态变化的信息对提高推荐系统的性能至关重要。而序列化推荐系统将用户-物品交互信息等视为动态序列,进行顺序依赖性建模来提高推荐算法的准确性。具体来说,在推荐系统的序列推荐算法中,用户的行为表现就是一个序列化决策过程,即用户过去产生的和当下进行的行为序列都会影响到用户未来可能发生的行为序列。同时,序列推荐算法也会对物品属性的变化、类型的更换、流行度的转移等信息进行序列建模,从而提供更准确、个性化和动态的推荐。因此,推荐系统中的序列推荐算法是动态推荐技术的主要应用领域,具有很高的实践价值和研究意义。

1. 传统动态推荐技术

传统动态推荐技术主要包括矩阵分解技术、马尔可夫模型、循环神经网络。矩阵分解技术的基本思想是:将推荐系统中的所有用户和物品映射到一个共享的潜在因子空间,然后分别使用用户潜在偏好特征向量和物品潜在属性特征向量代表对应的用户和物品,因此用户-物品的关联矩阵可以建模成两个潜在特征向量的内积。早期的矩阵分解技术直接利用用户对物品的评分来预测用户偏好[27]。此后,改进的矩阵分解技术虽然解决了数据稀疏、训练时间长等问题,但是忽略了用户兴趣爱好是随时间变化的因素。最近,相关学者在矩阵分解技术中对时间进行建模,证明矩阵分解技术(时间变化基线预测和时变因子模型)可以用来处理部分动态推荐问题。文献[28]对整个时间段的时间动态进行建模,将短期变化因素和长期变化因素分开,采用领域模型和因子分解模型进行处理。在因子分解模型中模拟用户和产品特征随时间变化的方式,从而提取长期变化因素。但是采用矩阵分解技术对时间进行建模只能处理部分动态变化不大的场景,且无法对时态信息进行精确建模,数据训练时间长,导致推荐结果准确度降低等一系列问题。针对该问题,研究人员提出了类似于矩阵分解技术处理时序信息的方法,例如,文献[82]将时间信息作为第三个维度,利用基于张量分解的方法模拟动态变化。文献[83]根据演化联合聚类的方式将用户动态地分配给不同的聚类,从而进行进一步的推荐。文献[84]认为每个用户在特定时间段的兴趣只会集中在一个方面或几个方面,在此基础上提出了跨域协同过滤算法框架,实验结果表明,该算法不仅能够进行有效推荐,还可以追踪用户的兴趣漂移。文献[85]认为现有推荐系统中用户的偏好模式和偏好的动态效应被忽略,将用户的偏好模式规则化为一个稀疏矩阵,采用子空间逐步模型化、个性化全局的偏好模式。早期也有许多其他对时序信息进行建模的方法,其与矩阵分解技术类似,都是将时序信息简单地融入其他特征中,并不是单独处理复杂的时序信息。

马尔可夫模型通过观察用户短期的行为数据生成一个状态转移矩阵,根据该矩阵预测接下来一个时间点的用户行为,有效利用了用户短期的兴趣偏好信息。例如,文献[86]改进了马尔可夫模型来计算转移概率,找出用户评分行为的周期性特征,以高效地处理时序信息。

随着深度学习的快速发展,基于深度学习的推荐系统越来越受到大家的关注和研究。循环神经网络具有长期记忆能力和特殊的循环结构,可以有效地对用户偏好和物品属性的动态性进行特征提取,预测用户下一时刻的偏好,生成推荐结果。

同时,在一些特殊领域,也存在其他动态推荐技术,例如,在新闻推荐中,多臂老虎机算法已经广泛用于新闻的实时推荐,在新闻推荐场景中,每个待推荐的新闻都被当作一个可以采取的动作(臂),多臂老虎机算法根据每个新闻的推荐历史记录来计算被推荐的得分,从而决定推荐结果,然后实时侦测新闻的流行度,及时调整其推荐的优先级。其缺点是大量的研究工作集中于用户特征和新闻得分的数学关系,模型表征能力存在瓶颈,适用场景受限。

2. 动态图神经网络

虽然传统动态推荐技术可以处理时序信息,但是大多数都存在一定程度的缺陷。在推荐系统中,矩阵分解技术不能融合更多有用的特征,会影响推荐结果的准确性,同时矩阵分解技术不能进行增量在线计算,无法处理用户实时的行为信息。马尔可夫模型只能捕获短期依赖关系,不能处理长期依赖关系。循环神经网络在训练具有序列特性的数据时需要大量的参数,容易造成梯度爆炸问题,且不具备特征学习能力。

知识图谱序列推荐系统中的知识图谱是一种图形数据结构,而图神经网络可以很好地处理图形数据,用来捕捉知识图谱中节点之间的关系。与大多数图神经网络处理静态网络数据不同,动态图神经网络是一种特殊的图神经网络,主要用于处理随时间变化的时态网络。因此,动态图神经网络结合知识图谱序列推荐系统可以很好地捕捉动态喜好、时效新闻等时态信息,为用户提供更加准确和个性化的推荐内容。

深度学习算法可以很好地处理欧几里得空间数据,尤其是在自然语言处理方面,但它无法较好地应用于非欧几里得空间数据上。近年来,图形数据的快速发展给深度学习算法带来了极大的挑战。因此,在图形数据中运用深度学习算法定义和设计一个研究领域——图神经网络。

图神经网络有许多类型,常用的有图卷积神经网络、图注意力网络、图自编码器、图生成网络、图时空网络等。图卷积神经网络是将卷积运算应用到图数据上,可以分为基于谱的图卷积神经网络和基于空间的图卷积神经网络。图注意力网络使用注意力机制,其优点是能够放大数据中重要部分的影响。图自编码器是一种深度神经网络架构,可以将节点映射到潜在空间特征并从潜在表示中解码图形信息[87]。图生成网络是在一组指定观察的图上生成新的图,常应用于分子图生成等特定领域。图时空网络在捕获图的动态性方面具有巨大优势,可以捕获时空图中的时空相关性。

离散的时态网络指的是链接持续时间较短、动态变化更快且采用"快照"等离散方式表示的一种动态网络。大多数的图神经网络都是依赖静态图的特征,而在推荐领域的动态图神经网络依赖离散的时态网络。例如,Mnih 等[88]提出了基于动态图注意力网络的推荐方法,对朋友之间的社交影响进行建模,利用循环神经网络对用户的动态兴趣建模。同时,一种新的模型 SR-GNN(session-based recommendation with graph neural network,基于图神经网络的会话推荐)[89]将会话序列建模为有向会话图,通过门控循环单元和图神经网络获得每个图中所有节点的潜在向量。接着,每个会话用一个注意力网络表示为全局偏好和当前兴趣的组合,最后预测每个项目在一次会话中成为下次点击的概率。

3. 知识图谱序列推荐系统的构建流程

知识图谱序列推荐系统的基本构建流程如图 2.5 所示。首先,采集相应的数据,包括用户信息、物品信息等;然后,根据收集的数据构建知识图谱;最后,使用模型生成推荐结果。

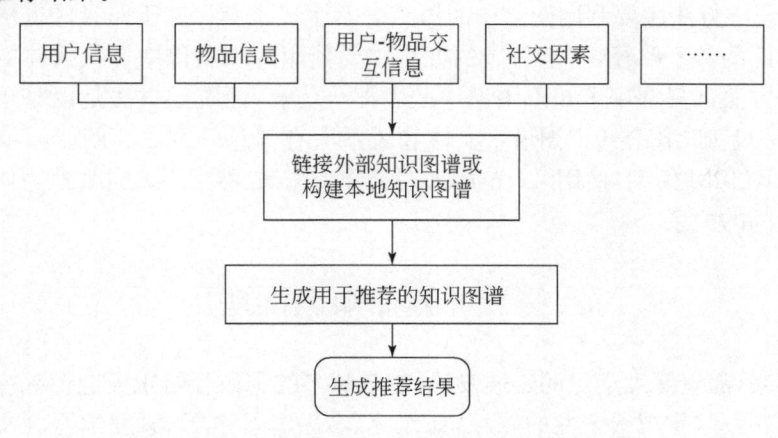

图 2.5 知识图谱序列推荐系统的基本构建流程

按照知识图谱的数据来源,构建方法可以分为链接外部知识图谱和构建本地知识图谱两类[90]。利用本地知识库等数据构建相应的知识图谱,然后链接外部知识图谱来对已有信息进行补充,在一定程度上可以缓解数据稀疏和冷启动的问题。最后,进行知识图谱的补全和质量评估,以构建出高质量的知识图谱,提高推荐的准确性。

4. 知识图谱序列推荐系统的推荐算法

综合已有文献,现有知识图谱序列推荐系统的推荐算法可以分为四类:基于嵌入的方法、基于路径的方法、基于邻域的方法和统一方法。

(1) 基于嵌入的方法主要包括基于翻译模型的图嵌入方法[79,91,92]和基于异质信息网络的图嵌入方法。其中,知识图谱是一种异质信息网络图,可以使用异质信息网络的嵌入方法对知识图谱上的实体和关系进行表征[93,94]。

(2) 基于路径的方法主要是挖掘用户与用户、物品与物品、用户与物品之间的关联路径,根据这些路径进行知识图谱推理,预测用户和物品之间的匹配度。此方法主要针对用户-项目图生成推荐,一般用异构信息网络[95,96]与矩阵分解技术来提取元路径。与基于嵌入的方法相比,基于路径的方法更具有个性化的推荐结果和可解释性。但是,基于路径的方法在推荐前需要构建大量的元路径或者元图,如果推荐的图谱发生改变,则需要重新构造。

(3) 基于邻域的方法是在基于路径的方法的基础上进行的。知识图谱中不仅有关系路径,而且有实体等复杂信息。因此,利用用户或物品知识图谱中的邻接实体进行特征分析,能够充分发挥知识图谱作为附加信息的作用。例如,Wang等[97]提出了知识图谱卷积网络,可以从每个邻接实体中提取结构信息和语义信息,以捕获用户潜在的长期兴趣。

(4) 统一方法主要利用图谱中的语义表示生成推荐。基于路径的方法依赖实体与实体间的关系路径,基于邻域的方法主要使用知识图谱中邻接实体的相关信息。这些方法都只利用了知识图谱中的一部分信息,而统一方法是以基于嵌入的语义表示为基础,整合知识图谱中实体和关系所有信息的方法。例如,Tang等[98]提出了 AKUPM 模型,使用 TransR 来表示知识图谱,然后引入自注意力网络来捕获实体之间的关系。

2.4　可解释知识推理

近年来,随着深度学习的迅速发展,越来越多的领域开始积极应用深度学习算法。然而在一些重视安全性的领域,如医疗、金融和军事等,深度学习算法的黑盒性质引发了人们对其决策结果可解释性的质疑和安全性的担忧。另外,在一些国家和地区,对可解释性的要求上升到法律层面,例如,欧洲联盟于2018年制定了《通用数据保护条例》(General Data Protection Regulation,GDPR),率先引入了"解释权"的概念。自此,在产品服务中使用不可解释的深度学习算法有可能面临违法的风险。在此背景下,可解释人工智能(explainable artificial intelligence,XAI)逐渐成为一大研究热点。

知识图谱于2013年以后开始在学术界和工业界普及[99],并且当前的应用已经远超其最初的搜索引擎场景,在智能问答、推荐系统[100]等应用中也发挥着重要作用。Santoro等[101]指出,人工智能必须具备推理能力,且推理的过程必须依赖先验知识和经验。知识图谱中包含了大量的人类先验知识,因此被认为是一种能帮助人工智能更好地理解常识的有力工具,是人工智能的"大脑"。然而,现实中知识图谱的规模虽然庞大,但是高度不完备,例如,在Freebase中,超过70%的人缺失出生地信息[4],这限制了它们在实践中的应用。在此情况下,依靠人工难以适应实践中对大型知识图谱的维护需求。因此,通过知识推理模型自动补全缺失的实体和关系成为知识图谱领域的热门研究方向之一[102]。

除了知识图谱,图数据在现实生活中广泛存在,如社交网络、药物分子以及论文引用网络等。因此,与图相关的任务(如节点分类、图分类和链接预测等)得到了广泛研究,而图神经网络则是处理这些任务的一种重要方法,作为图神经网络的一个统一描述框架被广泛接受[103],工业界在此基础上开发了PyG(PyTorch geometric)[104]和DGL(deep graph library,深度图形库)[105]等流行的工具库,标志着相关研究工具趋于成熟。同时,图神经网络强大的结构特征学习能力吸引了知识图谱研究领域的注意,该领域的研究者开始尝试利用图神经网络建模知识推理任务[106],并取得了较好的成果。此后,基于图神经网络的知识图谱推理的相关研究开始流行。

总之,图神经网络在知识推理模型中的作用主要有两个:第一,作为一种能够感知局部图结构的知识图谱表示方法,帮助更有效地学习实体和关系嵌入,并在此基础上结合传统方法进行节点分类和链接预测任务;第二,利用图神经网络的内在归纳能力对知识图谱中存在的结构关系进行建模,学习推理模式。图神经网络在推理模型中的重要作用,使得解释图神经网络的行为成为可解释知识图谱推理的研究重点。但现有的图神经网络解释模型与知识推理任务之间存在脱节,主要面向特定的合成数据集和用于图分类的分子式数据集,未考虑知识推理场景[107]下的数据和任务特点,并且现有工作所提供的解释仅有单一的模体形式,而非更适用于知识推理领域的逻辑形式,这给解释的理解和应用带来了困难。

2.4.1 知识推理技术分类

知识推理技术主要分为以下几类:基于演绎的知识推理、基于归纳的知识推理、基于分布式的知识推理、基于神经网络的知识推理和其他等，具体如图2.6所示。

```
知识推理技术的分类
├── 基于演绎的知识推理
│   ├── 本体推理
│   ├── 基于逻辑编程的知识推理
│   ├── 基于查询重写的知识推理
│   └── 基于产生式规则的知识推理
├── 基于归纳的知识推理
│   ├── 基于图结构/路径排序/随机游走的知识推理
│   └── 基于规则学习的知识推理
├── 基于分布式的知识推理
│   ├── 基于张量分解的知识推理
│   ├── 基于距离模型的知识推理
│   └── 基于语义匹配的知识推理
├── 基于神经网络的知识推理
│   ├── 基于注意力机制的知识推理
│   ├── 基于深度强化学习的知识推理
│   └── 基于元关系学习/少样本的知识推理
└── 其他
    ├── 混合推理
    ├── 基于多源信息的知识推理
    └── 动态推理
```

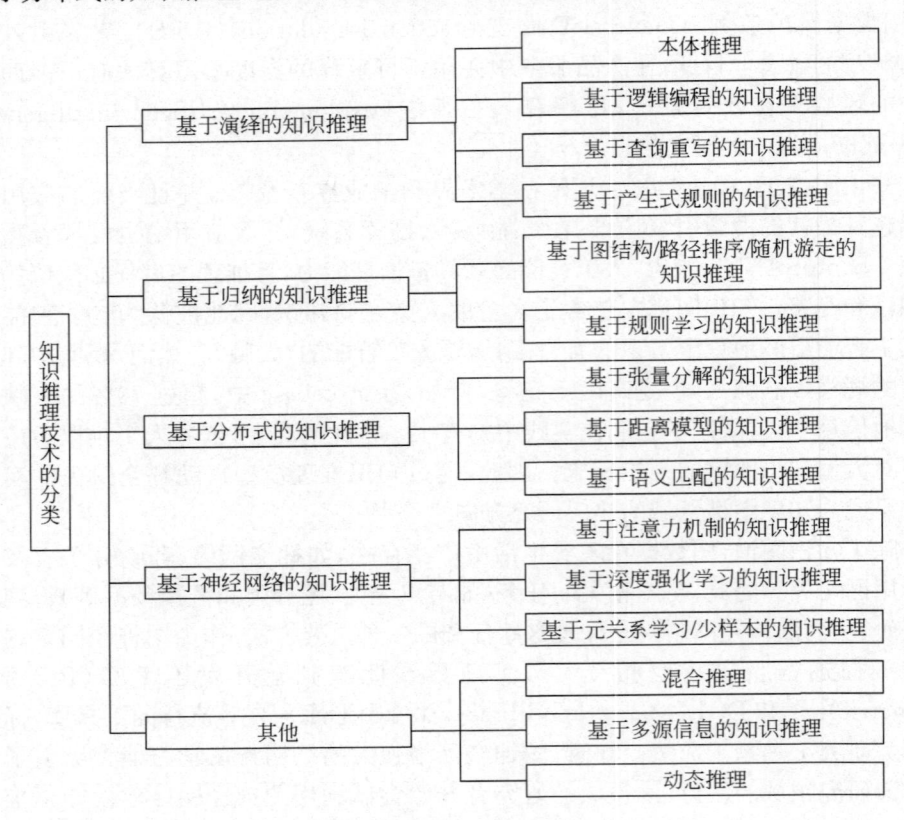

图2.6 知识推理技术的分类

演绎推理和归纳推理是逻辑学中常用的两种推理方法。演绎推理是自上而下的逻辑推理，由一般现象得出特殊结论，如三段论、数学归纳法等。归纳推理是自下而上的逻辑推理，从存在的部分观察得出一般结论，如经验公式等。

基于演绎的知识推理常见的有本体推理、基于逻辑编程的知识推理、基于查询重写的知识推理和基于产生式规则的知识推理。本体推理可以用于在本体表示的自然语言中生成推理网络，也可以用于对知识库一致性的检测逻辑编程，是可以根据特定的场景制定规则，实现用户自定义的推理过程。查询重写可以实现对知识图谱的查询。产生式规则是一种前向推理，多应用于专家系统和自动规划中。

随着大规模知识图谱自动构建技术的快速发展，知识冗余度的升高和准确性的降低使得演绎推理很难适用，而归纳推理却能很好地解决此类问题。基于归纳的知识推理包括基于路径排序的知识推理（也称为基于图结构的知识推理或基于随机游走的知识推理）和基于规则学习的知识推理。基于路径排序的知识推理的主要算法是传播式启发式图搜索算法[108]，随后研究人员又在传播式启发式图搜索算法的基础上进行了改进完善，Gardner 等[109]提出的子图特征提取（subgraph feature extraction，SFE）模型改变了路径排序算法路径搜索的过程，提高了效率。基于规则学习的知识推理是通过制定规则或统计特征来推理知识图谱的，在 Gardner 等[109]描述的 TensorLog 的概率演绎数据中提出了张量积函数，使其推理为可微过程；此后，Yang 等[110]又提出了一个神经逻辑编程的框架，使逻辑规则结构和参数学习结合在一个端到端的可微模型中。

随着基于嵌入的方法在知识图谱中的广泛应用，基于分布式的知识推理得到了快速发展，主要包括张量分解、距离模型和语义匹配[111]。基于张量分解的知识推理将整个图谱看作一个大的张量，通过张量分解技术将高维数组分解成多个低维矩阵，完成高维知识图谱的降维，其中 RESCAL[112,113]是常用的模型。基于距离模型的知识推理旨在将目标对象的语义信息表示为低维实值向量，将知识图谱中的信息编码到不同的向量空间中，使得知识图谱推理能够通过预设的向量空间表示来实现自动计算，不需要显示具体的推理步骤，其中，经常采用 Trans 系列模型，如 TransE[114]、TransH[115]、TransR、TransD[116]、TransG[117]和 TransA 等。在基于语义匹配的知识推理中，将知识图谱中实体和关系的相关性建模为语义匹配能量[118,119]函数，然后进行相关推理。

神经网络是模仿人脑神经元进行信息处理的一种机器学习算法，并且可以较好地应用于知识推理中。Socher 等[120]在 2013 年就提出了神经张量网络（neural tensor network，NTN）模型来完成对知识库的推理。目前，基于神经网络的知识推理中常用的是卷积神经网络、递归神经网络[121]和深度强化学习等。图神经网络可以很好地捕捉图数据结构信息，可以丰富知识库中实体和关系元素的表达，尤其是在得到未知实体或关系的表示等方面具备一定的推理能力，最近的研究证明图神经网络可以在知识库补全的任务中得到高效处理。例如，在知识库补全的任务中，可以使用关系图卷积网络[106]处理知识库中的高度多维数据。在知识图谱推理过程中，经常使用的是图卷积神经网络和图注意力网络。例如，图注意力机制结合长短期记忆网络的模型可以高效实现深度强化学习的推理任务[122]。

最近，基于元关系学习/少样本的知识推理、基于多源信息的知识推理、混合推理以及动态推理是知识推理未来研究的方向。在真实的知识图谱中，存在许多"长尾关系"的三元组，虽然它们携带的关系少，但是往往具有研究价值。同时，知识图谱的数据主要来源于结构化和非结构化的文本材料，现实中的知识还包含图片、音频和视频等多源信息，而基于多源信息的知识推理可以结合多种辅助信息，Tang 等[123]提出了一个包含多源信息的新三元组模型。混合推理就是结合多种推理方法来提高结果的准确性，Qu 等[124]提出了将基于规则学习的知识推理和基于距离模型的知识推理相结合的方法。动态推理是未来知识推理的重点，它解决的不是传统的基于静态网络的知识图谱,而是随着时间不断变化的动态知识图谱。

2.4.2 基于图神经网络的知识推理

1. 面向知识图谱的知识推理

知识图谱通常使用(head,relation,tail)三元组表示实体之间的关系,其中head代表头实体,tail代表尾实体,relation代表头实体和尾实体之间的关系,也可以简单表示为(h,r,t),例如(华为,创始人,任正非)就是一个三元组,"华为"是头实体,"任正非"是尾实体,两者之间为"创始人"关系。目前,工业界已经构建了许多大型知识图谱,如Wikidata[2]、YAGO[125]、Freebase[126]等,但这些知识图谱面临比较严重的数据缺失问题。因此,面向知识图谱的知识推理主要针对知识图谱中存在的数据缺失问题,利用机器学习算法或深度学习算法对知识图谱中缺失的三元组进行推理,具体任务有知识图谱节点预测和链接预测。前者根据给定头实体和关系对尾实体进行预测,而后者则是给定头实体和尾实体预测两者之间可能的关系。

2. 图神经网络在知识图谱中的应用

知识图谱是一种多关系图,而图神经网络主要是为单关系图设计的,因此要应用在知识图谱上需要根据数据特点进行针对性设计。其中,主要需要考虑的因素为边上的关系信息建模以及实体和边的嵌入更新时机问题。Marcheggiani等[127]提出了一种新的基于图神经网络的语义标注模型,即语法图卷积网络,该模型首次将句法依赖树视作一种图结构数据进行处理,并第一次提出了为每种不同类型的边分别定义参数矩阵的思想。Schlichtkrull等[106]在该项研究的基础上进一步抽象总结,提出了关系图卷积网络模型,第一次证明了图神经网络可以应用于建模知识图谱这样的关系数据中。为建模边上的关系信息,关系图卷积网络模型为知识图谱中的不同边分配一个不同的权重矩阵,以此令关系图卷积网络模型区分开不同的关系。另外,关系图卷积网络还在原始知识图谱中添加了反向关系,以增强图的连通性。带权结构特征的图卷积网络[128]将知识图谱中不同关系的边视为不同的邻接矩阵,不同的邻接矩阵分别具有不同的权重,是一种将边上的信息融入网络结构建模中的方法。类似地,Vashishth等[129]认为关系图卷积网络仅学习了节点的表示而没有学习关系的表示,因此不能直接应用于需要关系嵌入的链接预测任务中,于是提出基于组合的多关系图卷积网络来解决此问题,基于组合的多关系图卷积网络是一个非常经典的工作,它提出用评分函数来建模不同边上的关系,可以泛化到大部分普通图卷积网络。除了为每种关系定义参数矩阵,Vashishth等[129]提出了可以通过在聚合时为每条边分配注意力分数,通过注意力分数控制在聚合时不同类型边上的消息传播,推广和扩展了图注意力机制,用以在给定实体的邻域捕获实体特征和关系特征。上述工作均聚焦于改进图神经网络自身的聚合组件,另一项工作致力于通过对知识图谱进行一定的预处理后,再利用关系图卷积网络等捕获相关特征。例如,Teru 等[130]提出通过提取目标三元组的局部封闭子图,然后结合图神经网络进行推理,为提取局部封闭子图,GraIL 首先在整个知识图谱中获取输入三元组中头尾实体的各自 k 跳邻居节点集,最后取两者的交集并裁剪与头尾实体的距离大于 k 的邻居得到目标子图。对于得到的目标子图,GraIL 采用双半径顶点标记法对节点进行标注,得到子图的特征矩阵,然后通过图神经网络获得对目标三元组的评分。Zhang 等[131]提出了一种新的子图结构,称为有向关系图,该结构是对传统关系路径的一种优化和改进。借助从知识图谱中提取有向关系图,然后基于有向关系图训练图神经网络进行推理。以上基于图神经网络的模型在各项指标上取得了良好表现,其有效性往往归因于图神经网络从数据中学习到了传统方法所不能感知的拓扑结构信息,而要显式地提取出所学习到的拓扑结构,则需要借助于面向图神经网络的解释方法。

2.4.3 面向图神经网络的解释方法

1. 可解释性的概念

目前,在工业界还没有对可解释性形成统一的定义。从解释(explanation)一词的概念上来讲,它是指人类相互沟通并获取信任的一种基本方式。而在人工智能领域,沟通的双方则是智能体与人类,由智能体向人类对自己的行为做出可被理解的解释并获取人类的信任。在可解释人工智能的相关英文文献中,可解释性通常称为"interpretability"和"explainability",可解释的模型通常称为"interpretable"或者"explainable",两者经常互换使用,但有的文献中对两者的含义进行了区分,例如,在文献[132]中,"interpretation"是指将抽象概念映射到可以被人类理解的领域,而"explanation"则是这些抽象概念在该领域的投影。Bengio[133]将可解释性定义为一种以可理解的术语向人类解释或者呈现的能力。但是这些定义都不是具体而形式化的,因此如何理解"可解释性"取决于相关人员的领域知识以及它所出现在的上下文。Zhang 等[134]在此基础上进一步拓展了该定义,对原定义中的"解释"和"可理解的术语"两个概念进行进一步阐释:①解释(explanation)在理想情况下应该是 if-then 之类的逻辑判断规则;②可理解的术语(understandable term)应该来自任务相关的领域知识以及常识。本节采用 Yu[25]等对可解释性的定义。

2. 解释方法的分类

Camburu[135]从多个角度给出了深度学习领域不同的分类标准。

（1）根据解释方法是否独立于已训练好的模型可分为事后解释方法（posthoc explanatory method）和自解释方法（self-explanatory method）。

（2）根据解释方法对待解释模型的需求可分为模型相关解释方法和模型无关解释方法，也称为白盒方法和黑盒方法。

（3）根据解释方法解释的范围不同可分为实例级解释方法和模型级解释方法。

下面对这些分类标准和基本思想进行详细阐述。

1）事后解释方法和自解释方法

事后解释方法旨在解释已经训练好的模型。这种方法在深度参数固定的神经网络方面有许多研究成果，例如，使用可解释的线性模型在局部近似复杂决策函数的局部可解释的模型无关解释（local interpretable model-agnostic explanation，LIME）[136]方法和基于沙普利值（Shapley value）[137]从博弈交互角度计算每个输入单元对预测结果的重要性的沙普利加性解释[138]方法。总体上说一个自解释方法可以划分为两个模块：预测器模块和解释生成器模块。其中，预测器模块是对正在进行的任务已经预测的部分，而解释生成器模块则是对预测提供解释的部分。例如，Lei 等[139]提出了一种用于情感分类的自解释模型，该模型的解释生成器通过选择输入特征的子集传递给预测器，预测器通过这些选择的特征提供预测结果，两者联合训练最终使得解释生成器可以准确选择特征。事后解释方法的优点明显，即有着更强的适用性，而自解释方法千差万别，所提出的解释方法仅适用于自身，无法对其他现存的海量模型进行解释，因此应用面较窄。

2）模型无关解释方法和模型相关解释方法

模型无关和模型相关的划分主要适用于事后解释方法，因为自解释方法的预测器和解释生成器之间一般具有很强的关联性。事后模型无关解释方法是一种高层次的方法。该方法假设目标模型内部信息无法得知，能够访问信息仅有模型的输入数据和输出数据，即将目标模型视为一个黑盒。LIME 方法[136]、SHAP 方法[139]等均属于事后模型无关解释方法。模型相关解释方法则假设目标模型内部的体系结构信息均可访问，如类激活映射（class activation mapping）、梯度加权类激活映射[140]、沙普利加性解释、相关性分数逐层传播[141]、引导反向传播[142]等，这些方法通过特定的反向传播计算梯度，以反映输入单元的重要性。其中，类激活映射将最后图神经网络中最后一层的节点特征映射到输入空间，以识别重要节点，要求图神经网络采用全局池化层和全连接层作为最终的分类器，类激活映射对图神经网络结构的特殊要求导致其应用和推广受限。梯度加权类激活映射则通过消除类激活映射对全局池化层的要求，将其拓展到通用图分类模型中，梯度加权类激活映射仅使用梯度作为权重来组合不同的特征图。引导反向传播直接使用梯度的平方值作为不同输入特征的重要性分数，由于负梯度难以解释，引导反向传播在反向传播梯度时仅传播为正梯度,同时将负梯度置零。尽管简单高效,但是只能反映输入和输出之间的敏感度,不能准确体现重要性。另外,当模型输出相对于任何输入的变化很小时,梯度信息几乎不能反映输入的贡献。模型无关解释方法相较于模型相关解释方法有着适用范围大、迁移成本低的优点。但需要注意的是,模型无关解释方法尽管可以捕获输入和预测结果之间的关联性,但是这些关联性不一定等于因果性,有可能属于虚假关联,从而并不一定反映待解释模型内部运作的真实情况。

3) 实例级解释方法和模型级解释方法

实例级解释方法是指单个预测结果的生成局部解释方法,每次输入被认为是一个实例,例如,LIME 方法通过在预测结果的邻域上训练线性函数来解释本次预测结果。显然实例级解释方法每解释一次预测结果都需要经过一次训练过程,如果训练效率较低,则可能不适用于对实时性要求较高的场景。另外,为了验证解释的可靠性,往往需要尝试大量的输入实例,以观察解释的合理性,在这个过程中还需要有相关专家知识辅助鉴别。模型级解释方法是指在全局高度解释目标模型内部工作原理的方法,例如,Yang[110]等通过训练学习一棵决策树来显式表示隐含在模型中的重要决策规则。相较于实例级解释方法,模型级解释方法的解释有更强的概括性,因此需要的人工监督更少。另外,模型级解释方法还被认为对新知识发现更加有用,因为仅观察单个输入实例的解释时往往不容易发现新的规律。但是相较于实例级解释方法的解释,模型级解释方法的解释在精确程度上存在局限性。总体来看,实例级解释方法与模型级解释方法对准确理解一个模型的决策而言都是不可或缺的。

2.4.4 知识推理解释形式

除了解释方法,解释的形式也非常重要。因为各种不同的解释方法最终还是需要以一种可理解的术语呈现出来,任务场景不同,所需要使用的术语也不同。例如,在一些计算机视觉任务中所采用的解释形式可以是特征可视化以及超像素[29],在自然语言处理任务中可以直接利用词嵌入输出单词甚至句子解释。从整个深度学习领域的解释方法来看,解释形式已经非常全面,然而从基于图神经网络的知识图谱推理解释方法的现有文献来看,主要有两种解释形式:一种是偏向给出视觉直观的解释;另一种则是给出类逻辑语言的描述。

1. 基于显著图的解释形式

显著图是指由对预测结果产生显著影响的节点和边。其具有多种构成方法,主要区别在于显著性的计算方式。

显著图在计算机视觉领域流行已久,因此许多解释方法在解释图神经网络的推理结果时也采用了类似的形式。如图 2.7 所示，是一个图节点分类任务，图中的每个节点对应一种体育运动，其中深灰色节点被归类为"Basketball"。GNNExplainer 会提取出节点的邻居中对分类结果影响最显著的边和节点来构成显著图作为解释。从提取结果可以看到，GNNExplainer 所识别出的显著图中的节点均属于球类运动，因此在一定程度上解释了此次的分类结果。在如何识别重要子图的问题上，GNNExplainer 采用了最大化子图与图神经网络预测结果之间的互信息方法。互信息是衡量随机变量之间相互依赖程度的度量，对某个节点做出预测所需要的全部信息完全由其周边邻域节点和边决定，因此 GNNExplainer 通过识别输入图对预测结果起到关键作用的一个小子图以及最有影响力的一部分节点特征来为预测结果生成解释。在识别对预测最有影响力的特征方面，模型采用特征掩码法，即训练一个特征选择器，将某些特征掩蔽。如果特征是重要的，那么其预测概率就会降低。特征掩码法的一般流程如图 2.8 所示。

图 2.7　GNNExplainer 的解释结果示例

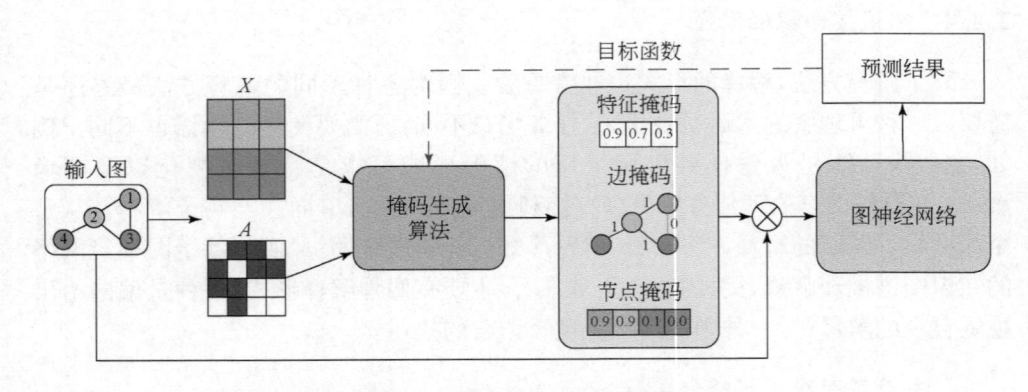

图 2.8　特征掩码法的一般流程

首先给定一个输入图，不同的模型以不同的方式生成掩码来选出重要的特征。根据任务不同会生成不同的掩码，如节点掩码、边掩码和特征掩码。接下来将生成

第 2 章　知识图谱应用与可解释性

的掩码与输入图相结合，以获得包含对预测结果产生重要影响的重要信息的新图。最后将新图输入目标图神经网络模型，将获得的预测结果与原图的预测结果进行比较。直观上，如果掩码选择出的重要特征表达了关键的语义信息，那么预测结果应该与原图得出的结果相似。在对解释进行定量评估问题上，该模型将解释评估问题形式化为一个对边的二分类问题，即将模型对边的重要性权重作为预测分数，判断是否出现在标准解释中，好的解释方法会在这个任务中获得更高的精度。该模型是第一个为图神经网络预测提供解释的模型，启发了许多类似的研究。

Gilmer 等[143]指出，GNNExplainer 每针对一个实例生成解释都需要重新训练一次，在需要一次性解释大量节点的实际场景中无法满足时效性，而且所生成的解释仅适用于单个预测结果，无法推广到其他未解释的节点，难以应用于归纳设定。针对这些问题提出了可以为图神经网络提供全局解释的模型 PGExplainer。Lin 等[144]指出，PGExplainer 严重依赖目标图神经网络的节点嵌入，如果不知道其内部模型结构和参数，甚至可能无法获得解释。此外，PGExplainer 也无法解释任何没有明确主题（主题无关）的任务。为此，基于对 PGExplainer 的观察，Lin 等提出了 Gem 模型。该模型在生成子图的过程中利用了神经网络共享参数的特性，用来共同解释多个实例。

格兰杰因果关系[145]是由 Wiener 和 Granger 所开创的工作，在图上是指如果节点或者边特征的缺失降低了预测标签的能力，则称该节点或者边与其对应的预测之间存在因果关系。Dosilovic 等[146]提出了 Gem 模型，扩展了格兰杰因果关系的概念，通过局部子图作为样本实例的解释。Gem 的图模式生成框架如图 2.9 所示。与 PGExplainer 相比，Gem 的输入只有原始图，而不需要获得目标图神经网络的内部结构、参数等信息。更重要的是，Gem 从因果的角度给出了图神经网络

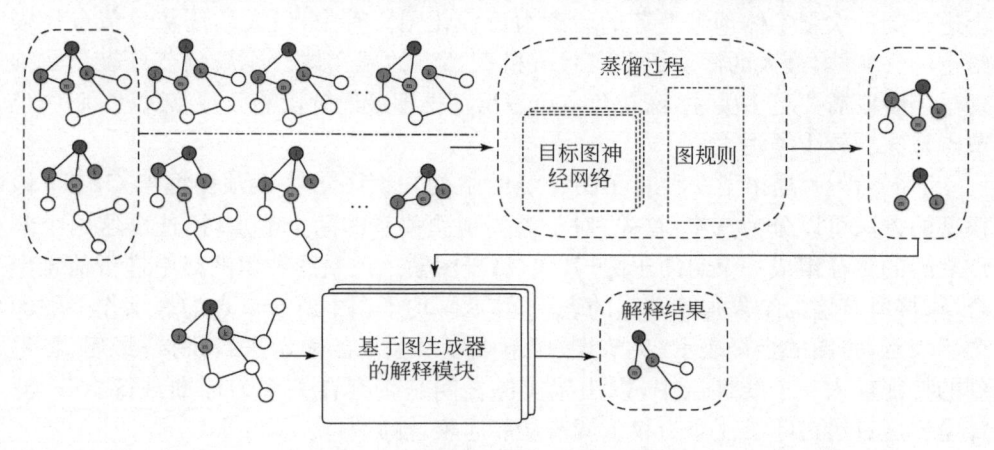

图 2.9　Gem 的图模式生成框架

的解释,因果关系是之前工作所没有考虑到的。除了将互信息与格兰杰因果关系作为优化目标,Bach 等[141]提出的图神经网络解释模型使用图生成器生成使得图神经网络对某一类预测产生最大概率值的图模式。这是唯一模型级的解释器:假设有一个节点分类任务,每个节点有三个可能类型,则图神经网络解释模型只需要产生三种图模式即可解释全部的预测结果。在图神经网络解释模型中,图生成被表述为一个强化学习问题。对于每一步,生成器都会预测如何将边添加到当前图中,然后将生成的图输入到训练好的图神经网络中,以获得反馈,通过策略梯度训练生成器。此外,在生成过程中,还结合了几个图规则,以使得生成解释既有效又易于理解。图规则是一种起到约束作用的先验知识,例如,化学数据的规则可以定义为原子的节点度不应超过其最大化合价。此外,图神经网络解释模型可以在生成图的大小上设置一个上限,以便最终的解释简洁。

2. 基于注意力分数的解释形式

注意力分数的大小也可以认为是另一种反映对决策结果影响显著性的指标。注意力机制源于认知科学的研究,在认知科学中,由于人脑信息处理存在瓶颈,所以会有意或无意地从大量信息中挑选少量有用的信息作为重点处理而将其他信息忽略。基于该原理所开发的注意力机制原本用于解决信息超载问题,但是模型学习到的注意力分数也反映了模型在决策过程中的偏好,注意力分数高的节点和边即可认为对决策结果产生了显著影响。因此,一些方法通过将其可视化展示以在一定程度上解释此次分类的结果。图注意力网络[147]即是在图神经网络中应用注意力机制的代表,该模型可以保证节点及其邻居的注意力分数计算的可并行性,并且适用于归纳学习场景。图 2.10 为动态剪枝消息传递网络在 NELL-995 数据集上进行的一次尾实体预测任务的注意力可视化图。其中,最大的浅灰色节点代表给定的头实体,最大的深灰色节点代表模型预测的尾实体。浅灰色节点表示在推理早期阶段需要更多关注,深灰色节点表示在推理最后阶段需要更多关注,而白色节点意味着较少关注。

Teru 等[130]提出了一种基于图神经网络的知识图谱关系预测框架 GraIL,该模型的方法可以分为三步:首先,对于需要预测关系的两个节点,挑选出这两个节点之间的路径组成一个封闭子图;其次,将子图输入关系图卷积网络中进行信息聚合,拼接所有层的结果得到节点的表示,然后平均子图中所有节点的表示作为图的全局表示,将图的全局表示、头节点、尾节点以及关系的表示进行拼接;最后,将得到的特征输入一个线性层中,以头尾实体之间是否存在关系为标准进行二分类。该模型通过给边赋予注意力权重调节从邻居聚合的信息。

针对图神经网络的可拓展性差且现实中的知识图谱往往是动态变化的特点,Xu 等[148]提出了用于大规模知识图谱推理的动态剪枝消息传递网络,该模型受

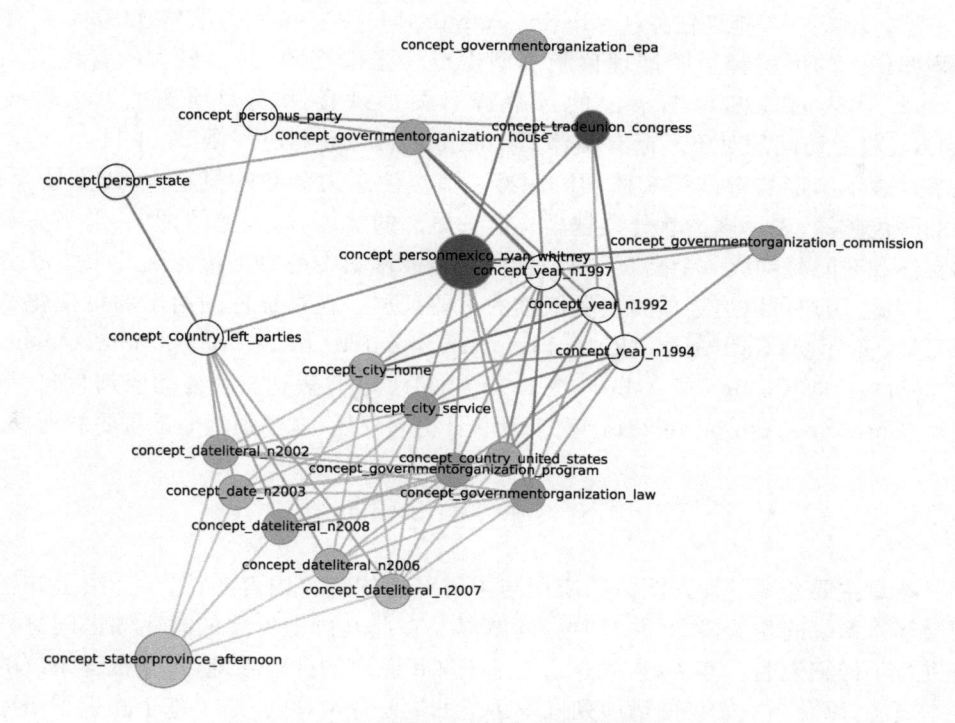

图 2.10 动态剪枝消息传递网络的解释形式示例

Bengio[133]意识先验理论的启发,使用两个图神经网络来分别编码"有意识"和"无意识"状态。Xu 等[148]还提出了一种新的图注意力机制,使其不仅可以用于计算,也可以用于解释。

尽管基于关系路径的方法在知识图谱推理中展现出强大的可解释的推理能力,但由于它是一种线性的序列化推理方法,所以很难捕获图中结构化局部证据,针对该不足,Li[149]提出了关系有向图神经网络模型,该模型具有一种新的关系结构 r-graph,它由两个节点之间重叠的关系路径组成。换言之,关系有向图神经网络模型提取了多条一维线性的关系路径组合成一个子图,然后将它输入图神经网络中捕获特征学习子图的表示。为了发现可解释的局部证据,关系有向图神经网络模型使用了注意力机制,给子图的边赋予了不同权重。

受 GraIL 模型子图推理方法的启发,Han 等[150]提出了时序知识图谱上的可解释子图推理预测模型,将知识图谱的类型扩展到动态时序知识图谱,并提出了一种时间关系注意力机制和一种新的提取封闭子图的方法。同时,该模型也考虑到了可拓展性问题,在生成推理图时及时裁剪注意力分数较低的边来提高效率。

在解释预测结果方面,时序知识图谱上的可解释子图推理预测模型采用可视化方法。给定一个查询任务(Catherine Ashton,Make a visit,?,2014-11-09),时序知识图谱上的可解释子图推理预测模型生成一张推理图,其中最大的青色节点"Oman"代表时序知识图谱上的可解释子图推理预测模型预测的 Catherine Ashton 将要访问的对象。标有实体 Catherine Ashton 和时间戳 2014-11-09 的青色节点表示给定的查询头实体和时间戳。节点注意力分数的值越大,节点越大。边的颜色越深,表示该贡献分数越高。箭头尾部的实体、箭头上的谓词、箭头头部的实体和时间戳构成一个真正的四元组,它为推理图中的每条边分配一个贡献分数。因此,用户可以追溯预测主要依赖的重要证据。观察推理图给出的可视化结果可知,四元组(Catherine Ashton, Express intent to meet or negotiate, Oman, 2014-11-04)即"Catherine Ashton 在 2014 年 11 月 4 日表达与阿曼的谈判意向"是支持"Catherine Ashton 在 2014 年 11 月 9 日访问阿曼"这个预测的最重要的证据。

2.5　本章小结

本章主要介绍了知识图谱的应用与可解释性的相关内容。首先,介绍了知识图谱问答系统的相关概念,并对时序问题以及在此基础上发展的时序知识问答任务进行了详细说明。其次,本章介绍了基于知识图谱的推荐系统,包括推荐系统的基本概念,以及当前知识图谱序列推荐系统的主要分类,并介绍了基于知识图谱序列推荐系统的构建过程以及相关的推荐算法。最后,本章介绍了可解释知识推理的主要技术分类和在基于图神经网络的知识图谱推理中的解释方法,并介绍了这些方法的主要解释形式。

第二篇　基于知识图谱的问答技术

知识图谱以三元组记录常识或事理,将知识表示为计算机容易解析和查询的结构化形式。相较于现今大量使用的非结构化文本源,知识图谱助力人机交互取得更高精度和召回率的智能问答。时间信息作为连接事件脉络的重要属性,在知识图谱智能问答领域,仍面临解析错误、聚合推理错误等问题,严重制约了智能问答系统的性能。因此,必须对时间信息进行精确解析与推理。近年来,知识图谱技术因其结构化、事实关联等优势受到了国内外的广泛关注,但目前在包含复杂时序信息的工程应用中仍存在答案准确率较低等不足。为解决这一难题,本章针对基于图匹配的时序知识问答技术这一核心问题展开研究,为涉及时序信息的智能交互场景奠定了坚实基础,促进了新型时序知识问答技术的发展。

本篇围绕知识图谱问答和时序信息处理两个关键技术开展研究,主要工作内容是针对时序知识问答领域候选空间过大、时序特征与语义特征拼接会削弱最终语义、时序制约下多答案问题的传统 Top-k 不满足人类期望三个部分进行实验验证。具体来说,第一部分针对候选空间存在过多无关时序,设计了专用的时序信息抽取和剪枝策略进行候选空间大小的缩减,助力问答取得更优效果;第二部分针对简单地拼接会损坏三元组语义性和时间性的精确交互问题,设计了专用的时序特征与语义特征融合方法,提高了融合表示语义的精准程度;第三部分针对时序制约下传统 Top-k 不能准确满足人类获得答案的精确数量和准确结果的难题,通过再验证框架,确立了初始结果判定到聚类的流程,使答案输出形式满足人类需求。

本篇的主要内容如下:

(1) 建立进行问题时序区间约束判定和使用时序信息裁剪候选空间的模型,增强模型对时间敏感信息的辨别能力和高效推理能力。考虑到候选邻域存在大量不同时间约束的相似事实,使得模型在推理时进行大量的无关推理,且受到相似事实信号干扰的问题,建立问题时序信息推理和时序约束裁剪候选空间的模型,分析不同信号的时间词对模型推断行为答案打分的影响,并进行实验验证。同时,通过创新实验方法,揭示语义依赖对时序问题解析的增强机制,为问题的意图识别提供句法分析基础。

(2) 建立考虑时间信息和三元组信息在特征融合时进行精确依赖的模型,在保证召回率的前提下提升了问答系统的准确性。考虑到传统的特征拼接方法在时间信息与三元组语义信息融合过程中出现的约束不精确问题,建立基于时序特征增强提取、胶囊融合和时序特征在问题中重要位置的模型,经过低阶特征转换为具备空间精确依赖性的高阶特征,在完整的问答流程中验证了其有效性,进而研究特征融合模块对召回率的影响,全面衡量该方法在略微损失召回率的基础上,能够大幅提升模型准确性。

(3)建立基于再验证框架的时序多答案问答模型,在传统 Top-k 列表的基础上增加答案数量判定和假阳性答案过滤的功能,提升答案质量保证效果。考虑到传统 Top-k 的答案展示形式不能满足人类获得时序问题准确的答案数量和正确结果,建立基于再验证框架的答案界限查询模型。分析时序约束对多答案问题的制约特性,采用初始答案判定和聚类的思想,在传统的问答流程后嵌套多答案组件模块验证模型的有效性。进而研究多答案时序问题在知识图谱中答案受到时间和语义的制约特性,将多答案问题由非结构化多段落文本拓展到知识图谱场景下的多答案问答,拓展知识图谱智能问答的边界。

第 3 章　基于时序约束的候选空间缩减技术

3.1　引　　言

高质量的大型知识图谱以其丰富的结构化数据促进了人类知识的重组和访问过程[6]。Wikidata、YAGO 和 Freebase 等大型知识图谱已成为知识图谱问答查询依据的理想来源。尽管基于简单问题的知识图谱问答系统已经取得了先进的性能，但跨越多实体和多约束的复杂知识问答仍不能满足人类预期，受到了研究者的广泛关注[7]。时序问题属于一类特殊的复杂问题，因其问答链路的路径更深、约束关系更复杂，成为衡量复杂知识问答系统的一种新兴标准。

基于语义解析[27,37,151-153]和基于向量表示[38,154-156]的知识问答方法均在整个知识图谱上进行查询，往往需要进行大量无关查询。而基于信息查询的知识问答方法[28,29,31,157,158]通过建立映射将候选空间局限在与问题相关的子图上，较其他知识问答方法具有更小、更精确的推理空间，受到研究者的青睐。推理空间的大小涉及查询精度和查询效率，对整个问答系统的性能至关重要。现有的知识图谱问答模型通过查询理解—映射—执行推理三个步骤回答问题。每个步骤都面临数以千计的候选，且候选空间大小在知识图谱问答流程中以指数级递增。过多的候选推理会引入较多噪声，需要执行大量无关查询，增加了问答系统的负担。同时，时序约束作为问题意图的重要组成部分，不仅影响知识图谱映射的准确程度，而且决定了在生成领域进行复杂聚合性推理的准确程度。因此，利用问题时序特征进行候选空间的合理缩减成为本章的研究要点。

现有知识图谱问答中利用时序信息进行候选空间缩减的方式有三种：一是问题时序意图的精确表示能够降低用户意图的模糊性表述，使得候选空间数量显著降低[17,69]；二是在知识图谱映射过程中，对实体、关系、属性等进行链接消歧，缩小匹配空间[159]；三是知识图谱推理过程中对候选空间进行时序表示的增强，使得答案偏向于满足时序约束的候选集合，实现候选空间的缩减[72,73]。同时，在分布式表示中链接预测方式受到了广泛关注。该方法基于语义相似度进行匹配，实现相似实体查询和推理的同步进行，直接从知识图谱全局输出问题答案[17,74]。

考虑一个关于 NBA 总冠军的复杂时序问题：who is the coach in the most recent time the winner of the 2015 NBA finals won a championship?（谁是最近一次 2015 年 NBA 总决赛赢家的教练?）大多数复杂的知识图谱问答系统分三个阶段

回答时序问题。首先,通过建立问题与知识图谱的映射,将候选空间定位到与问题相关的事实附近。其次,在使用 Transformer[160]、BERT[161] 等机器模型对问题进行时序增强表示后,通过时序链接预测算法增加时间维度信息,使得问题的表示和对应的答案在嵌入空间中相互接近[17,69],或者通过时序事实进行子图增强,并使用注意力机制增强候选空间的时序表示,限制答案趋向满足时间约束的候选事实[72]。最后,执行查询推理后按评分由高至低对答案进行输出。

尽管这些工作已经取得了良好的效果,但目前知识图谱问答模型在执行时序知识问答时仍存在以下挑战,如图 3.1 所示。

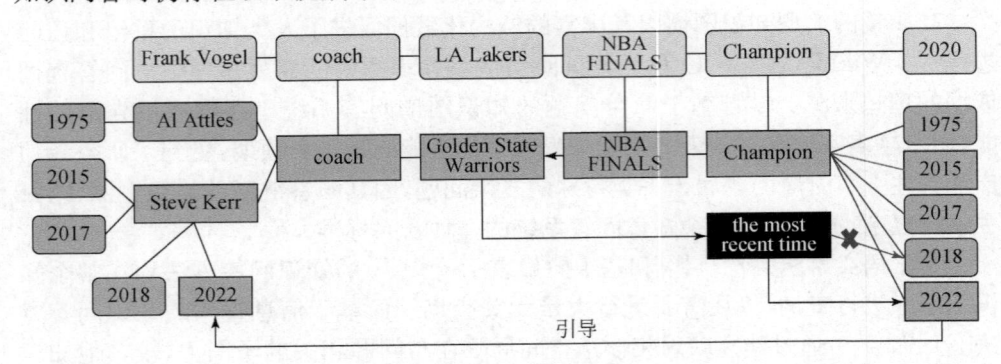

图 3.1 时序知识问答存在的挑战

(1) 错误的时间区间指定。第一个挑战是如何从自然语言问题中提取出时序问题的确切约束关系,这也是问答领域面临的主要问题之一。由于时序信息涉及与现实或指代事实的复杂交互,主流的方法无法捕捉到时序事实的深层依赖关系,具体如图 3.1 中深灰色路径所制定的时间区间,该区间并非问题指定的约束。这里的约束关系抽取不仅包括对问题常规约束的抽取,更着重于对时序约束进行分析,以期能够指导推理程序按照正确意图进行查询。

(2) 未明确的时间聚合查询。第二个挑战是如何计算关键实体的时间约束区间。在复杂问题中,用户意图包含一些特定的聚合性查询,如求差集、判断蕴含关系等。仅依靠关系约束的抽取不足以回答此类问题,具体如图 3.1 中黑色实体的指出线条所示,若对聚合性语句理解错误,则会导致不明晰的查询引导。

(3) 冗余的时间信息聚合。时间问题中经常会将无关事实的时间信息纳入考虑中,干扰正常推理。第三个挑战是如何利用时序信息高效裁剪候选空间。如图 3.1 中浅灰色路径所示,事实语义相近,但时间约束不满足,造成无关的时间事实干扰。在回答复杂时序问题时,每个问题平均需要筛选数十个时序事实,同时答案节点路径颜色较深,候选空间较大。因此,在不影响召回率的前提下,使用时序信息对候选空间进行合理缩减成为进行子图高效推理的关键,关系到最终的问答效果。

为此,系统构建了使用时序信息裁剪候选空间(culling candidate space with temporal information,CCSTI)。其中,知识图谱的巨大规模和时序事件的相互制约,使得依据时序先验信息对知识图谱候选项的裁剪成为可能。针对以上挑战,CCSTI 分别提出以下解决方法。第一,受语法感知局部注意力[162]的启发,利用句法依赖结果构建基于 Transformer 的问题依赖感知模型,通过聚合问题的依赖信息对问题进行精确判定,以提升问题表示的准确性。第二,构建时间区间运算器,对包含时间聚合推理的查询进行计算,得出问题关键事实上满足用户意图的时间区间。第三,设计了裁剪无关时间事实的时间关注模块,旨在将推理程序的注意力集中在满足时序约束的候选事实上。同时,链接预测和子图推理的结合,使得模型在面临更复杂情况时仍能取得较优的效果。使用最近的一个时序知识问答测试基准和一组基于候选空间缩减的竞争对手进行的实验显示了 CCSTI 的优势:该模型支持时序约束下的聚合推理,能对复杂的时序问题进行答案所处时间区间的判定,在缩减后的知识图谱子图中保留了较高的答案存在度,具有较高的问答成功率。

本研究的主要贡献有:
(1) 在知识图谱问答中,将时序约束作为缩减候选空间的一项关键任务。
(2) 提出了 CCSTI 模型,用于识别问题更精确的时序约束特征,并通过专用的时序区间运算处理聚合查询,推断相应事实存在的时间区间。
(3) 设计了裁剪无关时序问题的时间关注模块,使用链接预测算法增强了子图推理方法。
(4) 进行了一系列实验,证明 CCSTI 模型在保留结果能力的基础上,较其他时序知识问答方法的候选空间更小,问答效果更好。

3.2 相关工作

作为智能交互系统的重要支撑技术,知识图谱问答具有广阔的应用前景。近年来,时序知识问答面临约束复杂、推理链路较长等挑战,已成为复杂知识图谱问答的一个重要分支,受到了研究者的广泛关注。本节主要介绍与知识问答相关的工作,包括时序知识问答和时序知识问答中候选空间的缩减。

3.2.1 时序知识问答

知识图谱问答以知识图谱为查询库,旨在查找与自然语言问题意图最匹配的条目作为答案。目前,知识图谱问答的研究成果可以分为三类:基于语义解析的方法、基于向量表示的方法和基于信息查询的方法。基于语义解析的方法将问题解析翻译为 SPARQL 等标准语句,在知识图谱上进行整体查询。基于向量表示的方法将问题和知识图谱映射到低维向量空间,全局查询与问题表示相匹配的事实。以上两种方法均在整个知识图谱上进行查询,需要进行大量无关查询。而基于信息查询的方法通过建立映射,将候选空间局限在与问题相关的子图上,并进行推理,与知识图谱全局推理相比,基于信息查询的方法减小了推理空间,成为主流的问答方法。

在知识图谱问答中支持时序意图是人机智能交互领域的长期研究课题,包括一系列针对时序信息进行建模的工作[8,17,72,74,163]。这些工作中大多数需要在知识图谱上筛选相关的时序信息,并用特殊方式表示,以便尽可能符合问题描述意图。虽然这些方法在时序知识问答领域已经取得了良好的效果,但在面临更加复杂的时间交互场景时,不能正确捕捉到问题中确切的时间意图。

在对时序信息进行处理的两种主流方式中,一是通过识别与问题相关的时间事实增强问题及子图邻域;二是在推理阶段设定相应的时序评分函数预测缺失实体。在第一种方式中,现有方法在问题中加入时序特征增强问题表示,被证明对提升时序知识问答成功率有显著影响。例如,Jia 等[72]通过抽取与问题相关的时序事实增强子图,并通过群斯坦纳树构建候选空间邻域,将基于信息查询的知识图谱问答系统成功应用于时序知识问答系统中,证明了对候选空间进行时序增强有助于正确答案的判定。在第二种方式中,Saxena 等[17]首先提出了将时序信息融入链接预测的方法来预测缺失答案。在此基础上,TempoQR[69]、基于表格场景的问答(tabular scenario based question answering,TSQA)[71]、复杂时态推理网络(complex temporal reasoning network,CTRN)[163]、SubGTR[74]等模型相继通过增强时序信息表达来提升模型问答效果。

在上述工作中,对时序信息的处理被单独置于问题表示增强、答案子图生成或知识推理部分。尽管取得了良好的效果,但在面临时序多重交互的复杂场景时,不能准确捕捉到时序依赖逻辑。同时,仅以向量链接预测的方式学习时序关系,不具备可解释性。CCSTI 模型将问题时序逻辑的判断前移到问题意图判定阶段,其内部的时序区间计算模块聚焦于答案的时间区间推理。该模型能够减弱知识推理部分无关事实对时序判定的影响,得出的时间约束可以对候选空间进行时序维度上的合理缩减,赋予了时序知识问答较强的可解释性。

3.2.2 时序知识问答中的候选空间缩减

近年来,随着数据规模的增大,如何在大规模的知识库上进行有效查询成为制约问答系统性能的关键。基于信息查询的问答系统通过生成子图的方式,将候选空间缩减到相关实体周边邻域,受到了研究人员的广泛关注。依据信息查询问答系统的执行流程,候选空间的缩减分为基于问题意图精确表达的候选空间缩减、在知识图谱映射过程中的候选空间缩减和在知识图谱推理过程中的候选空间缩减。

1. 基于问题意图精确表达的候选空间缩减

基于信息查询的方法通常使用编码器(如长短期记忆网络等)对问题进行直接编码,生成的语义向量作为模型的推理指令[7]。上述静态生成的向量无法准确挖掘出复杂问题的深层次依赖,不能对时序问题的聚合推理进行精准描述。对问题意图的理解存在偏差,导致模型纳入大量无关信息。为对时序问题进行精确解析,最近的工作对推理指令进行了时序增强。Mavromatis 等[69]提出了 TempoQR 模型,通过理解问题上下文、融合与问题相关的知识图谱表示和链接预测推断时间三个步骤对问题表示进行增强,极大地提升了时序知识问答的效果。Shang 等[70]通过将问题中表示时间信号的词语进行反义词替换,将生成的错误答案作为原始知识图谱问答系统的高质量负例,提升了模型对时间信号的敏感程度。在此基础上,Chen 等[74]通过为每个问题构建 2 跳时间子图,利用时间激活函数实现约束条件的量化评分。尽管这些方法取得了一定的效果,但仍存在意图描述不准确的情况。而 CCSTI 模型关注时序问题的依赖信息,通过在问题表示时融合语句依赖结构信息,可以得到更精确的问题意图表示。

2. 在知识图谱映射过程中的候选空间缩减

问题与知识图谱的准确映射是知识图谱问答得以有效运行的重要基础,包括但不限于命名实体识别、关系识别、实体消歧、关系消歧等基础步骤。建立知识图谱映射的本质是找到与问题意图最匹配的语义扩充图,裁剪与问题不相关的无效知识图谱条目,将答案限制在与问题相关的实体周围。有别于实体和关系链接[164]模型对实体和谓词进行消歧,Christmann 等[159]将命名实体识别作为初始步骤,针对问题的所有关键词,分别建立 Top-k 列表进行联合消歧,将剩余的计算集中在受限的搜索空间。Shin 等[158]设计了新的谓词约束词典,在生成的问题查询图中删除了不合适的关系匹配,减小了搜索空间。本节提出的 CCSTI 模型通过构建实体和关系的对应字典,降低了实体关系歧义对知识图谱问答系统带来的影响。

3. 在知识图谱推理过程中的候选空间缩减

传统邻域缩减识别知识图谱条目(包括实体和关系)的固定 N 跳邻域作为候选空间,但大型知识图谱单个节点可以有数以千计的连接边,导致候选空间呈指数级增大,因此常见的邻域选择为 2 跳和 3 跳。Chen 等[74]在知识图谱中查询实体 2 跳邻域构建时序子图,从子图推理层面缓解冷启动问题。

在推理中普遍的做法是基于相关事实的候选空间缩减。实体链接后与问题有关的仅为少数链接,其余的链接均为无关链接。将这些不相关的边考虑进候选空间会极大地增加计算量,浪费计算资源。因此,筛选出与问题相关的事实链接成为首要选择。Jia 等[72]通过构造一组与问题相关的负例,使用 BERT 模型得出与问题相关的知识图谱候选事实。本节提出的 CCSTI 模型通过计算出的关键实体时序存在区间,将模型注意力转移到符合时间约束的事实上,以对子图进行进一步的时序裁剪。

3.3 CCSTI 候选空间缩减模型

1. 任务定义

一个知识图谱 G 以三元组形式描述事实,即 $G=\{(s,p,o)|s,o\in E,p\in R\}$,其中 E 表示知识图谱中的实体集合或属性集合,R 表示实体与实体或实体与属性间存在的关系集合。受文献[165]的启发,对于给定的时序问题 R,知识图谱问答系统需要从 G 的实体集合或属性集合 E 中查询到问题 Q 的答案 A_q,其本质是最大限度地提高知识图谱 G 上问题 $q(q\in Q)$ 的答案 $a(a\in A_q)$ 存在的概率。本节采用信息查询的方法,不在整个 G 上进行查询,而是使用问题的时序约束 C,对子图 G 进行裁剪得到更精确的约束空间 G_C,最后推理出问题答案。其相应过程可以用式(3.1)进行描述。

$$p(a|q,G)=p_\alpha(G_C|q)p_\beta(a|q,G_C) \quad (3.1)$$

在时序信息裁剪后的子图 G_C 上使得答案 $p(a|q,G)$ 结果尽可能大,需要找到最佳裁剪后的子图最佳 G_C 参数 α、β。式(3.1)可以转换为

$$L(\alpha,\beta,G_C)=\max_{\alpha,\beta}\sum_{a,q,G_C}\log p_\alpha(G_C|q)+\log p_\beta(a|q,G_C) \quad (3.2)$$

其中,$\log p_\alpha(G_C|q)$ 可以理解为通过问题 q 得到准确的信息依赖表示,并使用时序信息裁剪子图 G_C 的过程;$\log p_\beta(a|q,G_C)$ 可以理解为在受限的子图 G_C 上,结合更精确的问题表示 q 进行问题答案 a 的推理过程。因此,使这两个部分获得优化成为本节研究的最终目标。

2. 方法概述

图 3.2 展示了 CCSTI 的整体结构。它使用三个模块执行上述优化过程,包括问题依赖增强表示、答案时序区间判定和答案逻辑推理。首先,利用依赖关系解析复杂问题,以获得更精确的事实交互关系;然后,结合知识图谱时序背景,经过推理得到关键事实明确的时间约束;最后,使用得到的时间约束对候选空间进行缩减,并在缩减后的子图上执行推理得到问题答案。

3.3.1 问题依赖增强表示

主流的神经序列模型对特定实体的从属成分与动宾关系存在错误判定,难以

第 3 章 基于时序约束的候选空间缩减技术

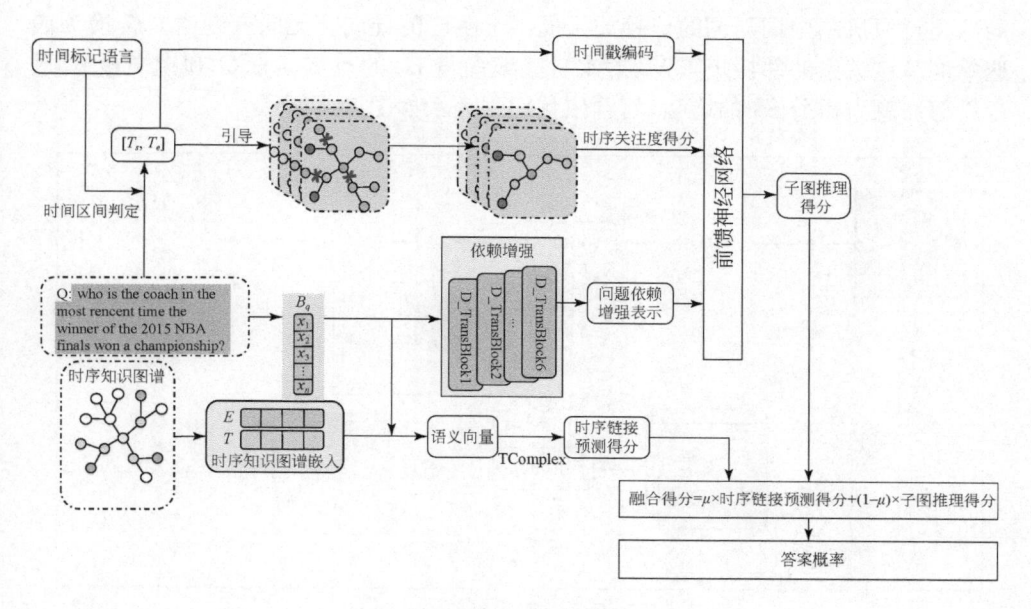

图 3.2 CCSTI 的整体结构

对时序之间的交互进行准确表示。因此,通过问题依赖增强表示成为可行途径之一。遵循人类处理时序问题的直觉,CCSTI 在进行领域知识增强后,结合依赖关系来适应问题时序增强需要。

1. 背景知识注入

对于给定的时序问题,首先采用预训练模型进行背景知识增强。考虑到问题 q 所有单词最后一层的隐状态输出 H_q 较分类标记 CLS' 更能体现出句子序列的特征,且有利于后续处理,本节使用 BERT 模型的序列输出而非池化输出。更具体地说,问题 q 经 BERT 模型转换为语义向量 B_q。

$$B_q = W_a \text{BERT}(q) \tag{3.3}$$

其中,$B_q = [H_q^1, H_q^2, \cdots, H_q^N]$ 且 $B_q \in R^{d_{\text{BERT}} \times N}$,$d_{\text{BERT}}$ 是 BERT 模型的嵌入大小,N 是问题的最大长度。问句中各个单词最后一个隐藏状态的组合作为问句的向量表示。

2. 问题依赖增强

对于给定的时序问题 q,CCSTI 首先进行依赖分析,将得到的句法结构树视为一个无向查询树 Γ。在 Transformer 编码器中结合无向查询树 Γ 的依赖信息能够捕捉被语法感知到的局部注意力[162]。时序问题 q 中各单词之间的成分连接边为局部注意力机制中词与词的依赖关系提供了明确的导向。无向查询树 Γ 转换为表达单词节点关系的邻接矩阵 M,对来自隐藏向量 B_q 的查询向量 Q 和键向量 K 进行局部注意力得分 S_d 的增强,问题依赖增强表示如图 3.3 所示。

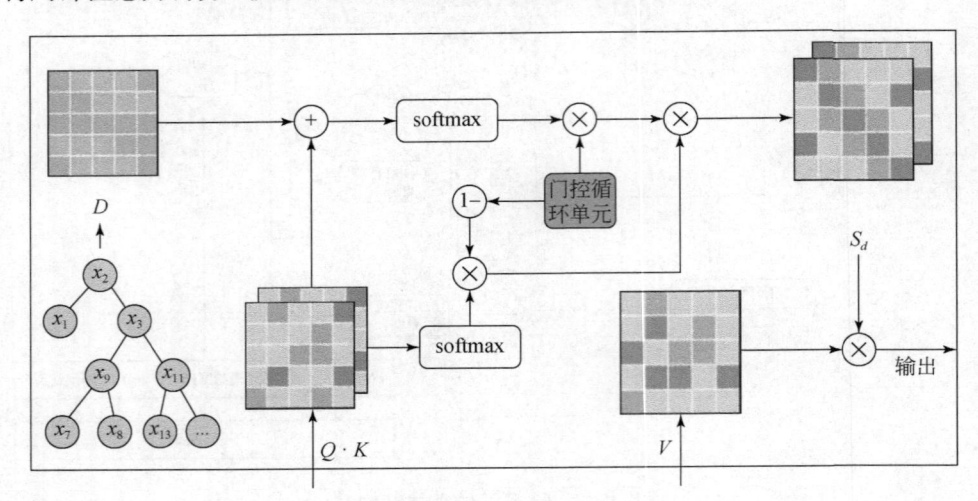

图 3.3 问题依赖增强表示

$$S_d = \text{softmax}\left(\frac{QK^T}{\sqrt{\dim_k}} + MW^M\right) \tag{3.4}$$

其中,$Q = B_q W^Q$;$K = B_q W^K$;$\dim_k$ 是嵌入的维度;M 是表示依赖关系的邻接矩阵;W^M 是用来学习依赖关系在局部注意力机制中应该采用的权重比例。

3. 注意力聚合

使用一个门控循环单元对全局注意力得分 S_o 和局部注意力得分 S_d 进行聚合。每个状态 h_i 的门控值用 g_i 表示,即

$$g_i = \sigma(W_g h_i + b_g) \tag{3.5}$$

其中,W_g 是一个可学习的线性变换;b_g 是偏置。

最终的问题依赖增强注意力得分 S_D 表示为注意力得分和来自问题向量 B_q 的值向量 V 的点积得分,即

$$S_D = [g_i S_d + (1 - g_i) S_o] V \tag{3.6}$$

最终,较大的门控值会赋予局部注意力更多的权重,使得注意力向问题正确的依赖关系上聚焦,以更好地提取问题语义。

经过多层 $D_{\text{TransBlock}}$ 抽取,语义依赖信息会引导注意力向依赖结构靠拢,最终问题依赖增强表示为 q_D,即

$$q_D = D_{\text{TransBlock}}(B_q) \tag{3.7}$$

3.3.2 答案时序区间判定

1. 时序表达式抽取

在复杂问题中,时序信息包括显式表达和隐式表达,为时序知识问答质量的保证带来了严峻挑战。例如,对于问题"who is the coach in the most recent time the winner of the 2015 NBA finals won a championship?"其中,"2015 NBA finals"是显式时间性表达。在"the winner won a championship"事实中,语义含义不仅与问题意图有关,其存在的时间区间同时被模型采纳,这样的事实称为隐式时间性表达。模型不能直接获取隐含事实所对应的时间区间,导致时间信息无法纳入时序推理中,产生严重的错误传递,因此需要对问题中的时间性表达进行抽取。对于显式时间性表达,直接使用其时间戳编码作为该事实的时序增强表达。对于隐式时间性表达,需要在知识图谱中查询到某个实体的时间属性,以求出该事实三元组存在的时间区间$[T_s, T_e]$。

具体来说,首先通过三元组抽取得出问题中存在的所有事实,例如,上述问题中可以抽取出[<who is the coach>,<the winner of the 2015 NBA finals>,<the winner won a championship>]三个事实,第一个事实需要进行时间区间推理;第二个事实中查询得到 2015 年 NBA 冠军的队伍是 Golden State Warriors(金州勇士),同时对该显式时间性表达"2015 年"进行时间戳编码;第三个事实是隐式时间性表达,需要在知识图谱中查询出所有成立的时间标签。经查询,除 2015 年外,Golden State Warriors 队伍分别在 1975 年、2015 年、2017 年、2018 年和 2022 年度获得 NBA 总冠军。因此,将这些时间节点作为集合与该事实关联。

2. 事实时序区间推理

问题内部的时序交互通常以 Start/Finish(开始/结束)、Before/After(之前/之后)、Overlap(重叠)、Ordinal(序数)等形式存在[72],例如,Start(Finish)表示时间大于开始节点(或小于完成节点)的时间区间;"Before(After)T_i"表示时间小于(或大于)时间节点 T_i 的时间区间;Overlap 表示两个事实的时间区间重叠的部分;Ordinal 表示在事实存在的多个时间节点中,按照时间轴顺序找出距离给定时间节点特定次数(距离)的时间戳。在整个问题中,多个事实三元组按照时间信号词组织时序信息的流动。

抽取出事实的时序表达之后,需要对时间信号词进行识别,从而实现多个事实的时序区间推理。受文献[72]的启发,CCSTI 通过对数据集中时间信号词[9]的整合,构建了时间信号词识别的专用字典,并将其作为特殊的关系与关系字典共同保存。其中,问题的创建时间以一个特殊关系一并存入字典,若问题不存在创建时间属性,则以现实中的当前日期替代。

在得到所有事实所对应的时间区间后,通过时序标记语言规则查询对应的信号词,判断问题事实间的时间区间交互逻辑,通过定义时间区间运算规则得出答案需要满足的时序区间约束,具体如表 3.1 所示。

表 3.1 时间区间运算规则

触发词	展示形式	最终约束
BEFORE	Before$[T_s]$	$T<T_s$
END	The end of$[T_s]$	$T<T_s$
DURING	During$[T_s, T_e]$	$T_s \leqslant T \leqslant T_e$
SIMULTANEOUS	Simultaneous$[T_s]$	$T=T_s$
BEGIN/START	Begin$[T_s]$	$T>T_s$
AFTER	After$[T_s]$	$T>T_s$

例如,在上述问题的第三个事实中,查询到满足该事实的有 1975 年、2015 年、2017 年、2018 年和 2022 年共五个时间节点,而问题"who is the coach in the most recent time the winner of the 2015 NBA finals won a championship?"中的时间信号词为"the most recent time",属于"END[now]"类型,所以"$T \leqslant$ now",且"most"加强比较,因此需要判定距离问题创建时间节点最近的一次拿到 NBA 冠军的时间。由于问题不存在创建时间,所以以现实时间 2022 年代替。经过在时间轴上的次数排序,2022 年距离现实时间最近,因此得到问题最终的答案应该满足时间区间[20220101,20221231]。

3.3.3 答案逻辑推理

Chen 等[74]指出,现有方法在 Complex-CronQuestions 数据集上进行训练的过程中,时序知识图谱的嵌入向量是在全局获得的,包含了测试集的三元组信息。在对问题进行推理时,使用时序知识图谱嵌入进行链接预测会纳入测试集的信息,存在数据泄露问题。在处理模型未见过的实体关系时,若现有图谱存在较多与新实体关系类型相似的条目,则链接预测方法能够将新的实体关系在向量空间映射到相似实体附近,在路径中断不完备时效果较好。但当知识图谱中的旧条目与新实体关系的类型差距较大,链接预测难以起到效果增强的作用时,若路径完备,则将链接预测与子图推理相结合将是一种互补的方法。本节在 SubGTR[74]的启发下,在子图匹配的基础上,同时使用时序链接预测对问答系统进行增强。

1. 时序链接预测

在给定的时序知识图谱中,若相应的实体 $e \in E$ 或时间 $\tau \in T$ 在问题中被提及,则使用该实体或时间在时序知识图谱的嵌入进行替换,以实现消歧效果。其具体如式(3.8)所示。

$$B_q^{\text{nerd}} = \begin{cases} W_e e, & \text{实体 } e \text{ 在问题中被提及} \\ W_\tau \tau, & \text{时间 } \tau \text{ 在问题中被提及} \\ B_q, & \text{时序知识图谱中不包含实体或时间} \end{cases} \quad (3.8)$$

其中,B_q^{nerd} 是经过时序知识图谱嵌入替换的问题表示;W_e 和 W_τ 分别是可学习的 D 维矩阵。

本节使用 TComplEX 对答案进行预测增强。给定一个问题 q 中的实体 e_q 和时间 τ_q,衡量预测答案 e_a 质量情况的平衡函数为

$$\text{Max}[\delta(e_q, M_E q, e_a, \tau_q)] \quad (3.9)$$

其中,M_E 是专用于实体预测的 $D \times D$ 可学习矩阵。Max 函数可以确保实体受到损坏后忽略影响。同理,时间答案的预测评分函数如式(3.10)所示,主要变化为将实体预测学习矩阵更改为专用的时间预测学习矩阵 M_T。

$$\text{Max}[\delta(e_q, M_T q, e_a, \tau_q)] \quad (3.10)$$

因此,经过链接预测得到的答案得分 S_{link} 如式(3.11)所示。

$$S_{\text{link}} = \text{Max}[\delta(e_q, M_E q, e_a, \tau_q)] \oplus \text{Max}[\delta(e_q, M_T q, e_a, \tau_q)] \quad (3.11)$$

2. 子图时序裁剪

采用固定 2 跳邻域进行子图构建后,得到的初始子图搜索空间大多与问题相关,但仍存在多个噪声事实。问题各个事实的时间区间约束对不符合的候选空间项进行裁剪,能够显著降低候选空间大小,使得正确答案存在的事实凸显。例如,对于问题示例,Golden State Warriors 获得 NBA 冠军的时间点分别是 1975 年、2015 年、2017 年、2018 年和 2022 年,每个时间节点都有对应的教练。通过之前求出的教练应该满足时间约束[20220101,20221231],可以裁剪不满足时间约束的无关事实,仅保留 2022 年度该队伍的指导教练。最终,针对当前节点的所有路径进行时间探索,中断不满足时间约束的边,并删除所有的孤立节点,保留剩余满足时间约束的裁剪子图。

3. 子图推理方法

在候选空间上,存在一类事实 F_m 与 m 个时间相关联。为弥补时间区间计算时解析带来的错误依赖,在子图推理阶段使用时间关注度 F_m^{Atr} 进一步区分满足时间约束的事实。

$$F_m^{\text{Atr}} = \text{softmax}(r \oplus \text{TE}^{\text{T}} q_D \oplus T_{\text{type}}) \tag{3.12}$$

其中，r 是事实 F 中关系的预训练向量嵌入；TE 是对前面求出的时间约束区间 $[T_s, T_e]$ 的时间戳编码；q_D 是前面求出的该事实所在问题的依赖增强表示；T_{type} 是对时序问题类型的编码。

使用关系图卷积网络对子图信息进行聚合，本节对子图中实体、关系或时间的编码向量进行图卷积，学习到的表示用作节点的分类，即针对属于答案和不属于答案的预测节点进行二分类。

$$S_{\text{sub}} = \sigma \left[P^{\text{T}} \text{FNN} \left\{ \begin{matrix} q_D \\ \text{TE} \\ F_m^{\text{Atr}} \end{matrix} \right\} + b \right] \tag{3.13}$$

其中，q_D 为问题依赖增强表示；TE 为时间戳编码；F_m^{Atr} 为时间关注度；σ 为激活函数；P 和 b 分别为分类器的权重和偏差；使用前馈神经网络融合三个特征，得到在子图的最终预测答案得分 S_{sub}。

最后，对时序链接预测得分和子图推理得分进行融合，得到 S_{fusion} 如式 (3.14) 所示。

$$S_{\text{fusion}} = \mu \cdot S_{\text{Link}} + (1-\mu) \cdot S_{\text{sub}} \tag{3.14}$$

其中，$\mu \in (0,1)$。

在训练过程中，汇总所有链接预测和子图推理的答案得分，使用 softmax 函数计算融合得分的答案概率，并通过最小化交叉熵损失为答案分配更高的概率。

3.4 实验准备

1. 数据集

实验基于 2021 年发布的 CronQuestions[17] 问答对数据集。但该数据集仅基于模板中的五种关系（运动队成员、担任的职务、获得的奖项、配偶和雇主）构建，问题复杂程度较低，存在大量伪时间问题。本节使用 Chen 等[74] 过滤后的复杂数据集 Complex-CronQuestions 进行效果验证。其中，该数据集由 4.4 万个问答对组成，包括训练集（3 万个问答对）、验证集（5000 个问答对）和测试集（9000 个问答对）。问题中出现的事实在对应的时序知识图谱中都存在注释，并以五元组形式（主语，谓语，对象，开始时间，结束时间）存在。每组问答对使用自然语言进行重新转述，分为简单问题和复杂问题。同时，按照时间信号词可以将问题分为之前/之后、时间链接和序数三种类型。

2. 评测指标

CCSTI 通过时序逻辑运算得到问题关键事实的时间存在区间，使得候选空间得到高效裁剪,排除无关时间信息的干扰。因此,不仅需要衡量裁剪后子图的表现,还要使用完整的问答程序验证基于时序子图的问答效果。最终,使用以下指标来评估模型的优劣。

(1) 答案存在率:探寻在缩减的子图上包含正确答案的概率。
(2) 候选空间大小:通过候选空间中包含的知识图谱项的数量来衡量。
(3) Hits@1:排名最高的答案正确的概率占所有问题的比例。
(4) Hits@10:前十个位置出现正确答案的概率占所有问题的比例。

3. 基线算法

一系列先进的时序知识问答方法与 CCSTI 进行比较。

EntityQR:Mavromatis 等[69]在原始 T-EaE-replace 的基础上增添了 TComplEx 评分步骤,形成了 EntityQR 方法。

CronKGQA[17]:基于时序嵌入的方法,使用深度语言模型获得问题嵌入,然后利用基于时序知识图谱嵌入的评分函数进行答案预测。

TempoQR[69]:在 CronKGQA 的基础上,使用时序知识图谱中的实体信息和时间信息对问题表示向量进行增强,使得用户意图更为明确。同时,TempoQR 采用了不访问时序知识图谱的软监督 TempoQR-soft,以及同时访问问题与时序知识图谱的硬监督 TempoQR-hard。

CTRN[163]:应用图神经网络和门函数捕捉问题的隐含时序信息,以增强问题的精确表示能力。

SubGTR[74]:在时序链接预测的基础上,构建 2 跳邻域子图,用子图推理的答案增强模型在冷启动阶段的表现性能。

4. 实验设置

CCSTI 模型使用 PyTorch 实现。其中,BERT(CCSTI 使用 DistiBERT)中 d_{BERT} 的维度、问句的嵌入维度、依赖邻接矩阵的嵌入维度均设置为 768。Transformer 结构中共 6 层叠加,设置多头数 8,Transformer 退出率为 0.1,同时使用 Adam 函数进行优化。在其他一些关键参数中,学习率为 2×10^{-4},批大小为 250,轮次为 200 轮,输入退出率为 0.7,图神经网络退出率为 0.4。

3.5 实验结果与分析

1. 关键结果

表 3.2 展示了在该数据集上构建的子图缩减效果比较。表 3.3 展示了 CCSTI 与

其他基线在 Complex-CronQuestions 数据集上的性能比较。主要观察结果如下。

表 3.2 子图缩减效果比较

模型	回答在场/%	候选空间大小/KB	运行时间/s
SubGTR	79.5	0.36k	0.48
CCSTI	82.3	0.32k	0.51

表 3.3 与其他方法的比较

模型	Hits@1 总体	前/后	第一/最后	时间链接	Hits@10 总体	前/后	第一/最后	时间链接
CronKGQA	0.266	0.252	0.235	0.458	0.767	0.645	0.777	0.851
EntityQR	0.745	0.540	0.493	0.833	0.859	0.855	0.845	0.951
TempoQR	0.792	0.683	0.789	0.937	0.959	0.923	0.960	0.990
CTRN-soft	0.806	0.713	0.801	0.942	0.939	0.923	0934	0.990
CTRN-hard	0.870	0.777	0.870	0.977	0.976	0.956	0.976	0.998
SubGTR	0.920	0.847	0.924	0.977	0.986	0.967	0.989	0.991
CCSTI	0.935	0.851	0.942	0.983	0.992	0.973	0.990	0.991

CCSTI 的子图缩减效果较好。以 SubGTR 为代表的固定 2 跳邻域忽略了复杂长序列问题的推理路径长度,答案在 2 跳之外会造成部分答案缺失,因此答案存在概率最低。在对候选空间进行确定的运行时间指标上,不需要任何处理的 2 跳邻域最快,CCSTI 因为增添了额外的时序裁剪步骤,其运行时间比前两者更长。最后,在裁剪简单问题的 Complex-CronQuestions 数据集上,表 3.3 展示了 CCSTI 相对于基线 SubGTR 在问答系统答案预测中的全面优势,印证了明确的时序裁剪对于问答系统的效果提升。

仅对问题进行时序增强不足以回答时序问题,融合子图推理是一个明智的选择。在表 3.3 中,对问题进行时序增强的工作 CronKGQA、EntityQR、TempoQR 在复杂时序数据集上落后于其他方法。与之对应的是,在链接预测的基础上,取得较优效果的方法均额外进行了子图信息聚合,如 CTRN、SubGTR 和 CCSTI。可以发现,时序链接预测学习到的是实体间的关系性质,问题中多个时序特征的融合会使模型失去决定答案条目具体时间区间的能力。每一条子图路径的信息,相当于将时序特征明确地赋予某个事实,因此子图推理能够较好地弥补时序链接预测的缺点。相较于其他子图推理方法,CCSTI 裁剪了邻域中不满足时间约束的事实,不仅可以加快模型推理速度,同时可以避免模型陷入相似度较高的事实路径,准确率得以提升。

2. 消融实验与特殊案例

表3.4展示了去除特定部件后模型的效果变化。其中,Depend表示去除依赖增强部分,Computer_Time表示忽略时序逻辑区间的计算过程,直接进行答案预测。CCSTI(完整)模型总体上以及每个类型都获得了最佳效果,该模型下降的数值代表了组件的重要程度。由结果可知,最关键的组件是时间区间的计算,问题依赖增强表示也起到了不同程度的作用。

表3.4 去除特定部件后模型的 Hits@1 变化

模型	总体	前/后	第一/最后	时间链接
CCSTI(完整)	0.935	0.851	0.942	0.983
Depend	0.929	0.845	0.937	0.967
Computer_Time	0.918	0.842	0.925	0.960

本节发现了一种特殊的情况,问题"Paolo Conti played for which team before Hellas Verona Football Club?"(Paolo Conti 在维罗纳足球俱乐部之前效力于哪支球队?)具备两个答案"Association for the Advancement of Artificial Intelligence"(人工智能促进协会)和"Italy National Football Team"(意大利国家足球队)。但现有的问答系统(包括CCSTI在内)仅能给出一个答案"FC Inter Milan"(国际米兰足球俱乐部),或者给出一个答案排名列表,不能直观反映该问题答案的数量和正确程度,这是由于现有的问答机制中为了增强召回效果,广泛采用了 Top-k 机制,尽可能多地给用户提供合理的答案选择,但这种形式在多答案推理中存在答案指示不明的弊端,在未来需要进行进一步的研究。

通过选取几个典型案例,CCSTI相较于其他方法的优越性得到证明。表3.5展示了CCSTI较其他方法取得优势的几个案例。对于"The last member of the Czech Chamber of Deputies arrived in the year"(捷克众议院的最后一名成员在今年抵达)这个问题,CTRN能够获取与答案接近的时间"2017年",然而,在几个相似的时间候选中,CTRN没有处理时间限制的能力。作为对比,CCSTI的时序裁剪方法可以排除不满足时间约束的事实,较好地填充了这一空白。

表3.5 典型案例

问题	问题类型	CTRN	CCSTI
The last member of the Czech Chamber of Deputies arrived in the year	首尾关系	2017 年	2011 年

续表

问题	问题类型	CTRN	CCSTI
Who was Prime Minister of Bulgaria after Athens 2004（2004年雅典奥运会后谁是保加利亚总理）	前后关系	Simeon Saxe-Coburg-Gotha 和 Sergei Stanishev	Boyko Borisov
Who was the member of the Landtag of Lower Saxony during games of the XXX Olympiad（谁是下萨克森州议会在第三十届奥林匹克运动会期间的成员）	时间链接关系	Stuart Rimmer	Filiz Polat

3. 讨论

对候选空间进行有效缩减成为时序知识问答的关键。现有时序知识问答方法着力于对问题表示向量和链接预测算法进行时序增强，但 CCSTI 尚未得到充分关注。候选空间被时序信息裁剪，会引导推理模型将关注点从无关时间节点撤回，有助于模型的精准与快速推理，并改善当前时序知识问答的效果。

在这项研究中，CCSTI 通过问句依赖关系和时序推理步骤，来界定问题答案可能的时间区间。依赖信息和时序推理区间的使用，能够显著减少候选空间中与问题无关的时间事实。之前的研究[159,162]表明，依赖关系能够显著提升问句的表示质量，同时候选空间缩减已成为下游问答任务的质量保证。这与本书的研究一致，即依赖关系助力问句向量精确表示，问题时间区间的范围界定都有助于候选空间的缩减和问答效果的提升。基于此，本节指出时序知识问答中候选空间的缩减成为制约复杂时序知识问答的关键因素。

但 CCSTI 在 Transformer 编码器加入依赖信息引导增加了算法开销。同时，对问句时序区间的判定受到 Tarsqi Toolkit[166]和现行的时序标注语言 TimeML[9]解析效果的影响，存在一定的错误传递。

尽管存在以上缺点，但本节研究明确表明，时序信息对候选空间的裁剪涉及问题的时序交互推理，这是时序知识问答的关键。因此，对问句进行更精确的解析得到各个事实的时间区间，有助于缩减候选空间，提升下游问答任务的精度。同时，时序区间的推理依赖对问句的时间意图进行解析，在现有研究的基础上，提高答案所在时间区间的判定准确率或对多答案推理进行研究成为下一步研究需要考虑的内容。

3.6 本章小结

尽管对时序知识问答的研究已经取得了重要进展，但在问答系统中，主流方法基于时序评分函数来评估嵌入质量,或者通过时序特征来增强问题与知识图谱的匹配。这些方法在使用时序特征进行推理时容易受到无关项的干扰,而且由于不具备明确的推理路径,可解释性较差。本章将基于时序约束的候选空间的缩减作为时序知识问答的一项重要任务,展示了本章提出的模型 CCSTI。其中,基于时序区间计算模块,将时序推理步骤前移到问题表示阶段,同时其内部清晰的判断步骤赋予了推理结果更高的准确性和可解释性。与用于时序知识问答的各种通用方法相比,通过 CCSTI 的空间大小可以使答案更加准确。在未来的研究中,尝试将本章方法扩展到多答案推理中,如确定答案的数目和正确率,以支撑更复杂意图的问答。

第 4 章 衡量时间信息对向量精确依赖的时序知识问答方法

4.1 引　　言

在许多场景下，对象之间的关系与时间信息相互关联。时序知识图谱是用于描述对象间这种时间相关关系的特殊知识图谱，其中，每个事实都与时间戳或时间间隔相关联，并分别以（主语，关系，宾语，时间戳）或（主语，关系，对象，[开始时间，结束时间]）表示[6]。时序知识问答旨在分析含时间限制型自然语言问题的语义，并匹配知识图谱中的满意节点（满足时间约束与其他约束）为正确答案[167]。

在时序知识问答领域，链接预测将知识图谱问答转换为二分类问题，通过学习问题与对应知识图谱子图的实体、关系和时间信息的向量表示，最小化用于完成时间事实的链接预测目标。最后与标准答案进行对比，判断模型的准确程度[168]，例如，预测（主题，关系，?，时间戳）、(?，关系，对象，时间戳)或（主题，关系，对象，?）的缺失字段，但现有链接预测算法未考虑时间信息作用于问题或图谱某一成分的精确约束。去除特定部件后对模型的影响如图4.1所示。

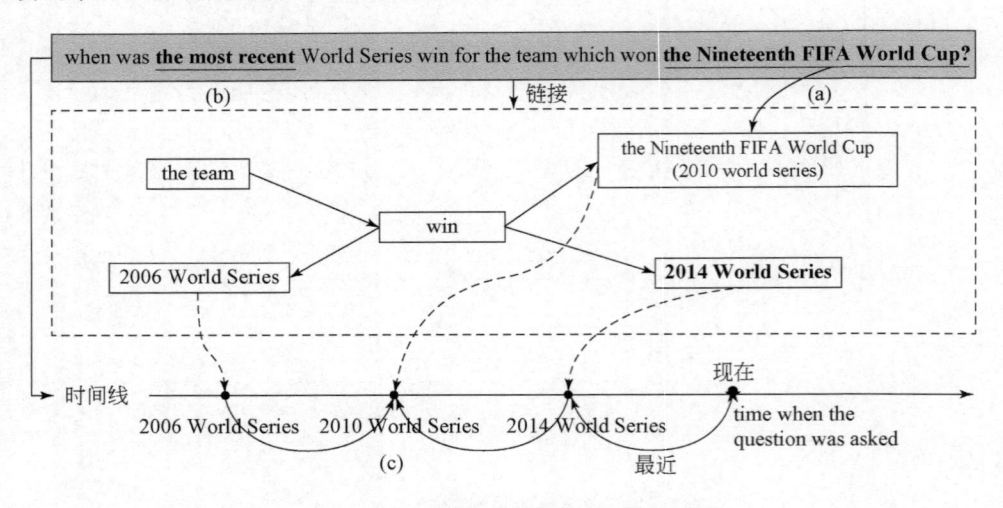

图 4.1　去除特定部件后对模型的影响

对于问答对——问题为"when was the most recent World Series win for the team which won the Nineteenth FIFA World Cup?"（最近一次是什么时候赢得第十九届世界杯的球队赢得了世界大赛的胜利?），答案为"2014 World Series"（2014年世界大赛），(a)未指定明确的时间戳（使用隐式时间的事实指代"the Nineteenth FIFA World Cup"而非明确的时间事实"2010 World Series"）；(b)时间关系中存在微妙的词汇差异（使用"the most recent World Series"表示距今最近的一次，而"recent World Series"表示最近的一段时间内）；(c)时序知识图谱嵌入忽视了时间戳顺序（"2014 World Series"和"2006 World Series"在语义上与"2010 World Series"都接近，但是时间戳顺序影响最终结果）。

含时间约束的问题不仅要考虑多跳推理，而且要衡量问题时间区间与图谱或现实时间进行交互。最近，Jia 等[72]提出了 EXAQT，采用路径推理方式，手动标注问题时间信号词和类型词等信息，通过与问题和答案子图进行拼接增强其时间特征。但 EXAQT 未充分考虑到时间信息与问句或答案子图具体成分的精确依赖，限制了时序知识问答的准确程度。

根据时序知识问答的研究进展，主要存在以下三个挑战。第一个挑战是如何从生成的文本嵌入向量中学习到尽可能多的信息，这也是自然处理领域面临的问题。对于嵌入向量的处理，基于 Transformer[160]的解决方法及改进方法已经达到可接受的性能。然而，这些方法有一个明显的缺点，即编码层连续隐态之间的浅层交互会限制对自然语言问句长距离依赖信息的挖掘。第二个挑战是如何将相关的时间信息更好地编码到实体和关系的嵌入向量中。众所周知，自然语言问题受到的时间约束与问题本身的相关子成分联系密切。之前的工作通常将时间信息嵌入与其他文本嵌入进行简单拼接，当问题变得复杂时，忽略了时间信息与特定成分的依赖关系，存在大量不确定性关联，查询问题答案的精确度受到了制约。因此，在不影响问题召回率的情况下，确定时间信息与关系密切成分的依赖是构造一个有价值的嵌入向量的关键。第三个挑战与时间信息在一个自然语言问题上的贡献程度有关。在实践中，模型不仅能够处理时间信息，而且能够辨别某个位置的时间信息对获得正确答案的重要程度。与对时间信息的处理不同，重要程度的表现往往展示为时间信息对整个问题约束的强度。已有研究尽可能地介绍嵌入元组的得分函数，通过最终预测结果衡量时间信息是否有效。这种暴力判断的方式，不能在知识库问答流程前期对不符合的时序信息进行裁剪。

针对上述挑战，分别提出以下解决方法。首先，受时间卷积网络[169]的启发，构建了基于 Transformer 的增强编码器模型，使用空洞因果卷积对 Transformer 编码层增强全局的提取，实现更丰富的语法特征。其次，在胶囊网络[170]思想的启发下，提出了一种融合时间与向量特征的新方法。与传统简单拼接时间信息不同，该方法使用低阶容器分别学习时间信息与嵌入向量的低阶特征，并将其输出发送给对此表示同意的高层容器，学习到时间信息与事实嵌入更精确的依赖特征。最后，提出了时间信息贡献度特征,该特征可以学习到时间信息对句子的答案索引贡献度,有助于答案的快速判定。

本章提出了 TERQA 模型,旨在对含时间信息的知识库复杂问题回答进行研究,着重于时间信息与原有文本嵌入之间的隐藏依赖,主要贡献如下:

(1) 为了提高自然语言问句特征提取的丰富性,利用时间卷积网络增强了 Transformer 编码层对问句长距离依赖特征的提取。

(2) 为了对时间信息与三元组的空间依赖进行分析,基于胶囊网络技术,提出了一种衡量时间事实(temporal)与实体(entity)及关系(relation)的精确空间定位模块 TER。

(3) 提出了时间索引贡献度(temporal index contribution,TIC)模块,对时间信息与问题的关联进行量化。

(4) 完整的 Wikidata 知识图谱实验表明,TERQA 在精度方面的表现优于最先进的几个复杂时序知识问答基线。

4.2 相关工作

随着深度学习算法的兴起,实体识别、关系抽取、向量表示等领域取得了巨大进步,有关知识问答的大量研究围绕着蕴含时序信息的图数据展开。时序知识问答采用一定规模的问答对进行训练。其中,时序问题的精确表示和语义特征向量在知识图谱上的推理方式成为知识问答的重要步骤。前者通过长距离依赖分析进行意图精准识别,生成更符合现实语义的时序问题特征向量。后者通过在知识图谱上进行路径推理或表示学习,嵌入时序特征来更好地回答问题。这些研究[71,167,171]在特征提取及处理缺乏相应时序表示的情况下,无法对蕴含时间信息的问题进行有效推断。因此,将时序特征的提取及处理引入知识问答场景进行时序语义增强。本节主要介绍时序问题精确表示和知识问答场景下时序语义特征向量处理方式的相关工作。

1. 时序问题精确表示

问题语义表征的方法在自然语言处理方面取得了惊人的效果,通常使用词向量后处理或直接生成的方式得到句向量表示。经典的词向量后处理一般通过词向量叠加、求平均或加权平均等方式得到。但其忽略了词语中间的顺序,无法理解上下文的语义,不能充分表征问句特征。

近年来,直接生成句向量的方法受到了广泛关注。Transformer[160]、BERT[38]等考虑词序及上下文的深度学习模型被大量应用于文本特征提取中。De Jong 等[172]将大型文本语料库的半参数表示集成到 Transformer 模型中作为事实知识的来源,进行自然语言理解。Sun 等[173]将词语、实体及其位置信息编码为上下文嵌入信息,提取出具有区别的句子特征,可以捕获一个句子的内在结构,并构建两个词之间的联系,而不仅局限于它们在句子中的距离。由于依赖先验知识的句向量表征没有对问句时序特征进行目的性增强,在上游阶段制造了性能瓶颈,Jin 等[171]通过事件预测将问句向量表征描述为多项选择问题回答任务,并构建了专用时序数据集 ForecastQA。Vashishtha 等[174]将事件的持续时间映射到实值尺度来加强文本时序特征。Jin 等[171]结合语义层的粗粒度信息和句法层的依赖树注意信息来确定事件之间的时间关系。

时序特征对问答效果的提升扮演着重要角色,但现有知识问答方法未重视问句中的时序特征,并且忽略了时序特征与问句子成分事实的交互关系,制约了问句表示与问题意图的拟合程度。

2. 知识问答场景下时序语义特征向量处理方式

近年来,研究者致力于解决时序信息对知识图谱问答带来的影响。早期 Jia 等[71]依靠手动创建规则模板进行时序知识问答,泛化能力有限。伴随人工智能技术的飞速发展,对语义向量的不同处理方式衍生出路径推理和表示学习两种主流时序知识问答方法。

(1)路径推理通过对知识图谱进行答案子图构造,对问题表示向量与答案子图向量进行时间增强,衡量两者差异度来预测答案,可解释性较强。Wu 等[175]将外部知识编码为向量,利用问题与外部知识之间的加性注意力来获取时间信息,进而增强了问题向量,提高了准确度。Jia 等[72]进一步放宽了时序知识图谱的限制,不要求时序知识图谱每个事实都为时间事实,计算与问题相关的紧凑子图,通过相应的时间事实增强表示,使用改造后的图卷积网络[106]来推断预测答案。

(2)表示学习[176,177]通过距离评分函数衡量问题与知识图谱时序嵌入向量的相似度,并预测实体间的关系,但解释性较差。Lacroix 等[68]和 Shao 等[64]对嵌入的评分函数进行时间信息的增强。Saxena 等[17]提出了 CronKGQA,通过适配时序嵌入方法,向量化问题与时序知识图谱进行相似度匹配,缓解时序知识图谱对问答的冲突,在简单问题上效果较好,但在复杂问题上表现不佳。Mavromatis 等[69]通过学习问题上下文、实体链接感知和查询时间约束,对含时间约束的问题在知识图谱进行推理,提升了模型在复杂场景下的能力。Shang 等[70]通过构造相反含义的时间词,提升了问题和图谱表示学习的时间敏感程度,增强了时序知识问答的效果。

上述工作不能较好地提取时间信息与嵌入向量对应的长距离依赖特征,没有充分挖掘时间信息与嵌入向量(包括问题表示嵌入和知识图谱三元组嵌入)之间精确的依赖关系,使得问答精确程度受到限制。

4.3 模型设计

对于自然语言问题，TERQA 利用预先训练的实体关系和时间信息的嵌入，与图谱中相应的匹配节点进行相似度匹配，并返回一个候选集合作为正确答案。图 4.2 给出了 TERQA 的整体工作流程，主要内容为：(a) 结合时间类型 TC 和时间信号 TS，对问题 q 进行特征向量再学习，增强问题时序表示；(b) 通过 CapsBlock 对知识图谱子图各成分进行再学习来进行时序特征增强，具体参考 3.3.2 节；(c) 对问题 q 表示和知识图谱子图表示进行预测并更新。提出的解决方法包括三个阶段，答案子图信息增强、问题表征增强以及答案预测。第一阶段的任务是完成问题的语义解析和在时序知识图谱中找到相关联的实体与时间节点，并对它们在向量空间的位姿进行更精确的学习。第二阶段由实体特征增强以及对时间信息的三种处理组成。考虑到知识图谱的不完全性，第三阶段通过链接预测生成问题候选答案集合，并判断候选答案集合中是否包含标准答案。

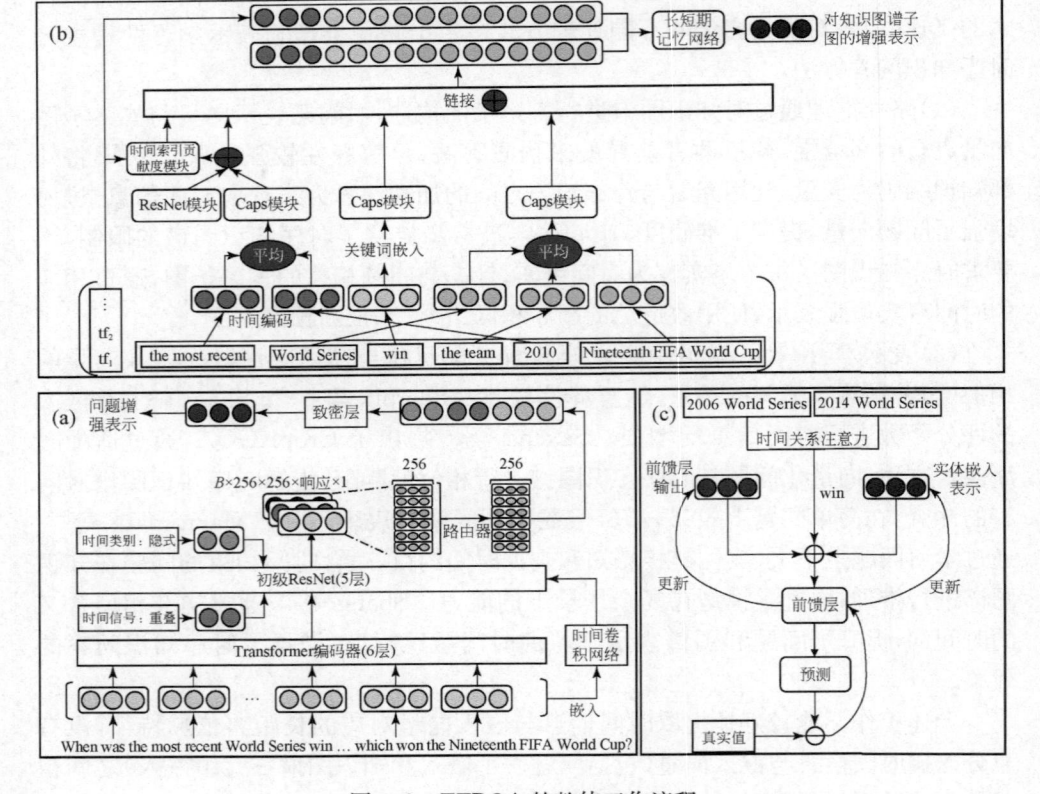

图 4.2 TERQA 的整体工作流程

4.3.1 答案子图信息增强

参考 EXAQT 对答案子图构建工作流程,首先,对问题 q 进行解析,在时序知识图谱上寻找与问题相关的知识图谱事实,执行 NERD(命名实体识别和歧义消除)任务,采用 TAGMe 和 ELQ 系统减轻实体链接对制约问答成功率上限的影响。同时,通过 BERT 模型为与问题相关的事实训练分类器。该分类器对于给定的新(问题,事实)对,能够输出与某个问题相关的事实的概率。对于与某个问题相关的所有候选事实预测,按照问题的相关性程度降序排列,选择得分最高的事实作为与问题相关的设置。其次,基于斯坦纳树找出与问题相关的事实集合,并关联事实集合。最后,利用时序事实增强答案子图。在 GST 查询到的事实中,选出与每个实体相关的时序事实。以包含问题答案的时间事实为正例,以不包含问题答案的时间事实为负例,使用微调的 BERT 模型进行分类,找出最相关的候选时序事实 $\{tf_1^e, tf_2^e, \cdots, tf_n^e\}$。

4.3.2 问题表征增强

1. 问题表示

对于问题 q,通过词嵌入得到初始嵌入 q_i,其中,q_i 是结合了预训练单词嵌入(来自 Wikipedia2Vec)的初始句向量表征。如图 4.2 中(a)模块所示,与 EXAQT 不同,本实验将 q_i 送入时间卷积网络模块进行特征信息的提取,将一维序列结构拆分为 X 个时刻的输入通道,其输出为聚合了长距离依赖的向量 q_{tcn}。将 q_{tcn} 与问题初始嵌入 q_i 在 Transformer 编码器的输出向量分别按元素相乘,提升了 Transformer 编码器捕获长距离依赖信息的能力。其中,使用 6 层改进后的模块进行特征学习,最终编码层的输出用 v_q 表示:

$$v_q = \text{trans}_{\text{encoder}(q_i)} \bigotimes q_{\text{tcn}} \tag{4.1}$$

同时,结合了对于时间信息的处理,将时间类型编码 TCE 和时间信号编码 TSE 与编码层输出 v_q 相结合[72],将其分别输入 PrimaryResCaps 层,经过充分特征提取后,输出足够数量的低阶问题表示向量。其中,如表 4.1 所示,时间类型 TC 和时间信号 TS 均为时序数据集人工为每个问题的标注数据。时间类型编码 TCE 是指使用 4 位独热编码表示时间信号表达类型。在 Allen 使用区间概念定义的促进时序推理的 13 种时态关系的基础上,时间信号编码 TSE 简化了 13 种时态关系,表示为之前、之后、开始、结束、序数、重叠和无信号共 7 种时间信号标志。这里,PrimaryResCaps 是一种试图在给定位置上预测时间信息(TCE+TSE)与编码层输出 v_q 是否有特定的依赖关系存在以及其实例化参数的方法。

表 4.1　TempQuestions 数据集人工标注特征表示

特征	类型	含义	向量独热编码
时间类型 TC	Explicit	显式时间性表达	(1,0,0,0)
	Implicit	隐式时间性表达	(0,1,0,0)
	Temp. Ans	包含时间答案的表达	(0,0,1,0)
	Oridinary	包含时间序数的表达	(0,0,0,1)
时间信号 TS	After	之前	(1,0,0,0,0,0,0)
	Before	之后	(0,1,0,0,0,0,0)
	Start	开始	(0,0,1,0,0,0,0)
	End	结束	(0,0,0,1,0,0,0)
	Oridinal	序数	(0,0,0,0,1,0,0)
	Overlap	重叠	(0,0,0,0,0,1,0)
	No signal	无信号	(0,0,0,0,0,0,1)

融合了时序信息和实体事实信息的高阶特征是这两种低阶特征自身的隐藏组合,采用简单拼接形成的高阶特征失去了时间信息和事实元组中相应依赖的对应关系,导致高层特征和低层特征间的精确依赖关系变得模糊。PrimaryResCaps 容器对输入的时间向量编码和事实向量执行了比较复杂的内部运算,然后将计算结果封装成一个包含当前向量交互信息的输出型小向量,其中,每个容器的目的是学习辨识一个有限的观察条件和变型范围内隐式定义的依赖关系,并输出该依赖关系在有限范围内存在的概率及一组实例化参数,该参数可能包括相对这个依赖关系实体隐式定义的典型版本的精确位姿、变形信息和潜在关联,表示依赖关系在嵌入空间上精确的内在坐标。

低层容器通过加权把向量输入高层容器 DynamicCaps,同时高层容器接收来自低层容器的向量。低层容器向量经过高层容器分流,相似向量在嵌入空间聚集的地方,意味着低层容器的预测互相接近,筛选出时间信息与向量嵌入的潜在依赖关系。最后,使用全连接层对富含时间信息的高阶向量进行连接,即问题进行表示增强后,其输出 h_q^0 表示为

$$h_q^0 = \mathrm{FFN}(\mathrm{DC}\{\mathrm{PRC}[\mathrm{TCE}(q)+\mathrm{TSE}(q)+v_q]\}) \tag{4.2}$$

其中,PRC 表示将输入送入 PrimaryResCaps 层;DC 表示将输入送入 DynamicCaps 层。

在后续模型的处理中,问题的嵌入会伴随其实体链接到的问题实体嵌入而自动更新,表示为

$$h_q^l = \mathrm{FFN}\Big(\sum_{e \in \mathrm{NERD}(q)} h_e^{l-1}\Big) \tag{4.3}$$

式(4.3)的含义为实体 e 在问题 q 相关的实体集 NERD(q) 中在 l 层的嵌入。

2. 知识图谱答案子图实体增强表示

对与问题相关的知识图谱实体 e,使用 Wikipedia2Vec 学习到更准确的实体嵌入,输出固定大小的预训练嵌入 x_e。

$$h_e^0 = x_e \tag{4.4}$$

对知识图谱的不同对象、时间、关系和实体分别进行问题表征增强,具体步骤如下。

(1)将输入的预训练嵌入同类型进行平均,送入 Caps 模块(见图 4.3),然后分别输入容器,其中每个容器中 PrimaryCaps 和 DynamicCaps 进行路由交互,得到各个成分的更精确表示。

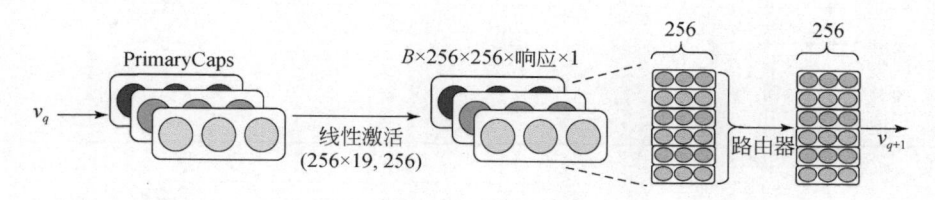

图 4.3 Caps 模块内部交互

在 Caps 模块内部,其交互细节如算法 4.1 所示。首先得到所有的预测向量 $W_{ij}v_q$(W_{ij} 表示输入向量的隐藏特征权重),定义迭代次数 r,以及当前输入胶囊属于网络的第 l 层。对于所有的输入胶囊 i 和输出胶囊 j,定义一个参数 b_{ij},初始化为 0。当输入向量是句子表征时,令 v_q 为经过时序特征充分挖掘后的向量表示,否则,v_q 为三元组中实体、关系、时间的对应向量表示。计算向量 c_{ij} 的值,即胶囊 i 的所有路由权重,使用 softmax 函数来保证每个 c_{ij} 非负且和为 1。对预测向量 $W_{ij}v_q$ 进行加权求和得到下一层向量表示 s_j。为确保下一层向量 s_j 的方向保持不变,且长度不超过 1,进行压缩归一化得到高层输出向量 v_{q+1}。最后,通过胶囊 j 的输出 v_{q+1} 与预测向量 $W_{ij}v_q$ 的点积加原有的权重 b_{ij} 得到新的权重。在更新权重后,进行下一轮迭代;经过 r 轮迭代后,返回最终的输出向量 v_{q+1}。

鉴于时间实体表达的多样化,在对时间属性进行时间编码操作后,增加 Res 模块,以平衡其语义损失。这里,时间信号编码 TSE[72] 由式(4.5)进行计算:

$$\text{TSE}(m,n) = \begin{cases} \sin(m/10000^{2l/d}), & n = 2l \\ \cos(m/10000^{2l/d}), & n = 2l+1 \end{cases} \tag{4.5}$$

其中,第 m 个位置的时间戳由正弦位置编码;d 为嵌入维度;n 为维度向量中偶数或奇数的位置。时间信号编码不仅能确定时间戳的唯一性,而且可以表示时间戳顺序,对时间推理至关重要。

算法 4.1　Caps 模块算法

1　输入：v_q, r, l
2　输出：v_j
3　初始化：$b_{ij}=0$
4　If $v_q=$ Question vector
5　$v_q=\text{trans}_{\text{encoder}(q_i^l)} \bigotimes q_{\text{tcn}}$
6　Else
7　$v_q=h_e^l$
8　For $r=1$ to T do
9　$c_{ij}=\text{softmax}(b_{ij})$
10　$s_j=\sum_i c_{ij} W_{ij} v_q$
11　$v_{q+1}=\dfrac{\|s_j\|^2}{1+\|s_j\|^2}\dfrac{s_j}{\|s_j\|}$
12　$b_{ij}=b_{ij}+W_{ij} v_q v_{q+1}$
13　返回 v_{q+1}

（2）追加时间索引贡献度。在知识图谱问答中，在问句特定位置的信息有助于更快地找到答案。时间在问句中特定位置（特殊依赖）的概率被称为时间索引贡献度，例如，在底层知识图谱查询到的时间信息所依附的二元事实恰好与问句的嵌入有更高的相似程度，提升该时间信息的贡献度，有助于在候选空间的确定过程中尽快裁剪无关节点。时间索引贡献度如图 4.4 所示，具体做法是初始化贡献度矩阵并置 1，关联时间嵌入与按照时间顺序进行排序后的时序事实集 $\{tf_1, tf_2, \cdots, tf_n\}$。由于时间嵌入经过容器精确化表示，已经学习到该时间的具体位置和成分信息，所以时序事实将时间与答案关联起来。当时间属于某个具有答案的时序事实 tf_i 时，其权重较大，证明该时间对答案搜索具有贡献，反之则无。

$TIC(TE \in tf_i^e) \cdot (t_1, t_2, \cdots, t_m)$：

知识图谱时序事实集合
（按照时间顺序排列）

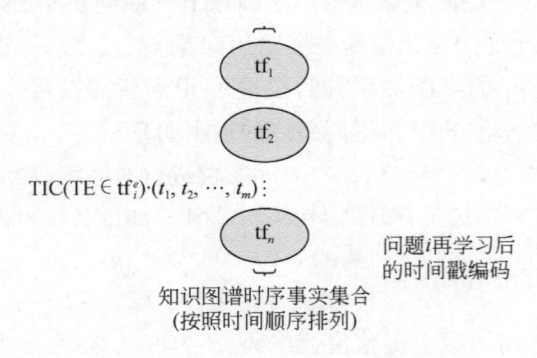

问题 i 再学习后的时间戳编码

图 4.4　时间索引贡献度

(3) 采用时间关系注意力(attention to relationships ever time, ATR)和时间感知实体嵌入(temporal entity embedding, TEE)对实体表示进一步增强。

$$\text{ATR}(e,r) = \text{softmax}(x_r \oplus \text{TE}(\text{ts}_r)^{\text{T}} h_q^{l-1}) \tag{4.6}$$

$$h_{\text{TEE}(e)}^0 = \text{LSTM}(h_{\text{tf}_1^e}^0, h_{\text{tf}_2^e}^0, \cdots, h_{\text{tf}_n^e}^0) \tag{4.7}$$

时间关系注意力概念是为了区分具有相同关系但时间戳不一致的事实,通过计算实体 e 与关系 r 上的时间关系注意力,将相应的关系嵌入 x_r 与时间戳对象 ts_r 的时间嵌入编码拼接,并通过与该阶段问题的相似性来裁剪。时间感知实体嵌入的含义为实体可能出现在与之相关联的时间事实 $\{\text{tf}_1^e, \text{tf}_2^e, \cdots, \text{tf}_n^e\}$ 的任意位置,将时序事实的实体嵌入、平均关系嵌入和时间戳嵌入相串联,并输入到长短期记忆网络进行学习,其输出则称为时间感知实体嵌入,即 TEE。

(4) 得到对知识图谱答案子图进行增强后的表示 h_{TEEI}^0:

$$h_{\text{TEEI}}^0 = h_{\text{TEE}(e)}^0 \oplus \text{TIC}(\text{TE} \in \text{tf}_i^e) \tag{4.8}$$

每一层的实体向量 h_e^l 聚合了问题表示、实体表示、时间表示和时间关系注意力表示,通过与黄金答案进行对比后反向更新实体。图 4.2 中的(c)模块展示了实体的更新策略,具体可以表示为

$$h_e^l = \text{FFN} \begin{bmatrix} h_e^{l-1} \\ h_q^{l-1} \\ h_{\text{TEEI}(e)}^{l-1} \\ \text{ATR}(e,r) \end{bmatrix} \tag{4.9}$$

其中,h_e^{l-1} 为上一层实体表示;h_q^{l-1} 为上一层问题表示;h_{TEEI}^{l-1} 为上一层时间感知实体嵌入;$\text{ATR}(e,r)$ 为实体 e 与邻居关系相同但时间戳不同的时间关系注意力嵌入。

4.3.3 答案预测

在 l 层获得的最终实体表示 h_e^l 通过关系图卷积网络进行答案预测。其概率表示为

$$P(e \in \{A\}_q \mid \text{RG}_q, q) = \sigma(W^{\text{T}} h_e^l + b) \tag{4.10}$$

其中,$\{A\}_q$ 表示 RG_q 的基本答案,是为回答问题 q 而建立的答案子图;σ 表示激活函数;W 和 b 分别表示分类器权重矩阵和偏置,该分类器使用交叉熵损失函数来训练。

4.4 实验准备

1. 数据集和评测标准

实验基于 2021 年新发布的 TimeQuestions[72] 和 CronQuestions[17] 问答对数

据集。其中,TimeQuestions 是一个基于 2020 年 3 月的 Wikidata 数据转储的问答对数据集,包含 16181 个问题,数据集以 60∶20∶20 的比例分配,包括训练集(9708 个问题)、验证集(3236 个问题)和测试集(3237 个问题)。此外,每个问题都用其时序问题类型手动标记,包括显式时间性表达("2009 年"),可以直接对时间进行编码;隐式时间性表达("当他离开时"),需要对指定事件进行事件信息还原;时间序数("第三任会长"),需要对时间信息进行排序比较;时间答案("什么时候")。时间问题类型标签有助于为时序问题构建自动分类器。同时,该数据集还包括问句中的时态信号词及答案类型等信息,能够更全面地支持时间信息与模型的融合。CronQuestions 由 41 万个问答对组成,包括训练集(35 万个问答对)、验证集(3 万个问答对)和测试集(3 万个问答对)。问题中出现的时间和实体都有注释,每组问答对都用自然语言进行重新转述,分为简单问题和复杂问题。

模型返回一个排序后的答案列表,由 P@1、MRR、Hits@5、Hits@10、问题 ID、答案 ID 和相似度构成。使用以下指标来评估模型的优劣。

(1) P@1:若排名最高的答案是正确的,则最高排名的精度为 1,否则为 0。

(2) MRR(mean reciprocal rank,平均倒数排名):包含正确答案的第一级的倒数。如果正确答案没有出现在排名列表中,则 MRR 为 0。

(3) Hits@5:前五个位置出现正确答案,则设置为 1,否则设置为 0。

(4) Hits@10:前十个位置出现正确答案,则设置为 1,否则设置为 0。

(5) 问题 ID:知识图谱中问题的标识符,用于唯一确定一个问题。这个指标有助于追踪和比较不同问题的答案质量。

(6) 答案 ID:知识图谱中答案的标识符,用于唯一确定一个答案。这个指标有助于精确地定位和评估特定答案的质量。

(7) 相似度构成:相似度构成是指答案与问题之间相似度的计算方式。

2. 基线算法

UniQORN[42]将知识问答过程转换为确定最相关候选节点,是一种在动态构建的上下文图上计算相关性子图的方法。TERQA 在初始化阶段用到了上下文图的相关性事实判定,因此选择 UniQORN 作为对比成为最自然的选择。EXAQT[72]、CronKGQA[17]和 TempoQR[69]是最先进的处理时序知识问答的三个模型。CronKGQA 和 TempoQR 使用同一个图谱和时序数据集 CronQuestions,但该数据集对时间信息的标注较少。而 EXAQT 所使用的 TimeQuestions 数据集对时间信息标注较多,支持对事件信息更深层次的处理。由于 CronQuestions 数据集和 TimeQuestions 数据集所使用的知识图谱不一致,用同一个数据集验证 TERQA 模型难度较大,且中间涉及时间信息的处理也不可迁移,故采用两种策略来验证 TERQA 模型。一是 TERQA 直接与使用同一个数据集的 UniQORN 和

EXAQT 进行效果的对比；二是对于使用 CronQuestions 数据集的模型 CronKGQA 和 TempoQR，添加 Caps 模块更加精确地描述时间与嵌入向量之间的依赖关系，判断其效果是否有所提升。

（1）UniQORN 从 RDF 数据中查询与问题相关的三元组，动态地构建上下文图。通过斯坦纳树的高级图算法来处理这些输入，确定最佳候选答案。

（2）CronKGQA：是一种通过修改嵌入函数来回答时序问题的方法。

（3）TempoQR：在 CronKGQA 的基础上集合了实体感知和时间敏感性表征等工作，以加强模型处理时间信息的能力。同时，TempoQR 采用了软监督 TempoQR-soft 和硬监督 TempoQR-hard 分别进行训练。软监督不访问时序知识图谱，仅通过问题的表示推断特定于问题的时间信息。硬监督则在软监督的基础上同时访问时序知识图谱的时间注释实体来进行时间增强。

（4）EXAQT：是一个从答案子图构建到答案预测的框架性工作，旨在面向高召回率和高精度问答。

3. 实验设置

本章模型在 PyTorch 中实现，超参数设置基本遵循了文献[72]的工作。在答案预测阶段，疑问词、关系（知识图谱谓词）词和实体的 100 维嵌入从 Wikipedia2Vec 获得，并在 2021 年 3 月的维基百科转储中学习。其中，TCE、TSE、TE 和 TEE 的大小都设置为 100，使用了 6 个 Transformer 编码器对问题向量进行编码，其中，多头注意力的数量（num_multi-Head）=10，主注意力的数量（Num_Primary）=32，DynamicCaps 的数量（num_DynamicCaps）=10。长短期记忆网络的最后隐藏状态被用作编码。模型在 NVIDIA RTX 2060 图形处理器上进行训练。在 TimeQuestions 数据集的开发集上调整超参数值：轮次=120，小批量=24，梯度裁剪=1，学习率=0.001，长短期记忆网络退出率=0.3，线性层退出率=0.2，事实退出率=0.1。

4.5 实验结果与分析

1. 关键结果

表 4.2 列出了 TERQA 和基线效果的对比（最佳值以粗体显示）。表 4.3 列出了将 Caps 模块移植到 CronKGQA 和 TempoQR 两个模型上的效果对比，主要观察到的结果如下（*号表示效果显著）。

表 4.2　TimeQuestions 测试集上与基线模型的性能对比

方法	总体 P@1	总体 MRR	总体 Hits@5	Implicit P@1	Implicit MRR	Implicit Hits@5	Explicit P@1	Explicit MRR	Explicit Hits@5	Temp. Ans P@1	Temp. Ans MRR	Temp. Ans Hits@5	Ordinal P@1	Ordinal MRR	Ordinal Hits@5
UNIQORN	0.331	0.398	0.539	0.312	0.412	0.542	0.318	0.405	0.530	0.390	0.469	0.596	0.209	0.232	0.351
EXAQT	0.565	0.599	0.664	0.508	0.567	0.633	0.568	0.594	0.636	0.623	0.672	0.756	0.420	0.432	0.508
TERQA	0.681*	0.588	0.645	0.618*	0.551	0.635	0.772*	0.580	0.617	0.656*	0.671	0.743	0.541*	0.443	0.499

表 4.3　将 Caps 模块移植到嵌入模型后的效果比较

模型	Hits@1 总体	Hits@1 问题类型 复杂	Hits@1 问题类型 简单	Hits@1 答案类型 实体	Hits@1 答案类型 时间	Hits@10 总体	Hits@10 问题类型 复杂	Hits@10 问题类型 简单	Hits@10 答案类型 实体	Hits@10 答案类型 时间
CronKGQA	0.647	0.392	0.987	0.699	0.549	0.884	0.802	0.992	0.898	0.857
CronKGQA-Caps	0.754	0.542	0.987	0.721	0.654	0.890	0.845	0.991	0.901	0.903
TempoQR-hard	0.918	0.864	0.990	0.926	0.903	0.978	0.967	0.993	0.980	0.974
TempoQR-hard-Caps	0.932	0.875	0.989	0.935	0.943	0.979	0.974	0.990	0.982	0.979
TempoQR-soft	0.799	0.655	0.990	0.876	0.653	0.957	0.930	0.993	0.972	0.929
TempoQR-soft-Caps	0.874	0.765	0.991	0.990	0.865	0.965	0.942	0.988	0.975	0.935

TERQA 优于基线，表 4.2 的观察结果是 TERQA 相对于基线的优势展现。从中可以发现，未经过时序特征增强的 UNIQORN 在处理时序知识问答时结果较差。通过与 EXAQT 相比，TERQA 在 Implicit、Temp. Ans 和 Ordinal 三个时间问题类型（对应时间信号表达类型）上的准确率 P@1 分别增长了 12.5%、5.6% 和 5.9%，同时，在整个测试集上 P@1 增长了 11.3%。综合来看，在复杂时序问题中针对时序特征及时进行处理是必要的，且对时间信息与嵌入的向量编码进行更精确的依赖特征提取，对问答的准确率有较大程度的提升，这也论证了之前的论断，现有模型提取到的是较近位置或者较小词语间的特征，而对句子的长距离依赖信息并不能很好地挖掘。表 4.3 的结果也表明，添加 Caps 模块的模型均优于其基线，在复杂问题上的结果均有不同程度的提高。

Explicit 问题不适合再次进行精确非依赖分析。 如表 4.2 所示，虽然总体表现都有提高，但是在 Explicit 问题上，其准确率不增反降，具体原因是学习过度，使得简单问题的特征被过度复杂化，从而导致准确率降低，但过度学习也增加了其向量的表征程度，所以 MRR 和 Hits@5 得到了提升。在表 4.3 中，简单类型问题的 Hits@指标都有不同程度的下降，这也是由 Caps 模块使得原本没有交互的向量过度学习导致的。

复杂多依赖问题需要进行深入挖掘。对四种问题类型的结果进行分析，发现基线 TERQA 擅长处理问题的类型依次为 Implicit、Ordinal、Temp. Ans、Explicit，其中，Implicit 的准确率提升最大，表明模型可以更好地处理 Implicit 问题。同时可以发现，在 Implicit 和 Temp. Ans 两种问题类型上，以损失 1%～2% 的 MRR 和 Hits@5 换来 5%～6% 的准确率提升。表 4.3 的结果表明，通过对嵌入过程添加核心模块 Caps，对于复杂问题，能够更加精确地学习到向量的准确表示，从而使得候选答案的准确率上升。

2. 消融实验与特殊案例

表 4.4 展示了去除特定部件后模型的效果变化。其中，去除每个特定部件后，都不可避免地对模型的准确率产生消极影响。去除每个特定部件后的结果与完整 TERQA 的差值表示该部件对模型的影响程度大小。最重要的部件是 Caps 模块和 ATR，其他部件也提供了不同程度的积极作用。通过结果对比发现，改进后的 Transformer 编码器模型可以提升 4.1% 的准确率；Caps 模块对准确率的影响程度最大，表明该模块能提升对时序复杂依赖问题的精准分析程度；时间对答案的索引贡献度模块也对答案准确率的提升起到了积极作用。

表 4.4 去除特定部件后模型的效果变化

特定部件	P@1	MRR	Hits@5
TERQA（完整）	0.681	0.588	0.645
$\text{trans}_{\text{encoder}(q_i)}$	0.598	0.449	0.557
Caps	0.532	0.423	0.531
TIC	0.632	0.452	0.549
TCE	0.592	0.446	0.543
TE	0.590	0.440	0.538
TEE	0.577	0.453	0.566
ATR	0.537	0.415	0.528
TSE	0.575	0.443	0.538

通过对实体和每个关系的组合，充分聚合答案子图的邻接信息，不仅能判断单一关系对应多条时间戳的情况，而且聚合了子图事实信息，因此基线 ATR 模块在 TERQA 模型中也占据重要地位。同时，观测到一个有趣的现象，去除特定部件的模型与完整模型相比，TERQA 在缺失对时间编码的情况下，模型的准确率陡然下降，在未经过时间信息与向量间依赖特征充分挖掘的 EXAQT 模型上，两者基本持

平。这表明,时间编码对 TERQA 模型的影响最大,这是因为本实验模型是在时间编码的基础上进一步实行了与初始嵌入向量的关联处理,无形中提高了时间编码对模型的重要程度。

对于 TERQA,采用了不同的训练方式。将使用 TimeQuestions 数据集的所有问题进行训练并预测的模型称为 TERQA。相应地,对每一类型问题分别进行训练的模型称为 TERQA-s。两种训练方式的性能对比见表 4.5。结果表明,对所有问题进行训练的模型有助于提高对单一问题类型进行回答时的准确率,这是因为其他问题类型增强了模型的健壮性,赋予了模型一些所有问题通用而单一问题无法体现的特征鉴别能力。同时,由于 TERQA-s 对单一问题进行了专门训练,所以其 MRR 和 Hits@5 高于 TERQA 的。

表 4.5 TimeQuestions 测试集上模型不同训练方式的性能对比

模型	总体 P@1	MRR	Hits@5	Implicit P@1	MRR	Hits@5	Explicit P@1	MRR	Hits@5	Temp. Ans P@1	MRR	Hits@5	Ordinal P@1	MRR	Hits@5
TERQA-s	0.643	0.443	0.549	0.534	0.433	0.533	0.561	0.443	0.542	0.535	0.437	0.544	0.594	0.444	0.562
TERQA	0.643	0.443	0.549	0.656	0.316	0.400	0.580	0.323	0.404	0.617	0.314	0.395	0.638	0.317	0.391

在表 4.6 中对 EXAQT 错误回答但 TERQA 正确回答的问题进行了查验,抽取三个示例来表明这些问题的特点,发现 TERQA 对于长句子序列、答案有多个和问题类型为时间序数的问题有较好的效果,侧面论证了改进后的模型 TERQA 能够实现对更复杂问题的处理。

表 4.6 EXAQT 错误回答但 TERQA 正确回答的问题

长句子序列	What is together with and point in time of George Akerlof has award received as sveriges riksbank prize in economic sciences in memory of Alfred Nobel?
答案有多个	Which films are nominated for best picture in 2009?
问题类型为时间序数型	What age is Obama's oldest child?

3. 讨论

时序知识问答涉及问句时序特征提取、句向量精确表示及时间区间交互等难点。目前,现有时序知识问答方法着力于对蕴含时间信息的语义向量进行处理,然而知识问答场景下时序信息与表示向量的依赖关系未得到充分挖掘。对初始向量的精确化学习有助于捕捉更复杂的语义依赖特征,并改善当前基于知识图谱的时序知识问答效果。

本节通过对初始问句向量和三元组表示进行精确化再学习，以界定时间信息对于某一成分相关性程度的大小。之前的研究[170,178]表明，向量的再学习能够捕获多层向量之间的位置、姿态、顺序等潜在特征。这与本节一致，即再学习模块能够捕捉到向量之间的时序交互依赖。然而，现有时序知识问答大多忽视了向量之间的精确依赖。通过向量间的精确依赖分析，时序知识问答在处理时间信息与事实集合的相关性程度时，能够学习到长距离复杂依赖特征，进而提升问答的精确程度。但是，对时序特征在问题向量或三元组表示的精确依赖分析增加了算法开销，运算速度较慢。同时，由于提升了各成分相互依赖关系的准确性，精准程度的提升是以牺牲部分召回率为前提的，对候选答案的筛选更严苛。

忽略其局限性，本节对 Caps 模块的学习过程进行改进，将多事实交互解析为整体语义和部分语义的层次结构，并对他们的空间依赖关系进行建模，加强了其可解释性，缩减了开销。也可以借鉴脉冲神经网络的思想，降低能耗，提升并行效率。同时，通过粗过滤增加算法的召回结果数量也值得关注。

4.6 本章小结

尽管时间问题对于金融风控等领域尤为重要，但在 KGQA 中，时间问题尚未达到令人满意的效果，现有的几个先进的时序知识库问答方法最高只能正确回答 60%的问题。基于胶囊网络与嵌入向量特征提取的组合，填补了时间信息与嵌入向量的精确依赖分析尚未被充分挖掘的空白。最重要的是，此方法在几乎不损失召回率的情况下能提升模型 11%左右的效果，深入挖掘时间信息与问题向量和候选空间嵌入之间的关联，有助于提升对复杂时序知识问答的效果。对大量复杂时序问题的实验表明，TERQA 优于目前最先进的通用知识图谱问答方法。

第 5 章 基于再验证框架的时序问题多答案推理方法

5.1 引言

时序问题作为开放域问答的特殊任务,近年来受到了研究者的广泛关注。时序知识问答系统[8]旨在借助大规模的知识图谱语料库,处理问题中相应的时序约束,查询推断出问题对应的答案。在现实中,许多时序问题具有开放性和模糊性,导致存在多个有效答案[179]。Min 等[180]指出,谷歌搜索中超过 50% 的查询意图是模棱两可的。但现有的知识问答系统简化了问题的复杂程度,通常按照排序给出问题的 Top-k 答案列表[31]。在需要得到时序问题中具有确定数量的答案时,传统基于 Top-k 的答案展示形式不能满足人类的需求。

现有的多答案推理基于非结构化文本库,旨在从多个段落中查询到所有满足该问题意图的答案。受限于自然语言的模糊性,对问题的理解可以有多个含义,会从文本中召回多个答案。现有工作的局限[179-181]涉及各种形式的段落解析和问题歧义答案匹配。查询和阅读范式是文本段落多答案推理的主流方法,包括计算过程中长序列段落的正确推理以及硬件支持下的段落数量。例如,开放域模糊问答[180]使用 BERT 双编码模型查询了 100 条段落并进行了重新排序,将问题与顶部段落串联,在端到端系统中按顺序生成答案。Shao 等[181]利用回忆-再验证框架,通过分离每个答案的推理过程,避免了多个答案共享有限的阅读预算的问题,并更好地利用重新找到的证据验证答案。

尽管非结构化文本源上多答案问题已经得到充分发展,但在结构化的大型知识图谱上,多答案推理仍未受到广泛关注。本章将多答案推理拓展到时序知识问答领域,以知识库为领域研究背景,其主要工作在于多答案的数量和质量保证,目的是针对具有多个答案的时序问题进行准确回答。尽管已有的非结构化问答方法和知识问答方法均取得了良好的效果,但在时序多答案问答领域存在以下新的挑战:

(1) 未明确的答案数量界限。现实中存在一类多答案问题,其答案由多个实体或属性组成,例如,在时序知识问答中,在满足给定的时间间隔内通常有多个候选者被认可。但传统 Top-k 列表仅展示答案得分排序,不能对该问题答案的具体数量进行限定,因此用户只能依靠猜测完成答案数量判定。如图 5.1 下方标准答案所示,对于问题"Who held the position of secretary of state when Andrew Jackson was president?"

第 5 章 基于再验证框架的时序问题多答案推理方法

(Andrew Jackson 当总统时谁担任国务卿?)其具有三个准确答案"Martin Van Buren""Edward Livingston""Louis McLane"。在传统答案表现模式下,人们仅能根据 Top-k 列表得到评分较高的几个答案,而不能得出满足该条件的答案具体数目的预期输出。

(2)得分较高的答案不一定正确。存在一种特殊情况,问题已经给出答案的具体数目,但该数目下的候选中仍存在错误项。可以推广到普遍存在的情形,得分较高的答案依然存在假阳性结果。如图 5.1 中 Top-5 答案列表,仅前两个为标准答案,得分排在第三的答案是错误的,第三个准确答案并未被推理得到,致使用户依靠直觉筛选的答案组合中仍然存在错解。

(3)多答案时序问题中未充分考虑时间约束。如图 5.1 中对于问题的 Wikidata 数据摘录展示,Andrew Jackson 担任美国总统的时间为[1829-03-04,1837-03-04],满足此时间约束的国务卿有三位,其他国务卿的人选因任职时间不满足该时间约束应该予以裁剪。但大部分 KGQA 模型在处理多答案问题时,忽视了时序约束的重要作用,导致纳入错误结果。回答这类时序多答案问题的关键在于确定满足答案时间约束区间的候选项。时间事实被考虑为正确答案的前提是符合问题的时序逻辑,即需要满足给定显式事实或隐式事实所代表的时间约束。

问题:"Who held the position of secretary of state when Andrew Jackson was president?"

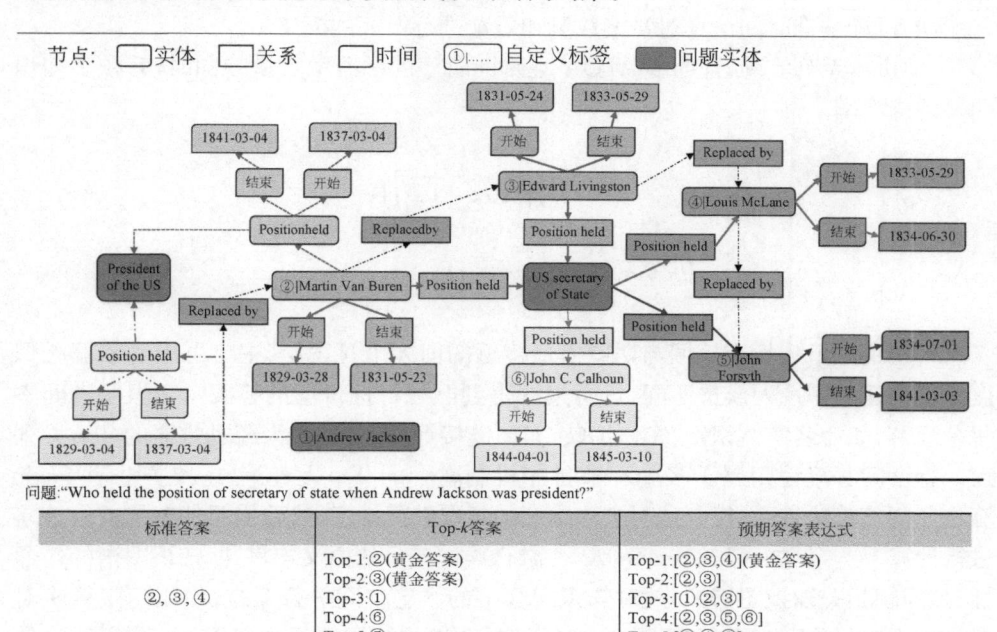

标准答案	Top-k答案	预期答案表达式
②,③,④	Top-1:②(黄金答案) Top-2:③(黄金答案) Top-3:① Top-4:⑥ Top-5:⑤	Top-1:[②,③,④](黄金答案) Top-2:[②,③] Top-3:[①,②,③] Top-4:[②,③,⑤,⑥] Top-5:[③,④,⑤]

图 5.1 问题答案展示形式及该问题的维基图谱部分摘录

为此,系统构建用于多答案推理的知识问答组件 MATQA,可以与任意 KGQA 问答系统组合来提升多答案问题的回答效果。其中,时序约束对知识图谱候选中正确事实的限定使得输出所有的标准答案成为可能。针对以上挑战，MATQA 分别提出以下解决方法。首先，受多段落开放域问答的启发，在将多答案问题引入时序知识问答领域后，采用再验证框架，针对现有的 Top-k 列表展示形式进行改进，构建了问题答案数目确定的问答流程。其次，通过将问答对作为引导节点嵌入图谱，筛选候选答案中一个正确的初始答案。最后，考虑到问题的多个答案间具备相同的类型关系，且时序问题中答案之间存在相同的时间约束，在答案聚类验证过程中构建了语义约束和时间约束，裁剪不满足时间约束但类型相似、得分较高的候选答案，同时可以在验证过程中对原始得分较高但不正确的答案进行语义层面的再次过滤，保证答案的正确率。使用最近的一个时序知识问答测试基准和一组基于非结构化文本源的竞争对手进行的实验显示了 MATQA 的优势：该模型支持基于知识图谱给定问题正确的答案数目，能利用时序问题的时间信息对答案进行筛选，在给定新的答案展示形式下，能够较好地保证答案数量和质量。

本章研究的主要贡献如下：

(1) 将多答案推理引入知识图谱问答中，对 Top-k 列表进行改进，提出新的答案展示形式，可以明确给出用户确切的答案数量。

(2) 设计结合时间信息对答案数量和质量进行保证的框架。

(3) 进行系列实验，证明 MATQA 在推断时序问题答案数量的同时，兼顾了知识问答的成功率。

5.2 相关工作

1. Top-k 算法

传统的 Top-k 旨在返回与期望值最接近的前 k 个答案，其主要思想是依据相似度标准构建的一系列候选匹配，进行过滤得到匹配目标价值的答案。知识图谱问答每个环节，如命名实体识别、实体消歧、实体链接等，其结果均为经过排序的 Top-k 列表。整个问答流程归属于多个环节排序机制融合的 Top-k 查询，主要方法有 Fagin 算法和阈值算法，核心任务是对多个维度的候选进行排序，然后依照特定的剪枝策略进行计算[182]。例如，Christmann 等[159]融合候选条目的语义连贯性、知识图谱的连通性、与问题相关知识图谱评分，对知识问答中的候选空间进行缩减，使用门限算法对多个指标的得分列表进行筛选，得出与问题最相关的候选邻域。Wang 等[31]通过使用上下界过滤对边的语义加权得分进行筛选，定义了提前终止匹配的星形 Top-k 查询方法。Top-k 查询关系到问题答案质量的保证，但传统的 Top-k 采用单答案展示形式，不能正确反映多答案类型问题的标准答案，包括答案数量和答案正确率。MATQA 将单答案展示形式拓展为多答案展示形式，较好地适配多答案问答领域的质量保证。

2. 基于非结构化文本源的多答案问题查询

非结构化文本源经常以文章或段落的形式组织知识,在问答领域占据重要地位。基于多段式多答案推理的开放域问答,对综合利用大规模语料库中证据的能力构成了挑战。受限于问题的模糊性和开放性,一个问题往往对应多个正确答案。查询重排段落后依次预测每个段落中包含的答案成为该领域主流的问答范式。开放域模糊问答[180]使用 BERT 模型排序段落并依次生成答案。Shao 等[181]提出回忆-再验证框架,分隔每个答案的推理过程,并更好地利用回忆得到的新证据验证答案。尽管非结构化多问题知识问答已经受到了广泛关注,但基于结构化数据对多答案问题进行推理仍未起步,不能满足人们获得问题所有正确答案的需求。因此,将多答案问题推广到知识图谱问答领域具有重要的现实意义。

3. 基于时序知识问答的多答案推理

对时序问题的知识问答已经取得了良好进展,一系列先进方法[17,69,72,161,176]证明对问题中时间信息的处理有助于复杂知识问答的质量保证。问题中的时间信息限制了答案的时间存在区间。在满足语义约束的条件下,多答案问题中的答案数量和准确程度由该时间区间衡量。跳出时间区间的事实不满足用户意图,在答案输出阶段应予以裁剪。目前,时序问题中的多答案问题作为一个特殊的分支,仍面临着巨大挑战。单答案展示形式和得分高的答案不一定正确,使得人们在确立问题答案数量和准确性时遭受较大困扰。本章旨在对多答案时序问题的答案展示形式进行拓展,并结合完整问答流程对时序知识问答的质量保证进行探究。

5.3 模型设计

本章的目标旨在利用问答对信息和结构化的知识对时序知识问答进行多答案推理。给定一个问题 q_i 和具有 m 个候选答案的集合 a_m^i,MATQA 需要从候选答案集合 a_m^i 中筛选出问题 q_i 的有效答案数量以及正确实体或属性。

图 5.2 展示了 MATQA 的整体结构。它使用四个模块执行时序知识问答的多答案推理,包括联合问答对的上下文表示、与问题相关知识图谱节点评分、初始答案的判定和时间约束下的同类型答案聚类模块。首先,将问答对作为特殊的节点与知识图谱关联,在后续推理过程中可以弥合问答对和子图间的信息鸿沟,引导模型向标准问答接近;其次,问题中解析后事实三元组中的关键实体与问答对特殊节点的相关程度被衡量,仅保留与问题相关的知识图谱节点;再次,通过带注意力机制的图神经网络在图上聚合更新问答对和子图的信息,推断出问题得分最高的可能解;最后,使

用问题解析后的时间约束对问答对中其余候选答案进行聚类,筛选出所有满足语义约束和时间约束的答案,作为问题的解集。

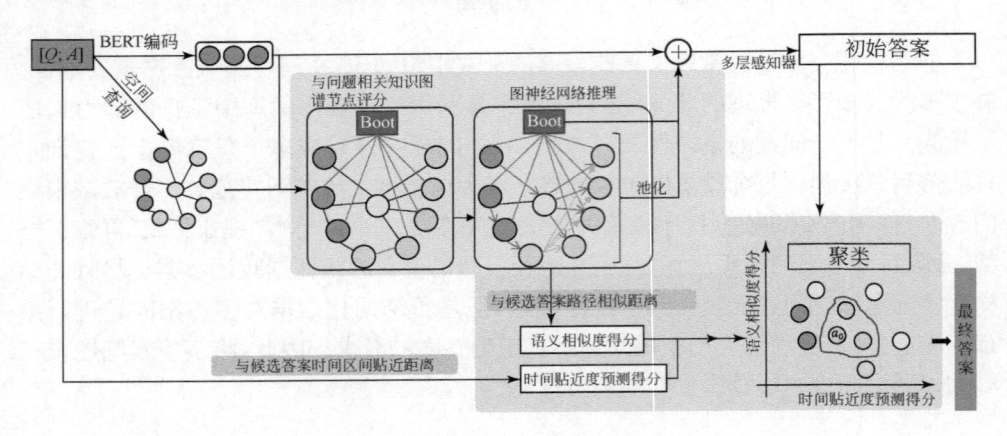

图 5.2 MATQA 的整体结构

1. 引导节点表示

为了使用答案信息对问题推理进行引导,将问题 q_i 和其他问答方法提供的候选答案集合 a_m^i 联合作为一个特殊节点插入知识图谱,称为引导节点 Boot,表示为 $[q_i; a_m^i]$,如图 5.3 所示。其中,a_m^i 可以是任意一种问答方法给出关于问题 q_i 的传统形式的 Top-k 解,并且候选答案集合 a_m^i 中标准答案被明确地标识。问答对形成的特殊节点中的问题作为推理模型起点,答案作为终点,隐式地表达了问答上下文的信息。将引导节点与问题中涉及的实体进行关联,同时链接引导节点与其中被标注的标准答案节点在知识图谱的映射项,并赋予新的边关系黄金答案,在图 5.3 中用标注了①②③的虚线表示。由此,引导节点与知识图谱、答案节点与对应的引导节点之间构建了一个关于新的答案引导型知识图谱,本章将其称为推理图 G_R。

将引导节点 Boot 看作长序列文本,通过 BERT 模型进行编码:

$$\text{Boot}^{\text{BERT}} = f_e(\text{text}(\text{Boot})) \tag{5.1}$$

其中,f_e 为编码函数。

给定引导节点 Boot 后,在知识图谱 $G=(V,E)$ 中抽取出实体链接后的子图 $G_{\text{sub}}^{\text{boot}} = (v_{\text{sub}}^{\text{boot}}, e_{\text{sub}}^{\text{boot}})$,其中,$V$ 是知识图谱的实体节点,E 代表连接两个实体的关系,$v_{\text{sub}}^{\text{boot}}$ 代表在知识图谱中抽取出所有引导节点中出现的实体节点,$e_{\text{sub}}^{\text{boot}}$ 代表在知识图谱中抽取出所有引导节点中出现的关系节点,$G_{\text{sub}}^{\text{boot}}$ 代表从知识图谱中抽取出涉及引导节点的子图。

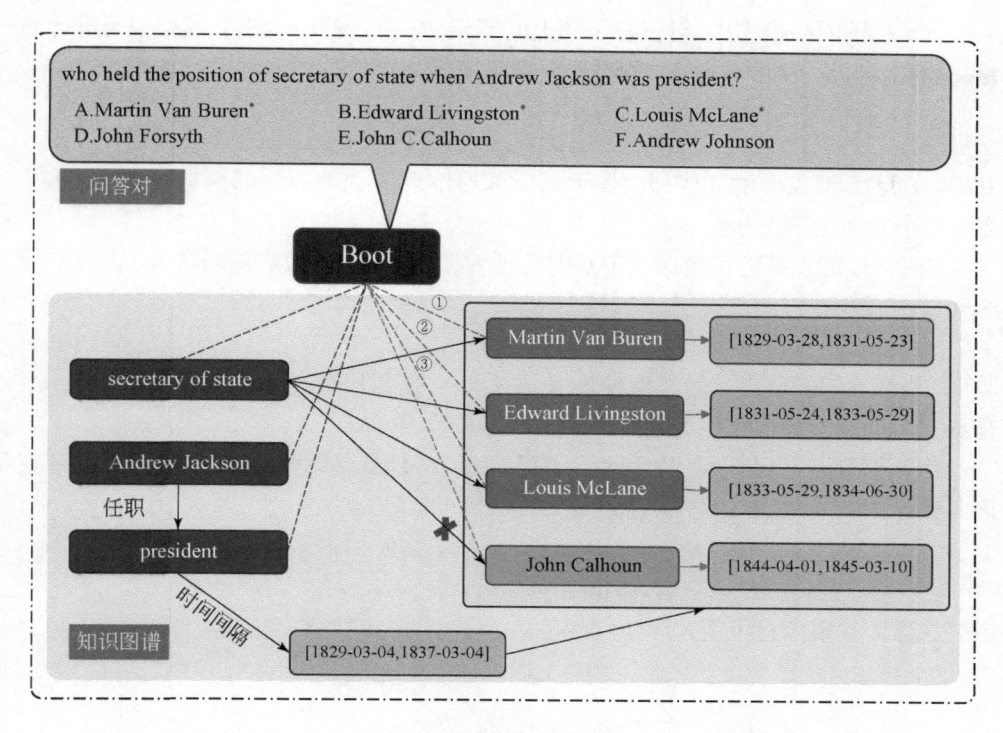

第 5 章　基于再验证框架的时序问题多答案推理方法

图 5.3　推理图示意图

2. 与问题相关知识图谱节点评分

经实体链接消歧后的知识图谱子图上存在许多与问题无关的路径，例如，图 5.3 中 Martin Van Buren 担任总统的路径与担任国务卿的路径无关。这些不相关的路径在推理过程中会造成模型将大量时间浪费在排除无效路径上。为解决这一问题，本节使用与问题相关知识图谱评分模块，计算引导节点与知识图谱事实节点的相似度得分。

$$S_{\text{sub}}^{\text{boot}} = f_h(f_e(\text{text}(\text{boot}); \text{text}(v_{\text{sub}}^{\text{boot}}))) \tag{5.2}$$

其中，f_h、f_e 表示从引导节点连接到子图节点的概率；$S_{\text{sub}}^{\text{boot}}$ 表示对引导节点和子图节点相关程度的评分，描述了每个节点对于引导节点的重要程度，用于裁剪推理图 G_R。

3. 初始答案判定

考虑到问答系统中得分最高的答案具有最大的概率成为标准答案，因此本节通过子图推理找出多答案问题第一个最可能的答案，并将其视为正确答案。MATQA 的推理过程建立在图注意力网络框架上。

在 l 层图网络模型中，对任意子图上的节点 $v \in V_{sub}$，使用 BERT 模型编码进行向量初始化，即 $h_v^0 = f_e(\text{text}(v))$，则更新模型可表示为

$$h_v^{l+1} = \left(\sum_{n \in N_v \cup \{v\}} \delta_{nv} m_{nv} \right) + h_v^l \tag{5.3}$$

其中，N_v 表示节点 v 的邻居；m_{nv} 表示每个邻居节点 n 到节点 v 的消息；δ_{nv} 表示从节点 n 到节点 v 消息的权重。

消息 m_{nv} 的计算应该考虑到节点的特征 h_n^l、节点的类型独热编码嵌入 u_n、节点的时间属性嵌入 t_n、关系的嵌入 r_{nv}，可表示为

$$m_{nv} = \text{linear}(h_n^l, u_n, t_n, r_{nv}) \tag{5.4}$$

其中，u_n 是 v 邻居节点 n 的类型独热编码嵌入；t_n 是邻居节点 n 的时间属性嵌入；r_{nv} 是从 n 节点到 v 节点的关系嵌入。

为计算节点 n 到节点 v 的注意力权重向量，结合节点类型，通过构建两个关键查询向量：

$$\begin{cases} q_n = \text{linear}(h_n^l, u_n, S_{n \in \text{sub}}^{\text{boot}}) \\ k_v = \text{linear}(h_v^l, u_v, S_{v \in \text{sub}}^{\text{boot}}, \gamma_{nv}) \end{cases} \tag{5.5}$$

最终注意力权重向量可用式(5.6)求得。

$$\delta_{nv} = \frac{\exp(\gamma_{nv})}{\sum_{n' \in N_v \cup \{v\}} \exp(\gamma'_{nv})}, \quad \gamma_{nv} = \frac{q_n^T k_v}{\sqrt{D}} \tag{5.6}$$

则最终的初始答案 $p(a_0^i | q_i)$ 推理过程如式(5.7)所示。

$$p(a_0^i | q_i) = \exp(\text{MLP}(\text{Boot}^{\text{BERT}}, h_{\text{boot}}^l, G_{\text{sub}}^{\text{pooling}})) \tag{5.7}$$

其中，$\text{Boot}^{\text{BERT}}$ 是引导节点的向量表示；h_{boot}^l 是引导节点在 l 层的更新表示；$G_{\text{sub}}^{\text{pooling}}$ 是对子图的池化表示。

4. 时间约束下的同类型答案聚类

在得到第一个初始答案 a_0 后，需要对问题剩余的答案进行推理。考虑到问题的所有答案应当满足相同的约束，包括语义和时间的双重制约，MATQA 采用聚类思想对剩余答案进行处理。为了正确衡量候选答案与初始答案 a_0 的差距，取出候选答案存在的子图路径 $(V_{sub}, E_{sub}, a_{\text{other}})$，求与初始答案所在路径 (V_{sub}, E_{sub}, a_0) 的语义相似度得分 S_{semantic} 为

$$S_{\text{semantic}} = \cos[(V_{sub}, E_{sub}, a_{\text{other}}), (V_{sub}, E_{sub}, a_0)] \tag{5.8}$$

在时序问题中，最终的答案不约而同地受到时间生存区间的制约。因此，事实的时间区间与问题的真实时间约束区间的匹配可以直接排除不满足条件的答案。采用 CCSTI 中时间最终约束区间的计算方法，得到问题的时间约束为 $[T_s, T_e]$，其中，T_s 和 T_e 分别代表开始时间和结束时间。同时抽取出候选答案所在事实的时间存在区间 $[T_s^{\text{other}}, T_e^{\text{other}}]$，最终的时间贴近度预测得分 S_{time} 可由式

(5.9)求得：

$$S_{\text{time}} = \text{ReLU}\begin{cases} 1, & T_s < T_s^{\text{other}} \text{ 和 } T_e^{\text{other}} < T_e \\ -1, & T_s^{\text{other}} < T_s \text{ 或 } T_e^{\text{other}} > T_e \end{cases} \quad (5.9)$$

设定聚类数为 2 类，使用 k 均值聚类算法进行聚类。接近初始答案的作为最终的答案组合，剩余的答案作为被裁剪的答案，使用 ReLU 函数进行激活，可以将不符合时间约束的答案的得分归零，最终时间得分不为 0 的答案即为满足时间约束的答案，得分为 0 的候选项则被裁剪，如图 5.3 中"×"符号标记。

聚类后满足语义约束和时间约束的答案视为该时序多答案问题 q_i 真正的预测答案 a_m^i，且 Top-k 的每行都由一个答案组合的形式展示。

5.4 实验准备

1. 数据集

TimeQuestions 数据集[72]是一个基于 Wikidata、由 16181 个问答对组成的时序知识问答数据集，其中 9708 个问答对用于训练，3236 个问答对用于验证，3237 个问答对用于测试。此外，问答对中对每个问题的类型（Explicit、Implicit、Temp. Ans、Ordinal）都进行了标注。同时，问题中表示时间交互的信号词也被特殊声明，如之前/之后、开始/结束等。为了对多答案问题进行处理，从 TimeQuestions 数据集中抽取出所有答案个数大于 1 的问答对，构造多答案时序知识问答数据集。新的多答案时序知识问答数据集共包含训练集 2264 个、验证集 778 个、测试集 801 个，同时具备问题类型和时间信号词标注。

2. 评测指标

使用两个度量标准对多答案问答质量保证效果进行评价。

（1）P@1^m（the precision of multi-answers）：一个问题中对于给出的新答案形式，当排名最高的答案组合与标准答案完全一致（包括数量一致和标签一致）时，认为其精度为 1，用 P@1$^m_{\text{hard}}$ 表示。当排名最高的答案中包含所有标准答案，即预测的第一个结果除了标准答案还包括其他结果时，使用约束更宽泛的指标 P@1$^m_{\text{soft}}$ 表示。

（2）Hits@5^m（the hits of multi-answers）：答案的组合取决于答案数目和答案标签。答案标签需要满足问题语义匹配关系，而答案数目为满足语义约束的所有可能解。由于自然语言问题的复杂性，语义约束不能保证完全被满足，存在多种答案组合的可能。在新的答案展示形式下，前 5 组答案按照标准答案在该列表的占比从高到低排序。如果一个包含标准答案任意子集的列表出现在前 5 个位置，则设置为1,否则设置为0。

3. 基线

本章提出的 MATQA 是一个依附于传统问答模型的组件,可与其他问答模型搭配使用,而且本章将多答案问题引入时序知识问答领域,为衡量模型效果选用较为简单的链接预测方法和两个先进的时序知识问答方法作为候选答案的提供者,然后与 MATQA 组合判断多答案预测模型是否有效。

(1) TransE:最经典的向量嵌入方法,依据平移语义不变性法则对缺失答案进行完善。

(2) EXAQT[72]:一种端到端的时序知识问答方法,首次将时序知识问答系统构建于大规模开放性通用型知识图谱 Wikidata,而不需要进行特有的时序知识图谱构建过程。通过子图问题相关增强、子图时序增强、重构子图增强召回,使用关系图卷积网络进行答案预测并兼顾准确率。

(3) TERQA[73]:在 EXAQT 的基础上,受胶囊网络的启发,对时序特征和三元组特征的融合进行改进,学习时序特征与多个事实三元组间的精确依赖,提高了模型预测答案的准确率。

4. 实验设置

MATQA 使用 PyTorch 实现,设置 BERT 模型初始化后的向量嵌入维度为 200,图神经网络共 5 层,每层退出率为 0.2,使用 Adam 优化器进行初始答案推理优化,使用 ReLU 函数进行时序约束得分优化。同时,设置批大小为 32,学习率为 2×10^{-3},聚类数目为 2。

5.5 实验结果与分析

1. 关键发现

表 5.1 展示了 MATQA 在多答案推理数据集上的答案数量和质量判断效果。$P@1_{hard}^{m}$ 指标明确展示了 MATQA 可以对传统 Top-k 展示形式进行改进,使每一行均为答案列表形式的新型答案表示,与图 4.1 中人类预期展示形式一致,能够较好地满足人们对多答案问题的数目与正确率的要求。同时,通过与不同问答系统候选答案的组合,MATQA 被证明其效果与提供的候选答案有较大的关系,即候选答案越准确,初始答案的确立越准确,最终聚类后的多答案问答效果越好。

第 5 章 基于再验证框架的时序问题多答案推理方法

表 5.1 MATQA 效果展示

模型	$P@1_{hard}^m$	$P@1_{soft}^m$	Hits$@5^m$
TransE+MATQA	0.402	0.439	0.513
EXAQT+MATQA	0.431	0.453	0.546
TERQA+MATQA	0.459	0.472	0.538

2. 消歧实验与特殊案例

表 5.2 展示了去除特定部件后 MATQA 的效果变化。经分析可以发现,当在聚类中去除语义约束时,模型效果下降最严重。首先,答案的聚类主要衡量其事实相似程度。其次,时序问题中答案处于特定时间约束区间的问题占据较大比例,在去除时间约束后,不能对答案的实体进行时间约束衡量,容易导致错误答案混入。最后,引导节点的加入弥补了问题背景和知识图谱之间的信息差距,对初始答案的确定产生较大影响。图神经网络中各部件的去除,对最终的初始答案预测也起到了不同的作用。

表 5.2 去除特定部件后 MATQA 的效果变化

模型1		$P@1_{hard}^m$	$P@1_{soft}^m$
图神经网络	无引导节点	0.382	0.391
	无节点类型	0.398	0.401
	无与问题相关知识图谱节点评分	0.386	0.394
	无池化层	0.382	0.389
聚类	无语义约束	0.254	0.287
	无时间约束	0.305	0.348

通过选取三个典型案例,MATQA 的有效性被充分证明。在表 5.3 以问题 "in which year, did the steelers win the Super Bowl, the latest occasion?" 为例,黄金答案为"第 9、10、13、14、40、43 届超级碗大赛",模型准确地预测出答案的数量和正确答案。这证明 MATQA 问答框架对于处理多答案时序问题具备良好的效果,填补了传统 Top-k 不能展示答案数量和存在假阳性结果的缺陷。

表 5.3　改进案例的 Top-1 结果

问题	黄金答案	预测答案
in which year, did the Steelers win the Super Bowl, the latest occasion?（钢人队在哪一年赢得了最近一次的超级碗比赛冠军?）	"Super Bowl 'IX', 'XIV', 'X', 'XIII', 'XLIII', 'XL'"	"Super Bowl 'IX', 'XIV', 'X', 'XIII', 'XLIII', 'XL'"
who ran against Lincoln in the 1864 presidential election?（谁在 1864 年总统选举中与 Lincoln 竞争?）	"John C. Breckinridge" and "Stephen A. Douglas"	"John C. Breckinridge" and "Stephen A. Douglas"
when did owner Fred Wilpon's sports team win the pennant?（老板 Fred Wilpon 的运动队什么时候赢得冠军的?）	"1969 World Series" and "1986 World Series"	"1969 World Series" and "1986 World Series"

MATQA 回答错误案例如表 5.4 所示，通过对回答错误的案例进行分析，发现当问题期望返回一个数值答案时，MATQA 有可能预测出多个不相关实体作为答案，揭露了 MATQA 在部分单答案问题时，通过语义约束和时间约束仍不能百分百确定答案的数量，还有进一步提升的空间。同时，问题期望返回多个有效的时间作为答案，但 MATQA 预测出单一实体作为答案。这表明，当 MATQA 预测的初始答案存在错误时，在后续的聚类中会产生上游错误传递，需要在后续研究中更新框架，以降低其影响。

表 5.4　MATQA 回答错误案例

问题	黄金答案	预测答案
what is inflation rate of Dominica that is point in time is 1983-1-1?（1983 年 1 月 1 日多米尼克国的通货膨胀率是多少?）	"2.7"	"ACM Software System Award" and "Turing Award"（ACM 软件系统奖和图灵奖）
when did Anne Hathaway begin attending New York University and when did she graduate?（Anne Hathaway 是什么时候开始就读于纽约大学的? 她是什么时候毕业的?）	"1995" and "1998"	history of art（艺术史）

3. 讨论

多答案问题作为一种特殊的问题类型，在智能问答领域占据重要地位。目前，多答案问题在多段落非结构化文本源领域应用广泛，但在结构化的知识图谱上未受到研究者的关注。本章将多答案问题引入时序知识问答场景,旨在弥补传统 Top-k 答案展示形式的缺陷。

在本章研究中,MATQA 通过再验证框架界定答案的真实数量和裁剪假阳性结果。初始答案确立和基于语义时间的双重因素聚类思想的联合使用,被证明能够对问题的答案数目和正确率起到积极作用。之前的研究[179]表明,再验证框架能够充分利用搜集到的信息对答案进行进一步筛选,这与本章内容一致。更进一步地,再验证框架被证明不仅能够对答案正确与否进行判断,更能对答案的数量进行确定,仅需增添语义和时间的约束条件聚类。基于此,本章指出通过初始答案—聚类形式的再验证框架,能够对时序知识问答情境下的多答案推理问题提供解决方法。但 MATQA 受到较为严重的上游错误依赖传递。当初始答案错误时,后续的聚类模块不能对结果进行纠偏,只能在原有基础上进行无效预测。

虽然存在缺点,但本章研究在结构化的时序知识问答场景中提供了对多答案问题的解决方法,并指出多答案问题的关键在于答案数目及假阳性结果过滤。同时,引导节点的引入使得问题和候选答案能够对推理模型进行启示,后续的更新共同利用了引导节点和子图域,弥合了问题和知识图谱的信息差距。在现有研究的基础上,对初始答案的确立和聚类因素的完善将成为下一步研究需要考虑的内容。

5.6　本章小结

尽管时序知识问答对于知识图谱工作者的高级需求至关重要,但在知识问答中,时序知识问答的多答案推理问题仍未受到广泛关注。针对传统 Top-k 的答案展示形式不能满足人们获取答案数量和质量的需求,基于初始答案和语义时间聚类的组合——MATQA 模型,为填补这一空白提供了完整方法。关键是通过时间约束对时序问题进行聚类判定,可以确定满足的答案数目和裁剪假阳性结果。对大量复杂时序多答案问题的实验结果表明,MATQA 能够完善目前最先进的通用 Top-k 类型问答方法。在未来的研究中,尝试通过模型结合已学习知识进行再提问的形式,逐步引导用户明确自身意图,输出正确的、数目符合现实的标准答案。

第三篇 基于知识图谱的动态推荐技术

动态推荐的信息服务和运用在满足用户信息需求、提高军队信息化推荐能力和联合作战智能决策效率等方面至关重要。人类知识结构化形成的知识图谱,能够赋予机器深度理解、逻辑推理、智能推荐的能力,在人工智能研究和智能信息服务等方面具有重要的应用价值。而在当前信息过载的时代,将知识图谱应用于动态推荐领域,构建高质量的推荐图谱,捕捉高度变化的动态信息,解决推荐系统中数据稀疏问题,都具有理论价值和应用价值。本篇围绕知识图谱序列推荐系统中知识推理和动态推荐两个关键技术展开研究,主要工作内容是针对知识图谱推理任务、动态序列推荐任务和数据稀疏场景中个性化推荐任务三个部分进行实验验证。具体来说,第一部分主要针对知识推理任务中可解释性差、缺乏多步推理等问题进行优化改进,设计出基于迁移学习和多智能体深度强化学习的知识推理方法,提高了知识推理的性能;第二部分主要针对序列推荐任务中无法捕捉复杂条件下的动态信息、无法建立有效的高阶连通性等问题进行优化改进,设计出融合门控循环单元和图神经网络的知识图谱序列推荐算法,提高了动态推荐的性能;第三部分主要针对稀疏数据场景中无法解决长距离序列信息区分差异度和依赖性等问题进行优化改进,设计出基于预训练与知识图谱的序列推荐模型,缓解了推荐中数据稀疏带来的不良影响问题。本篇主要的创新性贡献可以总结为以下几点。

(1)提出了基于迁移学习和多智能体深度强化学习的知识推理方法。

首先,本篇提出一种基于迁移学习和多智能体深度强化学习的知识推理方法(knowledge inference path that combines transfer learning and multi-agent deep reinforcement learning,TMAPath),在源域和目标域中将推理任务转换为序列决策问题,提高了智能体对关系路径多步推理的能力,增强了推理的可解释性。在源域中,设计了一个特殊的奖励机制,并额外增加了一个特殊的网络用于三元组的预训练。奖励机制可以使模型学习到更多的事实三元组,类似于TransE训练三元组的网络可以提高对事实三元组的识别、增强向量的表示。消融实验结果表明,源域中预训练任务提高了单步游走对有效路径挖掘的成功率,缓解了误差累积和计算成本高的问题。在目标域中,提出了一种智能体联合预测算法,使用全局智能体收集其他智能体的学习经验,更新自己的参数,然后异步复制到其他智能体中,最大化多智能体系统的收益和最小化整体损失,有效提高了模型的鲁棒性和推理效率,降低了智能体在多步推理中对无效路径的选择。最后,在 FB15K-237、NELL-995 和 WN18RR 三个公开标准数据集中进行了对比实验,结果表明,本篇提出的方法相比于其他基准方法取得了最优效果,提高了知识推理的性能。

(2)提出了融合门控循环单元和图神经网络的知识图谱序列推荐算法。

首先,本篇构建了用于聚合用户信息、物品信息端到端学习特征的图卷积网络框架,并在图卷积网络的输入、输出两端引入残差连接机制,通过双向门控循环单元网络能够将物品序列和知识图谱实体序列融合为短期兴趣建模,解决了传统序列推荐算法无法捕捉复杂条件下动态信息的问题。其次,针对知识图谱应用于序列推荐算法中无法建立高阶连通性问题,本篇提出了一种融入物品属性、知识图谱中高阶语义关系的序列推荐算法,通过引入丰富的语义信息有效提高了推荐结果的准确率。最后,将融合门控循环单元和图神经网络的知识图谱序列推荐模型(knowledge graph-based sequential recommendation that combines the gated recurrent unit and the graph neural network,KGSR-GG)算法与其他基准方法在数据集 MovieLens-1M 和 Book-Crossing 上进行对比实验,其中,在召回率、MRR、归一化折损累计增益(normalized discounted cumulative gain,NDCG)、命中率和准确率方面的结果都有了明显提升。

(3)提出了基于预训练与知识图谱的序列推荐模型。

首先,本篇设计了融合项目标题等文本信息和项目知识图谱实体信息的预训练模块,将项目标题属性和知识图谱辅助数据作为推荐中的上下文信息,缓解了序列推荐中数据稀疏以及无法捕捉上下文信息和序列信息之间关联融合的问题,提高了模型处理高稀疏度数据的性能表现。其次,本篇提出了用于处理交互序列中项目信息和用户信息的图神经网络简单变体的聚合模块,建立序列信息的高阶连通性。再次,项目序列和实体序列通过融合注意力机制的双向门控循环单元变体,解决了长距离序列中区分差异度和依赖性的问题,以及为考虑项目属性、项目内容之间联系的问题。最后,将基于预训练与知识图谱的序列推荐(pre-learning and knowledge graph-based sequential recommendation,P-KGSR)模型与其他基准方法在数据集 MovieLens-1M 和 Book-Crossing 上进行对比实验,在召回率、MRR、NDCG、命中率和准确率方面的结果都有较好的表现。其中,在数据稀疏度较高的 Book-Crossing 数据集上有明显的提升,证明了模型处理数据稀疏问题的优异表现。

第6章 基于迁移学习和多智能体深度强化学习的知识推理方法

6.1 引　　言

近年来,作为结构化语义表示的知识图谱与深度学习、大数据一起成为人工智能技术发展的核心驱动力。知识图谱是将信息集成到知识本体中的细粒度图形化表达,提供了一种管理和应用互联网海量信息的能力。知识图谱可以划分为静态知识图谱和动态知识图谱两种形式。DBpedia、YAGO、Freebase 等大型知识图谱的快速发展,为大量下游应用场景提供了数据支撑。从推荐系统、搜索引擎、智能问答、决策支持等技术方向,到军工、医药、金融、农业等行业都得到了重要且广泛的应用。但对客观事实表示的覆盖范围存在不足,使得这些依靠网络自动提取或者人工整理构建的知识图谱,通常存在不完整性问题,严重制约了下游应用性能的提高。因此,知识推理方法旨在从已有的知识中推断出潜在未知的知识,成为知识图谱研究领域的一个重要挑战。

人工智能专家系统由两大部分组成:知识建模和知识推理。同时,知识推理也是人工智能向具有更高决策能力的认知智能转变的关键技术。在知识图谱中,知识推理发现的新知识分为新的实体和新的关系两种形式。其中,关系推理(链接预测)又分为单步推理和多步推理。目前,知识推理的主要方法包括基于分布式的知识推理、基于路径的知识推理以及基于迁移学习和多智能体深度强化学习的知识推理。

(1)基于分布式的知识推理的主流模型有张量分解模型和嵌入表示模型。张量分解模型进行高维知识图谱的降维处理,降低了模型计算的复杂度,例如,Moniruzzaman 等[183]提出了一种新的张量分解模型,用于细粒度类型的知识推理,进一步提高了效率;Sedghi 等[184]将张量分解的思想用于泛型知识图谱补全。嵌入表示模型将知识图谱中三元组的网状语义信息映射到低维连续的向量空间中来学习实体和关系潜在的属性,向量之间的距离越近,对应的两个对象的相似程度越高,通过计算三元组的评分函数,进一步完成链接预测、事实预测等知识图谱的补全任务。第一个嵌入表示模型是 Bordes 等[114]在 2013 年提出的 TransE,接着研究人员相继提出 TransH、TransR、TransD 等改进模型。随后,嵌入表示模型的各种变体广泛应用于不同的领域和场景中,例如,Nie 等[185]提出了一个新的组合模型

TKGE，利用TransE和长短期记忆网络从数据的潜在特征中学习知识图谱的嵌入，实现对实体、关系和文本的推理；Zhang等[186]设计出结合嵌入学习和规则学习的新框架IterE，利用公理的演绎能力改进稀疏实体的嵌入，提高了链接预测的性能。上述知识推理模型具有复杂度低、可用性高、简单高效等优点。然而，基于分布式的知识推理模型存在许多缺陷和问题。首先，大多数模型只从向量、张量等数值角度分析知识图谱中的实体、关系等信息，导致缺少可解释性；其次，这些模型忽略了其他关键路径信息对推理结果的决定性影响以及多跳路径中实体之间的相关性，导致缺乏对关系进行推理的能力。

（2）基于路径的知识推理是将两个实体之间的路径规则蕴藏的信息引入知识推理中，通过计算实体间的路径关系权重来设计语义信息，以补全实体之间缺失的链接，提高了模型的推理性能。最经典的代表模型采用的是路径排序算法[108]，通过探索两个实体的一组路径信息来预测可能存在的特定关系。之后，研究人员相继提出了更多基于路径的知识推理模型，例如，Cai等[187]通过加入属性路径来说明实体之间的间接关系，设计出一种新的实体相关性度量方法，改善了实体链接任务。但是，传统基于路径的知识推理方法存在的缺陷严重制约了路径信息在推理任务中的效能。首先，它们可能对大量无效路径进行挖掘，出现误差累积问题，导致路径挖掘的成功率较低；其次，多数模型在处理数据稀疏路径时效果不好，计算成本较高，并且缺乏学习多步推理的能力。近年来，将强化学习算法引入基于路径的知识推理任务中迅速成为研究热点。Xiong等[188]在2017年提出了第一个结合深度强化学习的知识推理模型DeepPath，采用一个基于策略的智能体对知识图谱的空间环境进行推理，其中将知识图谱中的实体和关系分别作为环境中的状态空间和动作空间。然而，以DeepPath为代表的强化学习算法对路径搜索的程度和成功率较低。一方面，大多数模型采用单个智能体完成推理任务，效率不高，并且当单个智能体发生故障时，需要重新进行学习，进一步导致模型的鲁棒性较差；另一方面，智能体的动作空间存在大量无效动作，在进行单步推理和多步推理时选择无效动作会造成推理性能下降。

（3）为了解决上述问题，本章提出一种基于迁移学习和多智能体深度强化学习的知识推理方法（TMAPath），利用迁移学习完成知识图谱推理任务，并高效地加入多个智能体来提高模型学习的效率和鲁棒性。首先，在源域的预训练任务中，通过特殊的奖励机制学习单步推理能力；然后，迁移到目标域的微调训练任务中，多个智能体进行多步推理的学习；最后，在FB15K-237、NELL-995和WN18RR三个公开标准数据集上进行对比实验，结果表明，本章提出的方法相比于其他基准方法取得了最优性能，提高了知识推理的成功率。

本章的主要贡献总结如下：

（1）提出了TMAPath，在源域和目标域中将推理任务转换为序列决策问题，提高了智能体对关系路径中多步推理的能力,增强了推理的可解释性。

(2)在源域中,设计了一个特殊的奖励机制,并额外增加了一个特殊的网络用于三元组的预训练。奖励机制可以使模型学习到更多的事实三元组,类似于 TransE 训练三元组的网络可以提高对事实三元组的识别、增强向量的表示。消融实验结果表明,源域中预训练任务提高了单步游走对有效路径搜索的成功率,解决了误差累积和计算成本高的问题。

(3)在目标域中,提出了一种多智能体联合预测算法,使用全局智能体收集其他智能体的学习经验,更新全局网络参数,然后异步复制到其他本地智能体中,最大化多智能体系统的收益和最小化整体损失,有效提高了模型的鲁棒性和推理效率,降低了智能体在多步推理中对无效路径的选择。

6.2 相关工作

1.深度强化学习与多智能体的发展

近年来,强化学习作为处理序列决策问题的重要手段,通过具有自监督学习能力的智能体与未知环境进行交互,根据外界环境的状态依次采取相应的动作,依赖奖励机制获得最大奖赏值。早期的强化学习是从控制理论、心理学等学科演变而来的,主要有三条发展路线,包括通过试错方式进行学习、基于值函数和动态规划方法解决最优控制问题这两条主线,以及时序差分学习这一条暗线。三条发展路线在 20 世纪 80 年代后期交汇融合,形成了现代强化学习领域。强化学习模型通常采用感知-动作-学习的循环结构,如图 6.1 所示。

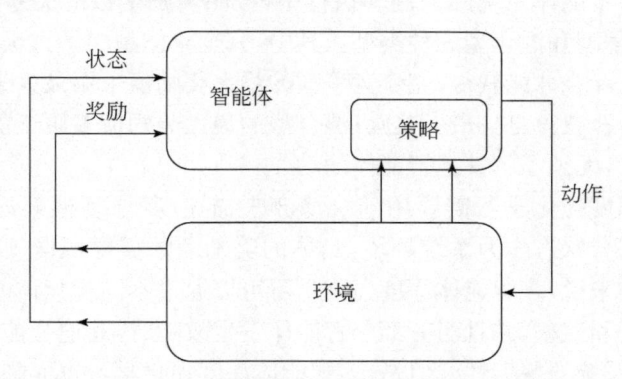

图 6.1 强化学习的感知-动作-学习循环结构图

智能体与环境每次交互都会生成对应的信息,然后利用这些信息及时更新自身的知识,以便学习到最优行为。因此,强化学习模型中的三个关键要素为状态、动作和奖励,其中奖励划分为正向激励奖励和负向惩罚奖励。强化学习是一个非常庞大的领域,根据不同的特点有许多不同的分类方法:第一,根据是否依赖环境模型分为基于模型的强化学习和无模型的强化学习;第二,根据策略更新分为基于价值的强化学习和基于策略的强化学习,其中基于价值的强化学习是对动作价值函数的优化,如 Q 学习[189]、深度 Q 网络[90];基于策略的强化学习直接对策略进行优化。这两类方法可以相互结合产生 Actor-Critic 算法和 QT-Opt 算法。

由于复杂性(如存储复杂性、计算复杂性等)较高,传统的强化学习模型只适用于低维度任务,在处理高维度状态空间任务时,容易产生维度灾难问题,缺乏可扩展性。但是,随着深度学习的发展及应用,深度学习和强化学习的结合为解决这些问题提供了新的方法。深度强化学习是指借助深度神经网络强大的函数接近和特征表示能力对强化学习中的状态、动作、策略、价值等函数进行拟合,有效解决了维度灾难问题。因此,深度强化学习实现了感知-决策的端到端学习,广泛地应用在自动驾驶、电子游戏、机械控制、推荐系统等领域。例如,Chen 等[190]将强化学习与模仿学习相结合,并在强化学习框架中设计了一个辅助网络,确保了端到端自动驾驶的稳定性;Ye 等[191]设计了用于多人在线战术竞技游戏的深度学习框架,成功地学习训练了游戏中复杂动作的控制策略;Liu 等[192]提出了一个深度强化学习框架来建模交互式推荐系统,有效改善了推荐系统的性能。

在深度强化学习的实际场景中,需要多个智能体策略的参与,包括群体智能、多机器人环境、多玩家游戏、分布式控制、博弈论等。因此,由多智能体系统和深度学习融合而来的多智能体深度强化学习成为一个值得探索的研究领域。而多智能体深度强化学习(multi-agent deep reinforcement learning, MADRL)是将深度学习的思想用于多智能体系统的控制和执行中,按照奖励函数的关系可以分为完全合作型、完全竞争型和混合型三种类型。其中,完全合作型的最大奖励值需要不同智能体之间相互配合才能获得;完全竞争型的最大奖励值采用最大最小化原则,智能体之间通过博弈获得自身最大奖励;混合型的最大奖励值多用于静态任务,智能体之间相互独立,无须了解其他智能体的动作。

多智能体深度强化学习需要用随机博弈来描述,其原理框架如图 6.2 所示。多个智能体的联合状态作为系统环境,具体的奖励函数需要根据领域环境和学习目标设计。总的来说,多智能体深度强化学习可以通过不同智能体并行工作,提高完成任务的速度和效率,并且当有部分智能体发生故障时,其他智能体可以替代执行任务,提高了系统的鲁棒性。但是,多智能体深度强化学习也面临一些问题和挑战,随着智能体数量的增多,系统的复杂性呈指数级增长,并且每个智能体同时受到环境和其他智能体的多重影响,导致难以定义学习目标,而且难以收敛到一个最优解。

第6章 基于迁移学习和多智能体深度强化学习的知识推理方法

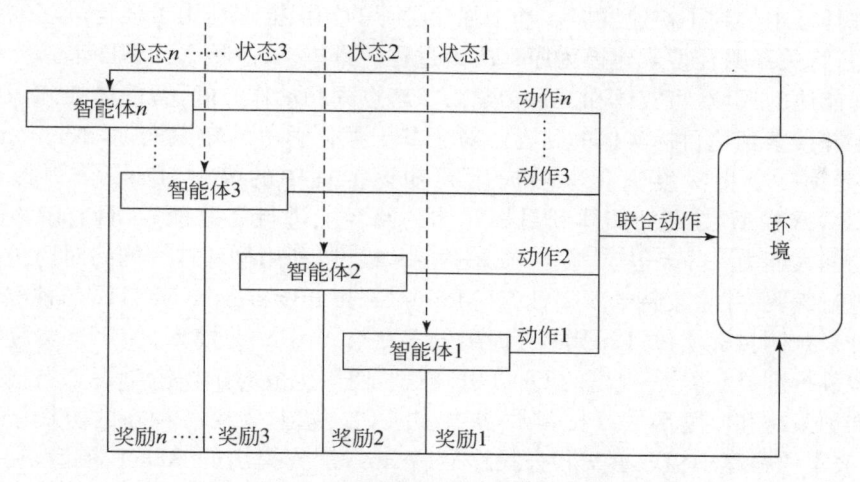

图6.2 多智能体深度强化学习的原理框架

2. 强化学习中的迁移学习

一方面,在强化学习的智能体处理比较复杂的状态空间或动作空间时,智能体只能从头开始学习,学习过程中需要采集足够多的交互数据才能提高模型的性能。由于外界环境的不确定性,智能体与环境的交互难以直接获得,并且这种局部交互在许多实际应用中会消耗大量的资源和时间。另一方面,一个通用的智能体必须具有快速高效解决不同领域和任务中强化学习问题的能力。但面对一个全新的领域,智能体可以学习的训练数据严重不足,导致无法解决这些问题。基于此,将迁移学习应用到强化学习领域越来越受到人们的广泛关注。

迁移学习是从源域中获得更多的知识,以解决目标域中训练数据不足的问题。根据源域和目标域之间任务的不同,迁移学习可以分为三类:归纳式迁移学习、无监督迁移学习和直推式迁移学习。强化学习任务中的迁移学习又称为迁移强化学习[187],迁移强化学习的首要条件是需要保证进行知识迁移的源域和目标域之间的相似性,以避免负迁移的发生。

迁移强化学习可以从以下三个目标改进累计奖励,包括学习速度提升、渐近提升和快速启动提升。学习速度提升是通过迁移源域中足够多的先验知识来减少目标域与外界环境的交互;渐近提升是衡量最终性能的提升;快速启动提升是通过学习过程初始时性能的改进来衡量的。

3. 强化学习在知识推理中的发展

近年来,由于具有学习路径推理能力和良好的可解释性,强化学习在知识图谱的推理任务中得到了快速发展。基于强化学习的知识推理利用了强化学习的强大决策力,将关系路径搜索建模为序列决策过程。具体来说,整个知识图谱作为强化学习智能体的环境,将实体和关系构建为状态空间和动作空间,智能体在知识图谱上游走并搜索到达目标实体的路径。对于基于强化学习的知识推理,DeepPath 模型[188]是第一个将深度强化学习应用到知识推理中的模型;Das 等[193]提出的 MINERVA 模型,在起始实体到目标实体的路径上进行高效搜索,具有解决未知答案的强大能力;Shen 等[194]提出的 M-Walk 模型,利用循环神经网络对历史关系路径进行编码,并将蒙特卡罗树搜索(Monte Carlo tree search,MCTS)与神经策略相结合来预测目标实体;Liu 等[195]提出的多跳(multi-hop)模型,使用软奖励机制进行多跳推理;Li 等[196]提出的 DIVINE 模型,使用生成对抗模拟学习来自适应地学习推理策略和奖励函数;Fu 等[197]提出的 CPL 模型,采用一种新的协作策略框架,从文本语料库中提取事实和查找路径;Wang 等[32]提出的 ADRL 模型,利用自注意力网络推断实体和关系的权重,并在强化学习中使用 Actor-Critic 算法,提高了模型推理的效率;Li 等[198]提出的 MemoryPath 模型,在深度学习框架中增加了一个结合长短期记忆网络和图注意力机制的记忆组件,解决了强化学习知识推理过程中对预训练严重依赖的问题;Tiwari 等[199]提出的 DAPath 模型,采用图自注意力机制和门控循环单元相结合的方式来处理关系路径中的记忆成分,消除了智能体的预训练过程或微调过程。

6.3　模型设计

为了解决知识图谱推理中缺乏多步推理能力与可解释性、存在大量无效动作与路径,以及模型效率与鲁棒性较差等问题,本章提出 TMAPath。具体而言,在源域的预训练任务中,单个智能体学习单步推理能力;在目标域的微调训练中,通过迁移学习进行多个智能体的多步推理训练,提高了智能体的推理能力和效率。本节首先介绍知识图谱推理的背景和问题定义,然后详细介绍 TMAPath 中的强化学习模型框架,最后描述基于迁移学习的模型训练。

6.3.1　背景和问题定义

给定一个具有不完整性的知识图谱 $G=\{(h,r,t)|h,t\in E,r\in R\}$,其中,$E$ 和 R 分别表示知识图谱中的实体集合和关系集合,h、r、t 分别表示头实体、关系和尾实体。知识图谱推理主要包括链接预测和事实预测。其中,链接预测主要是根据头实体信息推断缺失的关系和尾实体;事实预测是直接判断一个未知的完整事实三元组是否存在。在链接预测视角下,知识推理任务定义如下:在给定知识图谱 G 中,假设存在未知关系路径的三元组 $G_R=(h_R,?,t_R)$,此时知识推理的目标是在给

定头实体 h_R 和尾实体 t_R 条件下,预测实体之间缺失的关系 r,即 $(h_R, ?, t_R) \rightarrow (h_R, r, t_R)$;假设在 G 中存在未知尾实体的三元组 $G_T = (h_T, r_T, ?)$,此时知识推理的目标是从头实体 h_T 开始,通过不同的关系路径来推断未知实体 t 是否存在,即 $(h_T, r, ?) \rightarrow (h_T, r_1, t_1) \rightarrow \cdots \rightarrow (h_T, r_T, t)$,对找到的所有可能路径进行排序产生多个候选答案。

任务背景是依赖源域和目标域之间的域间映射,实现不同域之间马尔可夫决策知识推理过程的迁移学习。对于具有高维状态空间或者连续动作的强化学习推理任务,训练过程需要大量的样本,且样本中存在的无效路径会增加计算成本,减缓对目标的收敛速度。根据迁移学习的原理,直接利用源域的训练参数可以减少目标域中推理过程的复杂性,但是应用的充要条件是源域和目标域之间具有一定的相似性,否则可能出现负迁移等风险。

6.3.2 基于强化学习的模型框架

本章提出 TMAPath,该方法采用的基本思想是基于模型的域间迁移学习。TMAPath 模型原理图如图 6.3 所示,该模型主要由源任务模块和目标任务模块两部分组成。其中,源任务模块和目标任务模块拥有不同的状态-动作空间,但源域环境和目标域环境各自对应的数据源具有高度的相似性。首先,在源域的单步推理任务中不断改变和调整模型的参数,从源域的马尔可夫决策过程学习这些共享

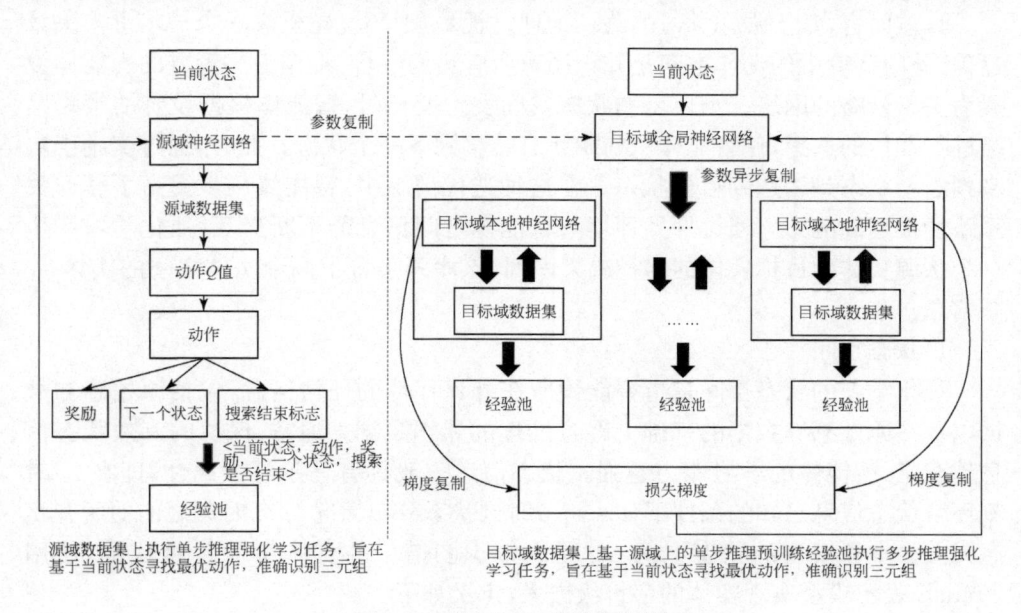

图 6.3 TMAPath 模型原理图

参数,然后利用共享参数对目标域中的马尔可夫决策过程进行初始化,以改进目标域任务中多步推理的学习能力和速度。

1. 深度强化学习环境建模

在深度强化学习中,将知识图谱推理中路径搜索的过程当作马尔可夫决策过程。马尔可夫决策过程描述的是通过当前状态和动作来预测下一个状态和预期奖励,并且下一个状态不一定是固定不变的。强化学习智能体的状态转移和动作选择都是在整个知识图谱中完成的,所以需要对知识图谱进行深度强化学习的环境建模,环境在整个训练过程中保持一致性。若给定一个关系 r_0,则一个由 RDF 事实三元组构成的环境集合定义为

$$G_{r_0} = \{(h,r,t) | h,t \in E, r \in R, r \neq r_0, r \neq r_0^{-1}\} \tag{6.1}$$

其中,G_{r_0} 表示不包含关系 r_0 及其逆关系 r_0^{-1} 的智能体环境。

本章设计了一个支持反向路径搜索的算法,将推理过程形式化为一个决策过程:

$$D_{RL} = <S_M, A_M, P_M, R_M, \gamma> \tag{6.2}$$

其中,S_M 表示智能体的状态空间,可能是有限的集合空间,也可能是连续无限的空间;A_M 表示智能体的动作空间;P_M 表示智能体的奖励函数;R_M 表示智能体的状态转移策略;γ 表示折扣系数;D_{RL} 表示深度学习中的马尔可夫决策过程。

具体而言,基于强化学习的路径推理过程是:把环境建模成一个马尔可夫决策过程,其中环境中的动作空间是知识图谱所有边的集合,将作为决策方的智能体设置为基于策略的网络。当环境的状态空间发生变化时,智能体根据设定的策略网络进行动作的选择,使智能体从初始状态转移到下一个状态。此时,通过奖励函数来判断新状态是否达到目标状态。在这种迭代训练中,智能体逐步提高了学习关系路径推理的能力。通过外界环境与智能体之间信息的不断交互,强化学习产生一个从源实体到目标实体的路径决策序列,该序列包含了两个实体之间的实体-关系信息。

1) 状态空间

强化学习的状态空间是指智能体所在外界环境的任何信息,包括原始感知数据以及在原始感知数据的基础上经过处理的累积数据。通常,保留的有效状态信息越充足,智能体的学习能力越强。状态信息一般具有马尔可夫属性,即在 t_0 时刻环境状态信息已知的条件下,$t(t>t_0)$ 时刻状态分布情况与 t_0 时刻之前的所有状态无关。本章模型的状态空间 S_M 是由知识图谱中的实体集合 E 组成的,使用 TransE 表示模型实现实体的字符级嵌入,定义如下:

$$s(t) = \text{TransE}(e_t) \tag{6.3}$$

其中,e_t 表示 t 时刻的实体;$s(t)$ 表示 t 时刻的状态向量。

在深度强化学习的模型中,每一个状态信息需要捕捉智能体在知识图谱中的实体位置,在选择一个动作之后,模型的状态变化是指智能体依赖关系路径转移到另一个实体位置中。因此,给定起始时间 t_0 时刻智能体在实体 e_0 中的位置和结束时间 t_{target} 时刻智能体在目标实体 e_{target} 中的位置,状态变化的形式化表示如下:

$$S_M = \{\text{TransE}(e_0), \text{TransE}(e_{target})\} \tag{6.4}$$

2)动作空间

动作就是智能体在获取外界环境所处状态后采取的反馈行动,表现形式上可以是离散的,也可以是连续的。对于知识图谱推理任务,一个动作是指智能体从知识图谱的关系集合中选择一个输出路径来前进,动作空间的数量取决于当前实体的邻接实体数量。在某个确定关系中,给定一组实体对(e_{source}, e_{target}),利用强化学习智能体在实体间游走的方式实现状态转移,寻找出最优信息量的有效路径来链接这组实体对,从而完成头实体到目标实体间的推理任务。本章考虑将一个实体及其输出关系编码为一个候选动作,排除当前实体的动作与上一个状态下实体和关系的联系。从头实体 e_{source} 开始,智能体使用奖励来选择关系 r 链接到下一个实体,经过多个动作选择从而到达目标实体 e_{target}。大量研究表明,将每个关系的逆关系加入动作空间中,不仅可以使智能体学会逆推理并发现一些隐含的推理信息,而且可以使智能体自动撤回一些错误决策。因此,本章将所有关系的逆关系加入动作空间中,表示如下:

$$A_M = \{r_1, r_1^{-1}, r_2, r_2^{-1}, \ldots, r_{|R|}, r_{|R|}^{-1}\} \tag{6.5}$$

其中,r_i^{-1} 表示关系 r_i 的逆关系;R 表示动作的数量。

在深度强化学习框架中,存在两种不同的动作,即有效动作和无效动作。有效动作是指已经存在且具有潜在可能的关系来拓展当前的实体路径,无效动作是指与当前实体链接不存在的关系。

3)奖励函数

在强化学习中,奖励是智能体感知到状态变化并采取动作后获得的奖赏值,具体根据实际场景应用来设置奖励机制,包括正向激励函数和负向惩罚函数。在知识图谱推理中,智能体完成一次完整的任务或者任务失败,环境都会反馈智能体不同程度的奖励。智能体根据给予的奖赏值来更新自身策略,以实现最大化奖励的目标。本章提出的模型分为源域的预训练和目标域的微调训练,依据两个不同的任务采取多样化的奖励函数,在 6.3.3 节中将进行详细介绍。

4)状态转移

状态转移是指智能体依据当前状态做出动作后转移到下一个状态的概率分布。在知识图谱环境中,智能体处在当前实体 e_t 的位置上,选择一个与当前实体 e_t 相连的关系作为下一步动作,使智能体转移到下一个实体 e_{t+1} 位置上。状态转移函数定义为

$$f:p\{s_{t+1}|(s_t,a),s\in S_M,a\in A_M\} \quad (6.6)$$

其中，s_t 表示当前状态；s_{t+1} 表示下一个实体的新状态；a 表示采取的某一个动作；设置一个特殊的终止动作 a_{stop}，表示智能体不再选择任何新的关系，并终止状态转移。

2. 模型原理

1) 深度双 Q 网络

无论是源域的单个智能体，还是目标域的多个智能体，本章的 TMAPath 模型采用深度双 Q 网络思想完成 Q 值生成网络。在使用非线性函数接近器表示 Q 函数时，传统的 Q 学习算法表现出不稳定性，因此利用拥有经验复用池的双 Q 网络可以很好地解决这个问题。智能体将有学习经历的样本存储到经验复用池中，然后均匀采样小批量样本用于 Q 学习的更新；同时，双 Q 网络使用在线网络 $Q(s,a;\theta_i)$ 和目标网络 $Q(s,a;\theta_i^{-1})$ 实现参数的更新。这两个神经网络具有相同的结构，目标 Q 值计算定义为

$$y_t^{\text{DQN}} = r_t + \gamma \max_{a'} Q^-(s_{t+1},a',\theta^-) \quad (6.7)$$

通过最小化在每一次迭代 i 处改变时的损失函数来训练 Q 网络，损失函数的定义如下：

$$L_i^{\text{DQN}}(\theta_i) = E_{s,a\sim\rho(\cdot)}[(y_t^{\text{DQN}} - Q(s,a;\theta_i))^2] \quad (6.8)$$

其中，ρ 为经验回放缓冲区。

然而，传统双 Q 网络在知识推理中对动作价值存在过高估计的问题，导致 Q 学习的性能较差。因此，本章运用深度双 Q 网络原理，在选择和评估两个阶段分别使用两个不同的网络。在计算 Q 值函数时，通过当前 Q 网络参数 θ 选择动作，继而通过目标 Q 网络参数 θ^{-1} 对动作进行估计[200]，其目标 Q 值的计算公式如下：

$$y_t^{\text{DDQN}} = r_t + \gamma Q(s_{t+1}, \arg\max_a Q(s_{t+1},a';\theta);\theta') \quad (6.9)$$

其损失函数的计算公式定义为

$$L_i^{\text{DDQN}}(\theta_i) = E_{s,a\sim\rho(\cdot)}[(y_t^{\text{DDQN}} - Q(s,a;\theta_i))^2] \quad (6.10)$$

2) 多智能体深度强化学习模块

多智能体深度强化学习模块主要负责目标域中的多步推理训练任务，并采用一种多智能体的联合预测算法，其结构如图 6.4 所示。

多智能体的联合预测算法使用与异步优势 Actor-Critic 算法类似的布局结构，包括一个全局智能体和多个本地智能体。全局网络中的智能体和本地网络中的智能体都处在相同的环境和参数中，但本地网络和全局网络之间存在参数传递机制，并且每个智能体收集到的三元组是不相同的。具体而言，多个本地智能体在分布式环境下学习模型参数，每个本地智能体会周期性地暂停学习，将它们在平行训练中学习得到的梯度信息等经验汇总至全局智能体中；而全局智能体会在更新参数

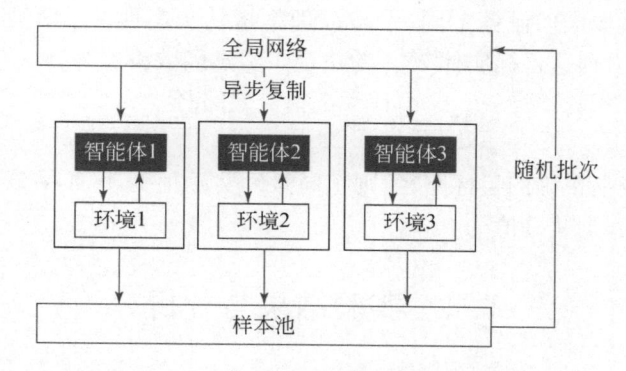

图 6.4 多智能体的联合预测算法结构

的时候将各本地智能体的梯度累加到自身梯度上,完成全局网络参数的更新,接着会采用异步更新的方式将全局网络参数复制到其他本地网络中,形成一种全局-本地联合预测的强化学习算法。

多智能体的联合预测算法在目标域的微调训练中具有较大优势。首先,该算法具有较好的稳定性,强化学习的不稳定很大程度上是因为通过强化学习得到的一系列数据具有相关性,该算法采用了异步复制的方式打破了数据间的相关性,多个智能体在搜索阶段随机选择动作学习经验,接着依赖这些经验学习一个最优动作,从搜索到学习过程完全不一样,降低了智能体之间的样本相关性。然后,不同的智能体分别采用不同的搜索阶段参数,从而增加了全局搜索的多样性,有效提高了模型的鲁棒性和推理效率,降低了智能体在多步推理中对无效路径的选择。

在联合测试中,本章将全局智能体作为测试主体。虽然全局智能体和本地智能体之间的网络是一样的,理论上任何一个智能体都可以作为预测主体,但是实际上全局智能体的参数更新频次比本地智能体更高,并且部分梯度来源于各个智能体的汇总,所以其综合效果比本地智能体更好。

6.3.3 基于迁移学习的模型训练

1. 源域的预训练

在源域的预训练中,智能体主要学习单步推理,以完成对有效路径的选择。在生成的训练数据集中,将状态空间中的所有三元组 (h,r,t) 拆分为两个二元组 (h,r) 和 (t,r^{-1}),支持开展正向路径搜索和反向路径搜索。若智能体在状态 $s(t)$ 下选择了有效路径,则给予智能体正向激励奖励值 1,否则不给予任何奖励。

2. 目标域的微调训练

在微调训练中,将智能体在源域中学习到的共享参数迁移到目标域的多步推理任务中。与单步推理任务不同,多步推理是指从头实体 e_{source} 开始,经过多条路径的选择,搜索出到达目标实体 e_{target} 的路径。奖励函数设置为

$$P_M = \begin{cases} 1, & \text{选择有效路径} \\ 0, & \text{其他} \end{cases}$$

如果该路径是正确的目标路径,则正向激励奖励值为 1;如果该路径是其他不正确的目标路径,则奖励值为 0。

6.4 实验结果与分析

1. 数据集

为了验证 TMAPath 模型的有效性,本节采用 FB15K-237、NELL-995 和 WN18RR 作为实验的数据集,这三个数据集都是知识推理任务中公开的基准数据集。其中,FB15K-237 是开源数据库 Freebase 的子集,是在 FB15K 的基础上删除冗余关系得到的,包含 237 种关系、14505 个实体以及 310116 个事实三元组;NELL-995 是卡内基梅隆大学基于结构化全科知识图谱 NELL(never-ending language learner)系统的第 995 次迭代产生的,包含 200 种关系、75492 个实体以及 154213 个事实三元组;WN18RR 是大规模英语词汇知识图谱 WordNet 的子集,是在 WN18 的基础上去除冗余关系得到的,包含 11 种关系、40493 个实体以及 93003 个事实三元组。数据集的统计信息如表 6.1 所示。

表 6.1 数据集的统计信息

数据集	关系数	实体数	事实数	平均度数	中位数度数
FB15K-237	237	14505	310116	19.74	14
NELL-995	200	75492	154213	4.07	1
WN18RR	11	40493	93003	2.19	2

2. 参数设置

为了更好地验证本章提出模型的性能,所有实验都在相同的环境和数据集中进行。实验采用基于多智能体深度强化学习机器的学习架构,在 Ubuntu18.04LTS 操作系统中,实验的软件工具为 PyCharm Community 2021.1,图形处理器类型为 NVIDIA Tesla K80,计算机内存为 8GB,Python 的版本为 Python 3.6.8。实验训练采用迁移学习的方式,在源域的预训练中,学习率设置为 0.01,知识图谱的嵌入维度设置为 128,批大小设置为 64,训练 10 轮次;在目标域的微调训练中,

学习率设置为 0.001，知识图谱的嵌入维度设置为 128，批大小设置为 64，训练 200 轮次。

本章分别将三个数据集分为训练集和测试集两组数据，进行重复优化实验得到最佳结果。在源域的预训练中，每个数据集的 80% 作为训练集，20% 作为测试集；在目标域的微调训练中，每个数据集的 70% 作为训练集，30% 作为测试集。

3. 基线方法

为了验证本章知识推理方法的有效性，将提出的 TMAPath 模型与基于分布式的知识推理模型、基于路径的知识推理模型和基于强化学习的知识推理模型三种模型进行比较。具体而言，基于分布式的知识推理模型包括 TransE、TransH、TransR 和 TransD，基于路径的知识推理模型包括路径排序算法（path-ranking algorithm，PRA），基于强化学习的知识推理模型包括 DeepPath_TransE、DeepPath_TransD、DeepPath NoPre、DIVINE(DeepPath)、AttnPath 和 AttnPathForce。

(1) TransE：一种经典的表示学习算法，依据平移不变现象将知识图谱中的实体和关系映射到同一个向量空间中，以保存知识图谱内部的结构信息。

(2) TransH：为了克服 TransE 无法处理多对一、多对多等复杂关系的缺陷，TransH 将同一个实体的不同关系进行不同的表示。

(3) TransR：分别在实体空间和多个关系空间中构建实体和关系，并在对应的关系空间中进行转换。

(4) TransD：对每个实体和关系采用两个向量进行表示，一个向量表示实体或关系的语义，另一个投影向量用于构建映射矩阵。

(5) PRA：利用随机游走执行对知识图谱特定信息路径的限制搜索，查询两个实体之间存在相关关系的概率，解决了无法区分边类型的问题。

(6) DeepPath_TransE：一种用于学习多跳关系路径推理的强化学习模型，设计了基于策略的奖励函数（包括准确性、多样性和效率）。作为最原始的 DeepPath 模型，状态空间是使用 TransE 初始化的。

(7) DeepPath_TransD：与最原始的 DeepPath_TransE 模型不同，状态空间是使用 TransD 初始化的。

(8) DIVINE(DeepPath)：一种基于生成式对抗模仿学习的深度学习模型，使得现有强化学习算法实现自我学习推理策略和奖励函数。

(9) AttnPath：将长短期记忆网络和图注意力机制作为记忆组件，以缓解模型对预训练的依赖，并在强化学习框架下实现模型的微调。

(10) AttnPathForce：在 AttnPath 的基础上增加了强制游走机制的方法。

6.5 对比实验与消融实验

本节重点讨论和分析知识推理中的三个对比实验,分别是路径搜索实验、事实预测实验以及链接预测实验,并讨论分析消融实验。

1. 路径搜索实验

为了验证模型路径学习的能力,本节在路径搜索成功率上进行了对比实验,将 TMAPath 模型与同类强化学习算法中的 DeepPath 模型和 AttnPath 模型的性能进行了比较。将路径搜索的总成功率作为评估指标,定义为

$$\text{TSR} = \frac{\text{suc}_{\text{edge}}}{\text{sum}_{\text{edge}}} \tag{6.11}$$

其中,suc_{edge} 表示路径搜索中预测正确边的数量;sum_{edge} 表示路径搜索的总边数;TSR 表示路径搜索的总成功率(total success rate,TSR),数值越高说明模型的性能越好。路径搜索实验结果如表 6.2 所示。

表 6.2 路径搜索实验结果 单位:%

模型	FB15K-237	NELL-995	WN18RR
DeepPath	15.301	30.09	27.89
DeepPath NoPre	6.103	22.73	24.462
AttnPath	17.899	30.11	28.935
AttnPathForce	30.330	48.089	29.340
TMAPath	47.126	48.008	45.00

如表 6.2 所示,DeepPath NoPre 表示 DeepPath 模型删除预训练过程的版本,AttnPathForce 表示 AttnPath 模型增加强制游走机制的版本。路径搜索实验的结果分析如下。

(1)预训练过程有利于提高模型路径搜索的能力。在三个数据集中,DeepPath 模型的路径搜索成功率远高于删除预训练过程的 DeepPath NoPre 模型,进一步验证了在强化学习中提前学习预训练模块中的参数和经验,可以提高智能体学习路径推理的性能。

(2)强制游走机制可以提高智能体选择有效路径的效率。AttnPathForce 模型在三个数据集上的路径搜索成功率比 AttnPath 模型更好,体现了增加强制游走机制的意义,强制智能体向前每走一步避免选择无效路径,防止智能体不断卡在一个节点中。

(3）相比于其他强化学习模型，本章提出的迁移学习 TMAPath 模型在路径搜索成功率上有显著提升，尤其是在 FB15K-237 和 WN18RR 数据集中，较表现最好的 AttnPathForce 模型分别提升了 16.79% 和 15.66%。其主要原因是：在源域的预训练中，增加了识别事实三元组的方法，提高了智能体单步游走对有效路径挖掘的成功率，进而改善了目标域中多步推理的能力。

2. 事实预测实验

作为知识推理的一项下游任务，事实预测的目的是区别一个未知的事实是真是假，事实预测的任务旨在预测给定的三元组(e_h, r, e_t)是否正确，即需要判断头实体和尾实体之间是否存在关系 r。事实预测不对目标实体进行排序，而是直接对特定关系的所有正样本和负样本进行排序，实验采用的 FB15K-237、NELL-995 和 WN18RR 这三个数据集已经提供了负三元组样本，一般正三元组样本和负三元组样本的比例约为 1∶10。根据三元组是否符合有效路径作为打分依据，通过在测试集中分数的累积进行排名，MAP(mean average precision，平均精度)作为评估指标，分数越高，表明三元组为正样本的可能性越大。本章提出了一种使用迁移强化学习的打分方式，不按照其他文献中只依据边的正确作为打分依据，而是依据边和尾实体的整体结果作为打分依据。这种只关注三元组结果的打分机制在计算时简单高效，使损失方式更能约束模型学习到正确的三元组。事实预测实验结果如表 6.3 所示，其中，TMAPath 模型后的 1、10 等数字表示实验中的测试次数。

表 6.3 事实预测实验结果

模型	MAP		
	FB15K-237	NELL-995	WN18RR
TransE	0.276	0.383	0.293
TransH	0.298	0.385	0.320
TransR	0.301	0.406	0.288
TransD	0.301	0.413	0.310
PRA	0.215	0.275	0.198
DIVINE(DeepPath)	0.338	0.493	0.361
DeepPath_TransE	0.310	0.493	0.373
DeepPath_TransD	0.313	0.533	0.414
DeepPath NoPre	0.310	0.446	0.379
AttnPath	0.315	0599	0.451
AttnPathForce	0.381	0.692	0.512
TMAPath-1	0.356	0.478	0.385

续表

模型	MAP		
	FB15K-237	NELL-995	WN18RR
TMAPath-10	0.391	0.512	0.468
TMAPath-20	0.408	0.524	0.594
TMAPath-50	0.467	0.702	0.609

表 6.3 的实验结果表明,本章提出的 TMAPath 模型在三个数据集上的事实预测表现均优于其他基线方法。其中,随着测试次数的不断提高,模型的事实预测效果不断变好,最终在测试次数为 50 时整体性能达到最佳,在 FB15K-237 上的结果约为 0.467,在 NELL-995 上的结果约为 0.702,在 WN18RR 上的结果约为 0.609。这表明,TMAPath 模型提高了强化学习框架的鲁棒性和准确性,有利于知识推理性能的改善。

3. 链接预测实验

作为知识推理中一个重要的研究问题,链接预测的目的是预测目标实体。在给出头实体-关系的二元组(e_h, r)条件下预测出尾实体e_t,通过给候选尾实体打分进行排序。在链接预测实验中,一个二元组产生 1 个事实实体和 10 个虚假实体,数据集划分为训练集和测试集,将推理出的路径作为二值特征,在训练集中预训练一个分类器,并将其应用在测试集的尾实体打分中。本节使用 MRR 和 Hits@10 作为评价指标,MRR 用于衡量智能体对尾实体排序的能力,而 Hits@10 也是衡量排序的指标,前 10 个动作中只要存在 1 个动作命中尾实体,则认为 Hits@10 是正确的。链接预测实验结果如表 6.4 所示。

表 6.4 链接预测实验结果

模型	FB15K-237		NELL-995		WN18RR	
	MRR	Hits@10	MRR	Hits@10	MRR	Hits@10
TransE	0.240	0.471	0.371	0.671	0.488	0.892
TransH	0.285	0.585	0.375	0.713	0.488	0.867
TransR	0.257	0.655	0.406	0.772	0.486	0.917
TransD	0.241	0.742	0.315	0.801	0.487	0.925
PRA	0.311	0.792	0.442	0.844	0.479	0.911
DIVINE(DeepPath)	0.293	0.747	0.442	0.834	0.486	0.923
DeepPath_TransE	0.442	0.809	0.467	0.881	0.482	0.910

第 6 章　基于迁移学习和多智能体深度强化学习的知识推理方法　　· 107 ·

续表

模型	FB15K-237 MRR	FB15K-237 Hits@10	NELL-995 MRR	NELL-995 Hits@10	WN18RR MRR	WN18RR Hits@10
DeepPath_TransD	0.451	0.824	0.462	0.871	0.510	0.963
DeepPath NoPre	0.443	0.811	0.456	0.860	0.477	0.901
AttnPath	0.473	0.865	0.459	0.873	0.476	0.899
AttnPathForce	0.475	0.878	0.471	0.895	0.469	0.891
TMAPath-1	0.136	0.794	0.237	0.833	0.404	0.871
TMAPath-10	0.128	0.839	0.217	0.867	0.423	0.893
TMAPath-20	0.125	0.844	0.203	0.899	0.412	0.922
TMAPath-50	0.114	0.864	0.200	0.911	0.435	0.925

从表 6.4 的实验结果得出,本章方法在 NELL-995 数据集上的 Hits@10 指标达到了最佳性能,在其他数据集上也达到了不错的效果。本章提出的 TMAPath 模型相比于基于分布式的知识推理模型、基于路径的知识推理模型、基于强化学习的知识推理方法中的 DeepPath 模型,在知识推理中的性能有了较大提升。

4. 消融实验

为了证明模型中各个模块的作用,本节对 TMAPath 模型进行了消融实验研究,通过删除某些模块来重新训练知识推理,具体的实验如下。

(1) 删除源域预训练模块。

为了探究源域预训练对模型的影响,本节直接在目标域进行强化学习训练,得到 TMAPath-Target 模型,在训练结束后将该模型用于路径搜索实验和单步游走实验。

(2) 删除目标域微调训练模块。

为了研究目标域微调训练对模型的影响,本节直接在源域进行预训练,得到 TMAPath-Pre 模型,在训练结束后将该模型用于路径搜索实验和单步游走实验。

本节将删除部分模块产生的两个残缺模型与 TMAPath 原模型在 NELL-995、FB15K-237 两个数据集上进行了路径搜索和事实预测的对比实验。迁移学习的消融实验结果如表 6.5 所示,其中在路径搜索实验中,三个模型继续采用路径搜索成功率作为评估指标;在事实预测实验中,三个模型的实验测试次数统一设置为 1。

表 6.5　迁移学习的消融实验结果

模型	预训练任务	微调训练任务	NELL-995 路径搜索实验	NELL-995 事实预测实验	FB15K-237 路径搜索实验	FB15K-237 事实预测实验
TMAPath-Pre	√	×	0.231	0.301	0.102	0.119
TMAPath-Target	×	√	0.310	0.371	0.253	0.213
TMAPath	√	√	0.480	0.478	0.471	0.356

由表 6.5 的实验结果可知,TMAPath-Pre 模型在所有实验结果中表现都非常差,主要是因为在源域的预训练中,仅进行了单步推理的训练,缺乏多步推理的能力,导致整体知识推理效果下降严重,进一步说明了强化学习中只依靠单步推理进行路径挖掘的效率不高,需要多步推理来提高推理效果。而 TMAPath 原模型相比于 TMAPath-Target 模型的实验结果都有了明显的提升效果,在路径搜索实验中分别提高了 17.0% 和 21.8%,在事实预测实验中分别提高了 10.7% 和 14.3%,说明了通过迁移学习的预训练任务,改善了强化学习框架中多步推理的能力,进一步提高了模型知识推理的性能。

6.6　本章小结

本章提出 TMAPath,该方法将源域和目标域中的推理任务转换为序列决策问题。首先,通过增设一个包含特殊三元组预训练网络和奖励机制的源任务模块,帮助智能体学习单步推理能力,并调整好模型的参数;然后,通过迁移学习的方式,在目标域的微调训练中学习这些共享参数;最后,在三个公开标准数据集上进行了路径搜索、事实预测、链接预测的对比实验以及迁移学习的消融实验,实验结果验证了 TMAPath 模型优秀的推理性能。

第7章　融合门控循环单元和图神经网络的知识图谱序列推荐算法

7.1　引　　言

在序列推荐算法中,目前具有代表性的方法包括基于马尔可夫链的方法和基于循环神经网络的方法。基于马尔可夫链的方法假设用户的下一个行为依赖用户的前一个(或前几个)行为,成功应用于短期变化的物品推荐中。例如,Cai 等[107]提出了一种社会感知个性化的马尔可夫链模型,在处理稀疏数据集的用户冷启动问题上取得了优秀的性能表现。该方法通过简单的假设在高度稀疏的条件中表现良好,但是在更加复杂的应用场景中无法捕捉到高度变化的动态信息。同时,在马尔可夫独立假设条件下,过去相互作用的独立组合会降低推荐结果的性能。基于循环神经网络的方法将用户-物品交互信息编码为隐藏向量,通过隐藏向量状态预测用户的下一步操作,有利于信息状态的保存和更新。例如,Nathani 等[201]提出了一种用于关系预测的基于注意力的广义图嵌入方法,利用循环神经网络捕捉长期依赖关系,再利用卷积神经网络的卷积操作提取隐藏状态中的短期序列关系。然而,循环神经网络从交互序列中显式地捕捉数据中的复杂转换或更细粒度用户兴趣的能力具有局限性,难以充分建模用户的时间信息和上下文信息,并且需要大量高密度数据的训练才能取得一定的推荐效果。

近年来,有研究者将知识图谱作为辅助信息用于序列推荐任务中。目前,知识图谱的建模方法主要分为基于路径的方法和基于图嵌入的方法[202]。基于路径的方法需要定义数量较多的元路径,不能应用于大规模的知识图谱中。基于图嵌入的方法缺少归纳能力,在新节点出现时,需要学习整个图的特征表示,而且该方法中图的特征表示与下游任务不相关,下游任务的结果无法优化图的特征表示。同时,这两种方法都没有建立图的高阶连通性。因此,有研究者不断改善知识图谱应用于序列化推荐任务的方法。Huang 等[80]提出了一种知识增强的序列推荐器,首次利用大规模知识库信息将序列推荐器与外部存储器集成在一起。Lin 等[203]将会话序列构建为会话图,通过图神经网络与键值记忆网络(key-value memory network,KV-MN)的结合进行推荐。Zhu 等[204]将用户-物品二分图和知识图谱组合成一个统一的图,利用图注意力网络建模节点的传播。

针对传统序列推荐算法存在的无法在复杂条件下捕捉细粒度的动态用户偏好、无法建立图的高阶连通性等问题，本章提出融合门控循环单元和图神经网络的知识图谱序列推荐（KGSR-GG）算法，在实时捕捉推荐系统中动态信息的前提下，通过用户-物品交互信息和知识图谱的特征融合，提高了推荐结果的准确性。本章主要贡献如下。

（1）构建了用于聚合用户信息、物品信息端到端学习特征的图卷积网络框架，并在图卷积网络的输入、输出两端引入残差连接机制，通过双向门控循环单元网络能够将物品序列和知识图谱实体序列融合为短期兴趣建模，解决了传统序列推荐算法无法捕捉复杂条件下动态信息的问题。

（2）针对知识图谱应用于序列推荐算法中无法建立高阶连通性的问题，本章提出一种融入物品属性知识图谱中高阶语义关系的序列推荐算法，通过引入丰富的语义信息提高了推荐结果的准确率。

（3）将 KGSR-GG 算法与其他基准方法在数据集 MovieLens-1M 和 Book-Crossing 上进行对比实验，其中，在召回率、MRR、NDCG、命中率和准确率方面的结果都有明显的提升。

7.2 相关工作

1. 序列化推荐

20 世纪 90 年代是推荐系统发展的关键时期。1990 年，哥伦比亚大学教授 Jussi Karlgen 在自己的一份报告中首次提及推荐系统。1992 年，Goldberg 等[205]提出了第一个协同过滤推荐系统 Tapestry，该系统基于用户文档中的内容进行信息过滤。1994 年，Resnick 等[206]设计出用于网络新闻的协同过滤系统 Grouplens。接着在 1996 年举办的协同过滤专题谈讨会上正式提出推荐系统这一概念。1997 年，Balabanović 等[207]提出了基于内容的协同过滤模型，提高了推荐结果的准确性。1998 年，Billsus 等[208]利用奇异值分解原理将协同过滤看作分类任务，提出了基于矩阵分解的推荐算法。经过多年发展，推荐系统逐步成为一个具有工业应用价值和科学研究意义的学科[209]。近年来，在不断提高传统推荐系统性能的基础上，推荐系统也发展出可解释推荐系统、序列化推荐系统等新的领域。

目前，传统推荐算法主要分为基于人口统计学的推荐算法[210]、基于内容的推荐算法[211]、基于关联规则的推荐算法[209]、基于协同过滤的推荐算法[212]、基于知识的推荐算法[213]以及混合推荐算法[87]。如表 7.1 所示，对于传统推荐系统，其本身存在一定的共性问题。第一，采用的算法主要依赖静态的历史交互数据，导致无法及时捕捉动态变化的数据，降低了推荐结果的准确性；第二，传统推荐算法将用户的每个行为看作一个个孤立的事件,忽略了行为序列对推荐的影响;第三,传统推荐系统只考虑用户长期静态偏好,无法考虑不同时间段产生的短期偏好。为了克服传统推荐算法本身的不足,考虑用户短期偏好的序列推荐算法在推荐系统领域有了较大的发展趋势。

表7.1 传统推荐算法及其优劣

传统推荐算法	优点	缺点
基于人口统计学的推荐算法	(1)不涉及历史数据,不存在冷启动问题; (2)不依赖物品本身数据,是领域独立的	(1)算法粗糙,只适用于简单推荐; (2)用户画像需要的数据难以获得
基于内容的推荐算法	(1)不存在冷启动、马太效应的问题; (2)推荐结果具有可解释性; (3)适用于小众领域的用户和时效性高的物品	(1)过于依赖物品所标记的属性,并且物品的标记信息较少会导致数据稀疏等问题; (2)推荐范围较小,精确度不高; (3)无法衡量推荐物品的优劣,推荐失败的概率较高
基于关联规则的推荐算法	(1)转换率高,灵活; (2)能处理复杂的非结构化数据; (3)能发现物品之间更深层的关系	(1)存在数据稀疏和冷启动问题; (2)热门物品容易被过度推荐; (3)计算量大,在处理规则化数据时容易丢失关键信息
基于协同过滤的推荐算法	(1)不需要严格的建模,模型通用性强; (2)适合复杂的非结构化对象; (3)容易挖掘用户的潜在兴趣	(1)存在数据稀疏问题; (2)存在冷启动问题; (3)推荐结果的可解释性较低; (4)存在马太效应
基于知识的推荐算法	(1)交互性强; (2)高度重视知识源,不存在冷启动问题	(1)过于依赖知识库; (2)专业领域的知识和推理规则较难获取
混合推荐算法	(1)具有较强的可拓展性,能够处理复杂的非结构化信息; (2)能够挖掘用户的潜在兴趣,可产生意外,实现多样性; (3)改善了冷启动、数据稀疏、马太效应等问题	(1)算法框架复杂,工作量大; (2)不同推荐算法的权重难以选择; (3)容易受推荐算法优劣选择的影响
共性问题	(1)传统推荐算法主要依赖静态的历史交互数据,无法及时捕捉动态变化的数据; (2)传统推荐算法将用户的行为看作孤立的事件,忽略了行为序列对推荐的影响; (3)传统推荐算法只考虑用户的长期偏好	

当前,基于内容的推荐算法和基于协同过滤的推荐算法等传统推荐算法都是依赖静态的用户-物品交互信息进行兴趣推送的。在实际生活中,用户的兴趣、物品的流行度等信息都是动态变化的,所以"如何准确地利用动态变化信息"对于提

高推荐系统的性能至关重要。而序列推荐算法将用户-物品交互信息视为动态序列,进行顺序依赖性建模来提高推荐算法的准确性。具体来说,在序列推荐算法中,用户的行为表现是一个序列化决策过程,即用户过去产生的行为序列和当下进行的行为序列都会影响到用户未来可能发生的行为序列。同时,对商品而言,序列推荐算法也对商品属性的变化、类型的更换、流行度的转移等信息进行序列建模,从而提供更准确、个性化和动态的推荐。

2. 知识图谱序列推荐系统

近年来,推荐系统为用户提供音乐、电影、视频和图书等推荐服务,为在线服务带来了巨大的商业价值。虽然推荐系统促进了大数据技术、辅助决策等相关领域理论和应用的快速发展,但是传统推荐系统仍面临数据稀疏、冷启动、推荐结果多样性和推荐可解释性的重大挑战。推荐系统可以使用附加信息来解决上述问题,其中知识图谱作为推荐系统的附加信息越来越受到人们的重视。

知识图谱具有强大的语义表达能力,已经广泛应用于知识问答、推荐系统、智能搜索、可视化决策等多个领域。知识图谱作为辅助信息引入推荐系统中具有众多优势。首先,物品属性和社交网络构建的知识图谱引入了更多的语义关系,有利于深层次地挖掘用户的兴趣,提高推荐结果的准确性,例如,Sang 等[214]提出了一种新的知识图谱增强的神经协同推荐框架,利用知识图谱中丰富的关联事实组成提高了推荐结果的准确性。其次,知识图谱中实体之间存在丰富的关联关系,有利于物品间联系的发散,提高了推荐内容的多样性,例如,Shi 等[215]设计出一种基于多维知识图谱框架的学习路径推荐模型,多样化地推荐用户的个性化学习路径。最后,知识图谱中实体间的关系路径可用于连接用户与推荐结果,增强推荐的可解释性,例如,Xie 等[216]提出了一种基于知识图谱和多目标优化的可解释性推荐框架,利用目标用户和被推荐产品之间的路径作为可解释的依据。

目前,知识图谱具有上述巨大优势以及丰富的实体、关系等信息,而序列推荐算法能够提取序列动态信息,但知识图谱序列推荐系统与序列推荐算法相结合的研究较少。因此,将两者相结合的研究具有明显的理论价值和实践价值。

7.3 模型设计

7.3.1 问题描述与符号说明

在传统推荐系统形式化表达中,假设 M 个用户集合为 $U=\{u_1,u_2,\cdots,u_M\}$,N 个物品集合为 $V=\{v_1,v_2,\cdots,v_N\}$,定义一个效用函数 f 表示用户 u 对物品 v 的喜好程度,即 $f:u\times v \rightarrow \in \zeta$,其中 ζ 是一个全序列的物品集合,核心问题是在物品集

合 V 中找到用户最喜欢的物品 v^*，此时函数 f 取最大值，表达式如下：
$$\forall u \in U, v^* = \arg\max_{v^* \in V} f(u,v)$$

在序列推荐算法中，用户-物品交互矩阵定义为 $Y=\{y_{uv}|u\in U, v\in V\}$，它反映了用户的隐式反馈。当 $y_{uv}=1$ 时，表示用户 u 与物品 v 存在联系，如点击行为、购买行为、评分行为等；反之，$y_{uv}=0$。如果用户和物品之间存在一定的交互信息，则假设用户的历史交互序列表示为 $S(u)=\{(v_1^u,t_1^u),(v_2^u,t_2^u),\cdots,(v_{|S(u)|}^u,t_{|S(u)|}^u)\}$，其中，$(v_1^u,t_1^u)$ 表示用户 u 在 t_1 时刻对物品 v_1 的行为序列。序列推荐算法的任务是，对用户的历史交互序列进行建模，生成用户的偏好向量 $p=v_{|B(u)|+1}$ 来预测用户在下一个时刻对物品的行为序列。

知识图谱表示为 $G=(\varepsilon,R,S)$，其中，$\varepsilon=\{e_1,e_2,\cdots,e_{|\varepsilon|}\}$ 表示实体集合，一共包含 $|\varepsilon|$ 种不同的实体；$R=\{r_1,r_2,\cdots,r_{|R|}\}$ 表示关系集合，一共包含 $|R|$ 种关系；$S\subseteq \varepsilon \times R \times \varepsilon$ 表示知识图谱中的三元组集合。三元组描述一个特定领域中的事实，由头实体、尾实体和描述两个实体之间的关系构成，例如，三元组（战争与和平，作者，托尔斯泰）表示托尔斯泰创作了《战争与和平》这本书的事实。

在 KGSR-GG 算法的任务描述中，给定用户 u 的历史交互序列 $S(u)$ 和物品 v 的知识图谱 G，目标是预测用户 u 在下一时刻对物品的行为序列，即用户 u 对未交互物品 v 的潜在兴趣。本章构建一个预测函数：
$$\hat{y}_{uv}=f(u,v|S(u),G,\Theta) \tag{7.1}$$
其中，$\hat{y}_{uv}$ 表示用户 u 对物品 v 下一时刻访问的概率；Θ 表示函数 f 的相关参数。

7.3.2 KGSR-GG 算法实现

本章设计出 KGSR-GG 算法，利用图卷积网络原理，通过邻居节点间信息的聚合实现节点状态的更新，解决基于路径的方法和基于图嵌入的方法无法建立图的高阶连通性问题。同时，双向门控循环单元在处理序列信息时不仅比基于马尔可夫链的方法更适用于稀疏的条件，而且比长短期记忆网络更简单高效。KGSR-GG 算法整体结构图如图 7.1 所示，主要由预处理层、嵌入层、聚合层和序列层四个部分组成。

在序列推荐算法中，将知识图谱作为推荐系统的辅助信息，通过对用户兴趣的建模生成推荐结果。预处理层主要对推荐系统的部分数据源进行处理，提高图谱构建的质量；嵌入层主要将用户信息、物品信息以及知识图谱中实体和关系信息嵌入统一的低维向量空间中，得到用户和物品的向量表示；聚合层主要完成用户向量和物品向量中，中心节点和邻居节点之间信息的聚合，捕捉到用户更多的潜在向量；序列层主要处理物品序列信息和实体序列信息，完成用户序列的建模，并进行损失函数的计算。

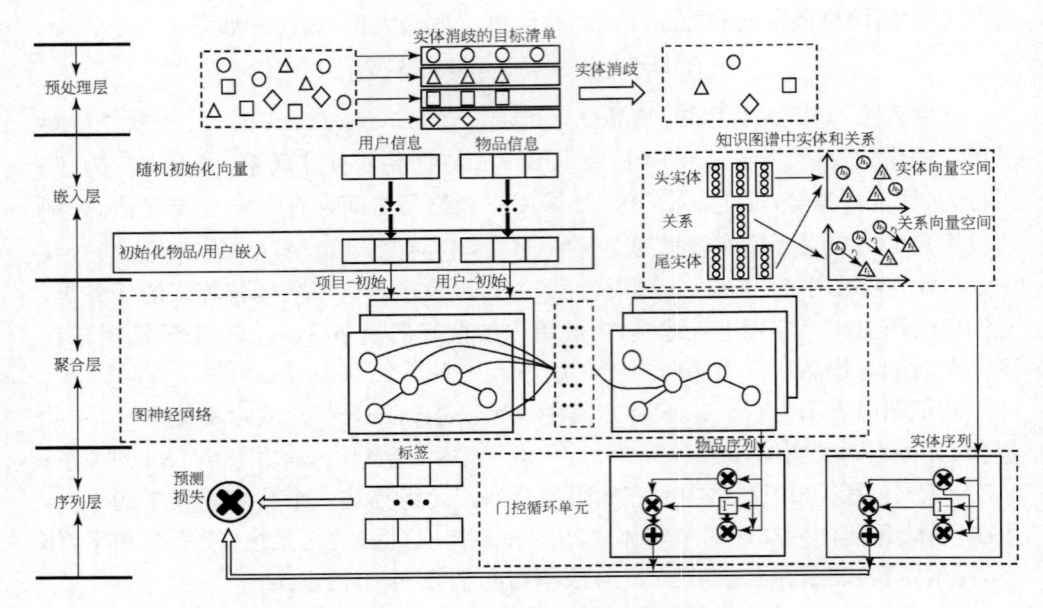

图 7.1　KGSR-GG 算法整体结构图

1. 预处理层

知识图谱作为辅助数据应用于推荐系统可以很好地解决传统推荐系统中的数据稀疏、冷启动等问题。因此,针对基于知识图谱的推荐系统,图谱构建的质量决定着推荐算法的准确性和用户的满意度。预处理层的主要目的是针对推荐系统的部分数据源进行数据清洗,对知识图谱进行简化的实体消歧,保证推荐算法中图谱的高质量性。

实体消歧中所处理的对象都是知识图谱中的实体对象,在推荐系统中主要是指用户名、物品名等信息,可以通过六原组进行定义:

$$M=N,E,D,O,K,\delta \quad (7.2)$$

其中,$N=n_1,n_2,\cdots,n_l$ 表示待消歧的实体名集合;$E=e_1,e_2,\cdots,e_k$ 表示待消歧实体名的目标列表;$D=d_1,d_2,\cdots,d_n$ 表示一个包含待消歧实体名的文本集;$O=o_1, o_2,\cdots,o_m$ 表示文本集 D 中待消歧的实体指称项的集合,实体指称项是指在具体上下文信息中出现的待消歧的实体名,是实体消歧任务的基本单元;K 表示命名实体消歧时所使用的背景知识;$\delta:O\times K\rightarrow E$ 表示命名实体消歧函数,用于将待消歧的实体指称项映射到目标实体列表,是命名实体消歧任务的关键部分。

对于不复杂的实体和关系数据,传统意义上的实体消歧是在数据预处理阶段的数据清洗中利用去除重复值、消除歧义等方法实现重复实体的删除。数据清洗作为预处理阶段的关键一步,是指对原数据中的"脏"信息(如重复数据、缺失值等)进行审查和删除,以保持数据的一致性和完整性。目前,基于知识图谱的推荐系统主要依赖用户的社交网络和物品的属性特征等形成的较为简单的知识图谱,因此本章采用传统意义上的实体消歧方法。

$$\delta = f_{\text{nuique}}() \tag{7.3}$$

2. 嵌入层

嵌入层的目的是将用户信息、物品信息以及知识图谱中的实体和关系信息从高维稀疏特征向量嵌入统一的低维稠密特征向量空间中,并保持其固有的结构和语义信息,减少推荐过程中的数据存储成本和计算成本。其中,本章使用TransR[217]处理知识图谱中实体和关系信息,并使用嵌入方法处理数据集中的用户信息、物品信息等。

常用的知识图谱嵌入方法基于翻译知识表示模型,该模型的主要思想是将衡量向量化后知识图谱中三元组的合理性问题转换成衡量头实体和尾实体的距离问题,如 TransE、TransH、TransR 和 TransD 等。这种方法的难点在于如何设计出利用关系把头实体转移到尾实体的评分函数,实体和关系满足头实体+关系≈尾实体,这与词向量中平移不变原则一致。TransE 简单高效,TransH 擅长对复杂关系进行建模,但是两者都将实体和关系映射到同一个语义空间中,限制了对包含不同关系实体的表达能力。由于推荐系统中大多数基于物品的知识图谱具有不同的属性,对应的实体具有复杂的关系,采用将实体和关系映射到不同语义空间的 TransR 和 TransD 是最佳选择。同时,TransD 比 TransR 表达简单,速度较快,但是知识表示的准确率较低。因此,本章采用 TransR 对知识图谱的信息进行嵌入表示,TransR 的基本原理如图 7.2 所示。

TransR 为每个关系 r 构造单独的向量空间,并使用不同的映射矩阵 M_r 定义从实体空间到各个关系空间的映射,将实体与关系在不同的向量空间中分开表示。具体来说,给定一个三元组 $G=(\varepsilon, R, S)$,首先使用关系特定的映射矩阵 M_r 从实体空间映射到关系 r 所在的关系空间中,得到 ε_r 和 s_r,如下所示:

$$\varepsilon_r = M_r \varepsilon \tag{7.4}$$

$$s_r = M_r s \tag{7.5}$$

TransR 使用的评分函数为

$$f_r(\varepsilon, S) = \| \varepsilon_r + r - S_r \|_{L_1/L_2} \tag{7.6}$$

矩阵分解的嵌入方法是针对用户嵌入矩阵、物品嵌入矩阵进行分解,分解后得到的简化矩阵保留了原矩阵的基本性质,加入了隐藏向量的概念,加强了处理稀疏矩阵的能力。假设用户矩阵 $U \in R^{m \times k}$ 和物品矩阵 $V \in R^{k \times n}$,以及物品与用户的共现矩阵 $Y \in R^{m \times n}$,则用户 u 对物品 v 预估的评估如下所示:

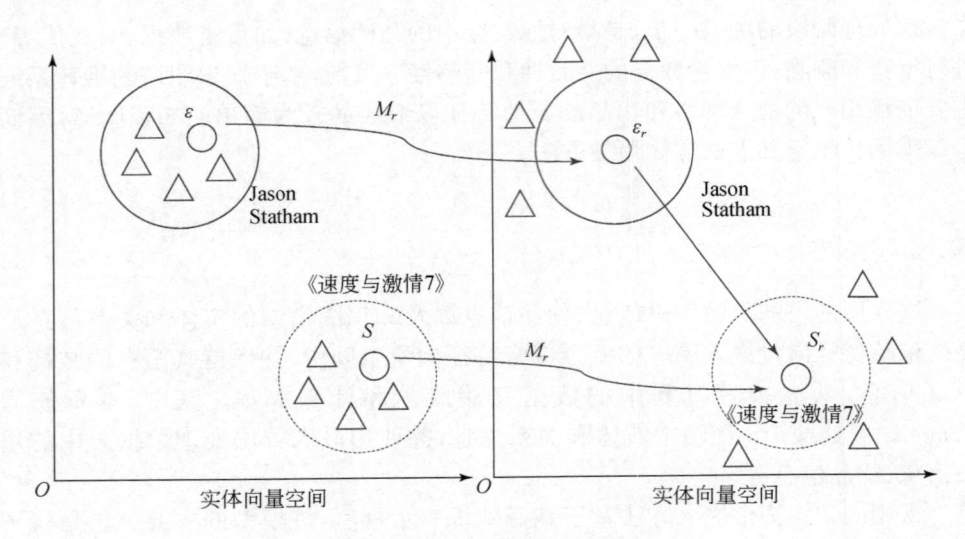

图 7.2 TransR 的基本原理

$$r_{uv} = q_v^T p_u \tag{7.7}$$

其中,p_u 是用户 u 在用户矩阵 U 中对应的行向量;q_v 是物品 v 在物品矩阵 V 中对应的列向量。

矩阵分解目标函数的目的是减小原始评分 r_{uv} 与 $q_v^T p_u$ 的差值,最大限度地保存共现矩阵的原始信息。选择引入正则化项的目标函数为

$$U \in R^{m \times k}, V \in R^{k \times n} \min_{q^*, p^*(u,v) \in K} \sum (r_{uv} - q_v^T p_u)^2 + \psi(\|q_v\|^2 + \|p_u\|^2) \tag{7.8}$$

其中,k 是隐藏向量的维度,决定着矩阵分解的表达能力;ψ 是正则化系数,数值越大,正则化的限制越强,这能在一定程度上缓解过拟合现象。

3. 聚合层

聚合层主要是处理嵌入层生成的用户向量、物品向量等非结构化的图数据,通过直接作用于图数据上端到端的学习结构,提高了对信息的学习能力,得到了有效的推荐结果,聚合层中图卷积网络的基本原理如图 7.3 所示。

聚合层的核心功能是借助邻居节点特征信息来定义在图数据上的卷积运算,通过基于卷积神经网络计算中心节点和邻居节点之间的卷积,表示邻居节点间信息的聚合,实现节点状态的更新。在给定的两组图信号 x_1 和 x_2,图卷积运算的定义如下:

$$x_1 * x_2 = H_{\widetilde{x}_1} x_2 \tag{7.9}$$

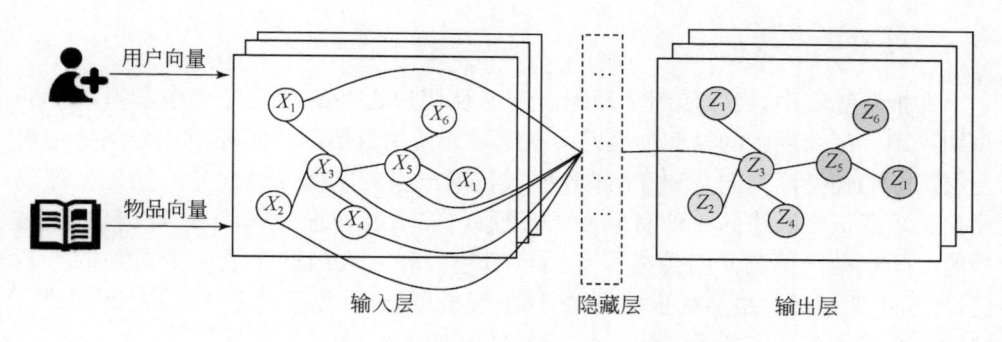

第 7 章 融合门控循环单元和图神经网络的知识图谱序列推荐算法

图 7.3 聚合层中图卷积网络的基本原理

其中,图位移算子 $H_{\tilde{x}_1}=V\mathrm{diag}(\tilde{x}_1)V^T$, $V\in R^{N\times N}$ 是一个正交矩阵, $\tilde{x}_1$ 是 x_1 的傅里叶系数。

聚合层中的图卷积网络可以视为一种消息传播网络,消息传播过程可以分解为两个步骤,即消息传递和状态更新操作,分别用 M 函数和 U 函数表示。消息传递函数和状态更新函数分别表示为

$$c_{vw}=d(v)d(w)^{1/2}A_{vw} \tag{7.10}$$

$$M_t(\varepsilon_v^t,\varepsilon_w^t)=c_{vw}\varepsilon_w^t \tag{7.11}$$

$$U_v^t(\varepsilon_v^t,m_v^{t+1})=\mathrm{ReLU}(W^t m_v^{t+1}) \tag{7.12}$$

其中, ε_v^t 表示节点 v 在 t 时刻的状态; ε_w^t 表示节点 w 在 t 时刻的状态; A_{vw} 表示一个可学习的参数矩阵; m_v^{t+1} 表示节点 v 在 $t+1$ 时刻的消息传递函数。

通过激活函数 ReLU 实现信息的更新。式(7.11)和式(7.12)说明图神经网络依靠节点之间的消息传递实现节点的更新。具体而言,多层图卷积网络中的传播规则如下:

$$f(H^{(l)},A)=\sigma(\hat{D}^{-\frac{1}{2}}\hat{A}\hat{D}^{-\frac{1}{2}}H^{(l)}W^{(l)}) \tag{7.13}$$

其中, l 表示图卷积网络的第 l 层; $\hat{A}=A+I$, A 表示特征邻接矩阵, I 表示单位矩阵; $\hat{D}=\sum_j \hat{A}_{ij}$ 表示矩阵 $\hat{A}$ 的对角矩阵; $H^{(l)}$ 表示第 l 层卷积神经网络的特征; $W^{(l)}$ 表示第 l 层卷积神经网络的权重矩阵; σ 表示非线性激活函数。

同时,在图卷积网络的输入层和输出层两端引入残差连接机制,完成物品信息的特征融合,完善模型对特征的学习能力,提高推荐算法的准确性,缓解图卷积网络在训练数据时的梯度消失和梯度爆炸等问题。假设图卷积网络为单层网络,则残差连接的原理如下:

$$Z_{\mathrm{concat}}^{(l+1)}=\sigma(\hat{A}H^{(l)}W^{(l)})+H^{(l)} \tag{7.14}$$

其中, $Z_{\mathrm{concat}}^{(l+1)}$ 表示使 concat 函数最终融合的特征向量。

4. 序列层

在推荐算法中,经常使用循环神经网络从用户近期的交互序列中学习用户的短期兴趣。序列层中的循环神经网络基础单元使用双层门控循环单元分别处理聚合层产生的物品序列向量和 TransR 嵌入技术产生的实体序列向量。门控循环单元是长短期记忆网络的一种简单变体,使用门控机制处理输入、记忆等信息,并对当前时间步做出预测。门控循环单元将遗忘门和输入门融合成一个单独的更新门,比长短期记忆网络结构更加简单,训练代价更小,收敛速度更快,门控循环单元的基本结构如图 7.4 所示。

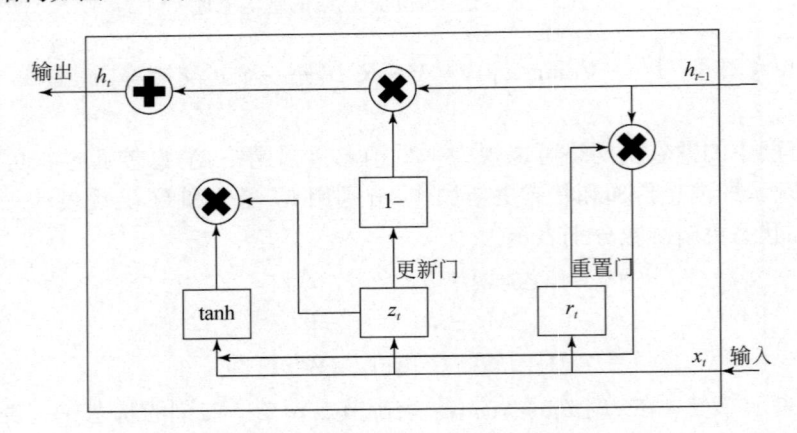

图 7.4 门控循环单元的基本结构

门控循环单元包含两个门,即重置门和更新门。重置门通过将新的输入信息与前面的记忆信息相结合,计算是否忘记之前的计算状态。更新门定义了前面的记忆信息保存到当前时间步的量,决定了上一步多少信息继续迭代到当前步骤。更新门和重置门的计算公式分别如下:

$$r_t = \sigma(W_r x_t + U_r h_{t-1}) \tag{7.15}$$

$$Z_t = \sigma(W_z x_t + U_z h_{t-1}) \tag{7.16}$$

其中,x_t 表示第 t 个时间步的输入向量;h_{t-1} 表示前一个时间步 $t-1$ 保存的信息;$W_r \in R^{n \times m}$、$W_z \in R^{n \times m}$、$U_r \in R^{n \times m}$、$U_z \in R^{n \times m}$ 都表示网络的权重参数。

候选隐藏层和输出隐藏层的计算公式分别为

$$\tilde{h}_t = \tanh(W_h x_t + U(r_t \odot h_{t-1})) \tag{7.17}$$

$$h_t = (1 - z_t) \odot h_{t-1} + z_t \odot \tilde{h}_t \tag{7.18}$$

其中,$\odot$ 表示哈达玛积;r_t、z_t 分别表示重置门和更新门在 t 时刻的输出;h_t、$\tilde{h}_t$ 分别表示 t 时间点的状态信息和候选状态信息。

考虑到用户短期兴趣的复杂性,该算法将门控循环单元的输出层与一个双层的全连接层相结合,对序列信息起到分类器的作用。全连接层是由多个神经元组成的,目的是将学习到的用户短期序列特征映射到样本的标记空间,以实现序列信息特征的转换和分类。

为了防止在预测任务中出现过拟合现象,本章在损失函数前采用了类似于标签平滑正则化(label smoothing regularization,LSR)方法。在全连接层后,一般会计算输入数据每个类型的概率,并把最大概率作为这个类型的输入,然后使用交叉熵作为损失函数。神经网络在训练数据时向正确标签和错误标签差值最大的方向学习,导致网络过拟合。这里采用类似于 LSR 方法的原理,在损失函数计算中减小真实标签的权重,增加其他标签的损失函数值,以惩罚过度自信的输出,从而防止神经网络过拟合的问题。

在执行完以上算法流程后,可以得到最终的序列信息推荐结果。最后,整个算法是通过交叉熵函数对推荐结果进行损失计算的,如下所示:

$$L(\hat{y}) = -\frac{1}{n}\sum_{i=1}^{n}\left[y_i\ln\hat{y}_i + (1-y_i)\ln(1-\hat{y}_i)\right] \qquad (7.19)$$

其中,n 为样本总数;y_i 为真实值;$\hat{y}_i$ 为算法输出值。

5. KGSR-GG 算法的流程

下面详细展示了 KGSR-GG 算法的实现流程,结合前面算法模型的数学原理,进一步说明 KGSR-GG 算法。

输入:用户-物品交互信息、知识图谱 G。

输出:预测函数 $\hat{y}_{uv} = f(u,v|S(u),G,\Theta)$。

(1)根据式(7.4)设计实体消歧函数 δ,利用预处理中去重等方法完成实体消歧任务。

(2)初始化所有参数。

(3)根据式(7.5)~式(7.7)完成知识图谱的嵌入表示。

(4)计算初始化随机向量,包括用户向量和物品向量。

(5)加载图卷积网络的嵌入。

(6)根据式(7.13)完成信息聚合。

(7)根据式(7.14)完成图卷积网络的输出向量与原始向量的特征融合。

(8)定义门控循环单元和全连接层的层数,根据式(7.15)~式(7.18)完成序列信息的处理。

(9)根据式(7.19)计算序列推荐任务的损失函数。

(10)通过图聚合任务和序列推荐任务,加入正则化,以防止过拟合,不断优化最终的推荐指标结果。

7.4 实验结果与分析

在本节中,首先,描述 KGSR-GG 算法中使用的数据集、数据处理和评估指标。然后,将提出的 KGSR-GG 算法与其他先进的基线方法进行比较。最后,在不同的性能表现中对 KGSR-GG 算法进行详细分析。

7.4.1 实验数据集介绍

本节实验采用了真实世界中的电影数据集 MovieLens-1M 和图书数据集 Book-Crossing 进行训练和评估,其统计数据如表 7.2 所示。这些数据集具有不同的大小、稀疏度和应用领域,并且都是公开可用的,具体描述如下。

(1) MovieLens-1M。这是一个在电影推荐系统中广泛应用的基准数据集。该数据集由 GroupLens 研究组在美国明尼苏达大学中进行管理,包含了 MovieLens 官网中用户对不同电影 1~5 的评分。

(2) Book-Crossing。这是根据 Book-Crossing 官网的数据集编写的图书评分数据集。它拥有 10 万多用户的 27 万本书的 100 多万条评分记录,评分范围为 1~10,包含显示评分和隐式评分。Book-Crossing 是最不密集的数据集之一,也是具有明确评分的数据集,且数据集稀疏度较高。

表 7.2 两个数据集的统计数据

数据集	MovieLens-1M	Book-Crossing
用户数	6040	278858
项目数	3952	271379
交互记录数	1000209	69873
知识图谱实体数量	79347	77903
知识图谱关系数量	49	25
知识图谱三元组数量	385924	151500
与知识图谱链接的项目数量	3655	14967

两个数据集中的知识图谱是根据物品的属性等信息构建的,对照数据集中的电影名或者图书名,找到一定的关系进行物品与实体的匹配。然后,根据得到的与数据集相关的实体集,将物品的 ID 与知识图谱中三元组的头实体和尾实体进行匹配。两个数据集构建知识图谱的部分可视化展示如图 7.5 所示。

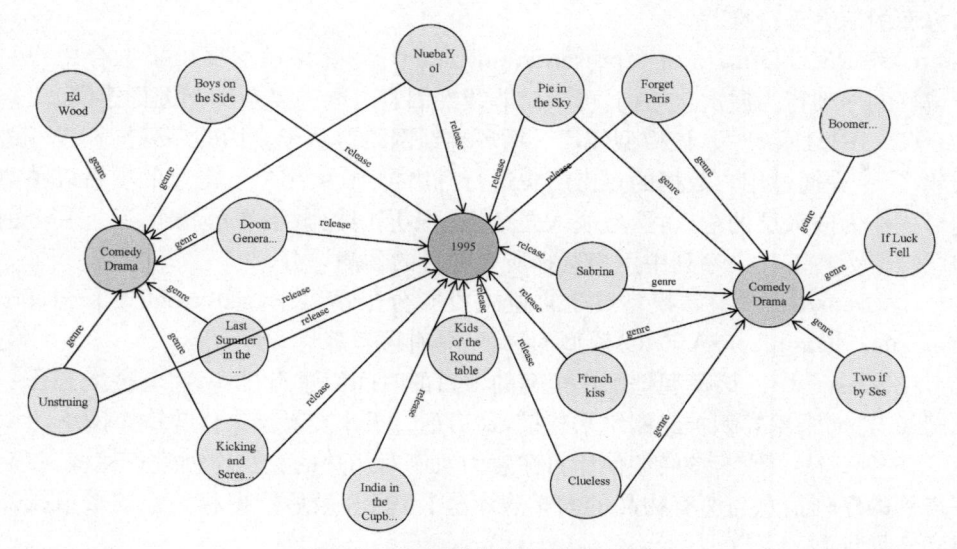

(a)MovieLens-1M数据集对应的知识图谱

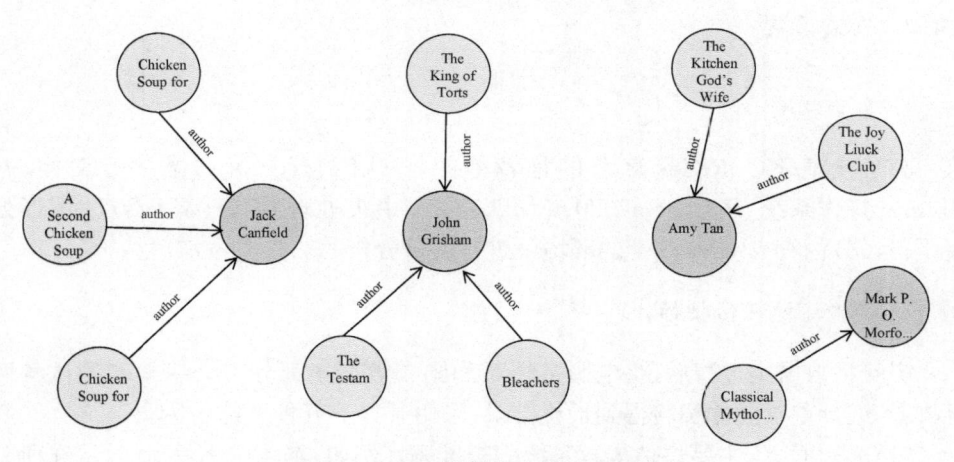

(b)Book-Crossing数据集对应的知识图谱

图 7.5　两个数据集构建知识图谱的部分可视化展示

7.4.2　基线方法

为了验证所提出算法的整体性能,本节将 KGSR-GG 算法与其他几种先进的基线方法进行了比较。基线方法的模型描述如下。

(1)FPMC[83]。该模型通过引入基于马尔可夫链(Markov chains,MC)的个性化转移(factorizing personalized,FP)矩阵和矩阵分解模型,融合了序列和个性化两方面的信息进行推荐。

(2) HRM(hierarchical representation mode)[218]。该模型提出了融合用户一般偏好的序列行为层次化结构,可以对非线性因素之间的复杂交互进行建模。

(3) GRU4Rec[91]。该模型使用了循环神经网络对基于会话的序列推荐任务进行建模,首先通过用户数据的点击历史进行升序排列,将用户点击过的项目以独热的形式作为嵌入层的输入,然后嵌入向量经过多层门控循环单元,最后通过一个前馈层转换为在下一个序列中用户选择所有项目的预测评分。

(4) TransRec[219]。该模型属于自避式投影分子动力学(self-avoiding projection molecular dynamics,SAPMC)模型的一种,具有可解释性。

(5) Caser[219]。该模型把用户交互的项目的时间戳进行排序,将其嵌入当作一个图像,进而采用卷积神经网络来建模,最后通过最小交叉熵来优化整个网络。

(6) SASRec[220]。该模型使用自注意力机制对用户的交互序列进行建模,然后将得到的序列信息与所有物品的向量表示进行内积,最后依据相关性的数值排序得到序列预测。

7.4.3 实验设置

1. 实验环境

为了验证 KGSR-GG 算法的推荐效果,采用 PyTorch 机器学习架构,在 Ubuntu 操作系统、PyCharm2020、AMD 3700x 中央处理器、GTX 1080Ti 图形处理器、64GB 内存、Python3.7 的环境下进行实验分析。

2. 实验环境评估指标

实验将数据集过滤后,将电影数据集和图书数据集都分为训练集和测试集两组数据,进行重复优化实验得到最优结果,采用了如下五种评价指标。

(1) recall@K:主要评估推荐系统的查准率。例如,本章中 $K=10$ 表示在所有测试案例中前 10 个推荐项目具有所需要项目的比例,不需要对具有不同排名的项目进行区分,只需要它们属于推荐列表中。其定义为

$$\text{recall}@K = \frac{\sum_{u \in U} |R(u) \cap T(u)|}{\sum_{u \in U} |T(u)|} \tag{7.20}$$

其中,$R(u)$ 表示为用户 u 生成的推荐列表;$T(u)$ 表示用户在测试集中真正交互的项目列表;K 表示推荐列表的长度,即为用户推荐预测分数最高的 K 个项目。

(2) MRR@K:平均倒数排名 MRR 指的是期望项目倒数排名的平均值,通过正确推送结果值在推荐列表中的排名来评估推荐系统的性能。实验中贡献值 K

设为 10,如果结果排名高于 10,则将倒数等级设置为 0。由于序列化推荐任务中存在推荐的顺序序列,MRR 会考虑每一个推荐项目的排名,数值越大表明性能越好。其数学公式为

$$\text{MRR}@K = \frac{1}{|Q|} \sum_{i=1}^{|Q|} \frac{1}{\text{rank}_i} \quad (7.21)$$

其中,$|Q|$ 表示用户的个数;rank_i 表示对于第 i 个用户,推荐列表中第一个在真实结果中的项目所在的排列位置。

(3)NDCG@K:NDCG 是归一化折损累计增益,通过项目在列表中的位置来评价排序的准确性。推荐算法中为用户返回一个项目列表,本节假设列表长度为 10,此时可以用 NDCG 评价该排序列表与用户真实交互列表的差距。其定义式为

$$\text{NDCG}@K = \frac{1}{\text{IDCG}_i} \sum_{i=1}^{K} \frac{2^{\text{rel}_i} - 1}{\log_2(i+1)} \quad (7.22)$$

其中,rel_i 表示项目在 i 位置上的概率;IDCG 表示理想情况下最大的折损累计增益值。

$$\text{IDCG}@K = \sum_{i=1}^{|\text{REL}|} \frac{2^{\text{rel}_i} - 1}{\log_2(i+1)} \quad (7.23)$$

其中,$|\text{REL}|$ 表示结果按概率从大到小的顺序排列,然后取前 N 个结果组成的集合。

(4)HR@K:命中率 HR 是一种推荐领域中非常流行的衡量召回率的评价指标,强调预测的准确性,其公式如下:

$$\text{HR}@K = \frac{\sum_{i=1}^{K} \text{Hits}@K}{K} \quad (7.24)$$

其中,K 表示用户的总数量;Hits 表示测试集中项目出现在推荐列表中的用户数量。

(5)Precision@K:准确率,又称为查准率,广泛用于序列推荐系统领域中预测准确度的度量。Precision@10 主要刻画在推荐列表前 10 项中正确推荐项目的比例,其公式如下:

$$\text{Precision}@K = \frac{\sum_{u \in U} |R(u) \cap T(u)|}{\sum_{u \in U} |R(u)|} \quad (7.25)$$

其中,$R(u)$ 表示用户在训练集上的行为给用户做出的推荐列表;$T(u)$ 表示用户在测试集上的行为列表。

3. 实验参数设置

本节讨论算法实验中关键参数的设置。在训练超参数中,先利用检查点目录

保存模型，单次训练迭代轮次设置为 150，一次训练抓取的数据样本数量批大小设置为 1024，学习率设置为 0.0005。在评估超参数中，一次训练抓取的数据样本数量批大小设置为 2048。在算法实现中，嵌入层大小设置为 64，隐藏层大小设置为 128，模型退出率设置为 0.3，学习率设置为 0.001，损失函数选择交叉熵损失函数。

7.4.4 基线方法结果与分析

在 MovieLens-1M 和 Book-Crossing 数据集上，本节使用 recall@10、MRR@10、NDCG@10、HR@10 和 Precision@10 作为实验指标来比较 KGSR-GG 算法与所有基线方法的性能。所有模型在相同的实验环境和数据集上得到不同的实验结果，所有的结果和性能如表 7.3 和表 7.4 所示，其结果的可视化如图 7.6 所示。

表 7.3 不同推荐模型在 MovieLens-1M 数据集的实验结果对比

模型	MovieLens-1M				
	recall@10	MRR@10	NDCG@10	HR@10	Precision@10
FPMC	0.1621	0.0569	0.0814	0.1621	0.0162
HRM	0.1656	0.0484	0.0755	0.1656	0.0166
GRU4Rec	0.2295	0.0957	0.1270	0.2295	0.0229
TransRec	0.1185	0.0309	0.0511	0.1185	0.0119
Caser	0.2096	0.0838	0.1131	0.2096	0.0210
SASRec	0.2224	0.0842	0.1162	0.2224	0.0222
KGSR-GG	0.2502	0.1087	0.1394	0.2505	0.0251

表 7.4 不同推荐模型在 Book-Crossing 数据集的实验结果对比

模型	Book-Crossing				
	recall@10	MRR@10	NDCG@10	HR@10	Precision@10
FPMC	0.0667	0.0310	0.0393	0.0667	0.0067
HRM	0.0669	0.0401	0.0464	0.0669	0.0067
GRU4Rec	0.0706	0.0422	0.0489	0.0706	0.0071
TransRec	0.0727	0.0428	0.0498	0.0727	0.0073
Caser	0.0706	0.0421	0.0488	0.0706	0.0071
SASRec	0.0730	0.0423	0.0494	0.0730	0.0073
KGSR-GG	0.0776	0.0435	0.0515	0.0776	0.0078

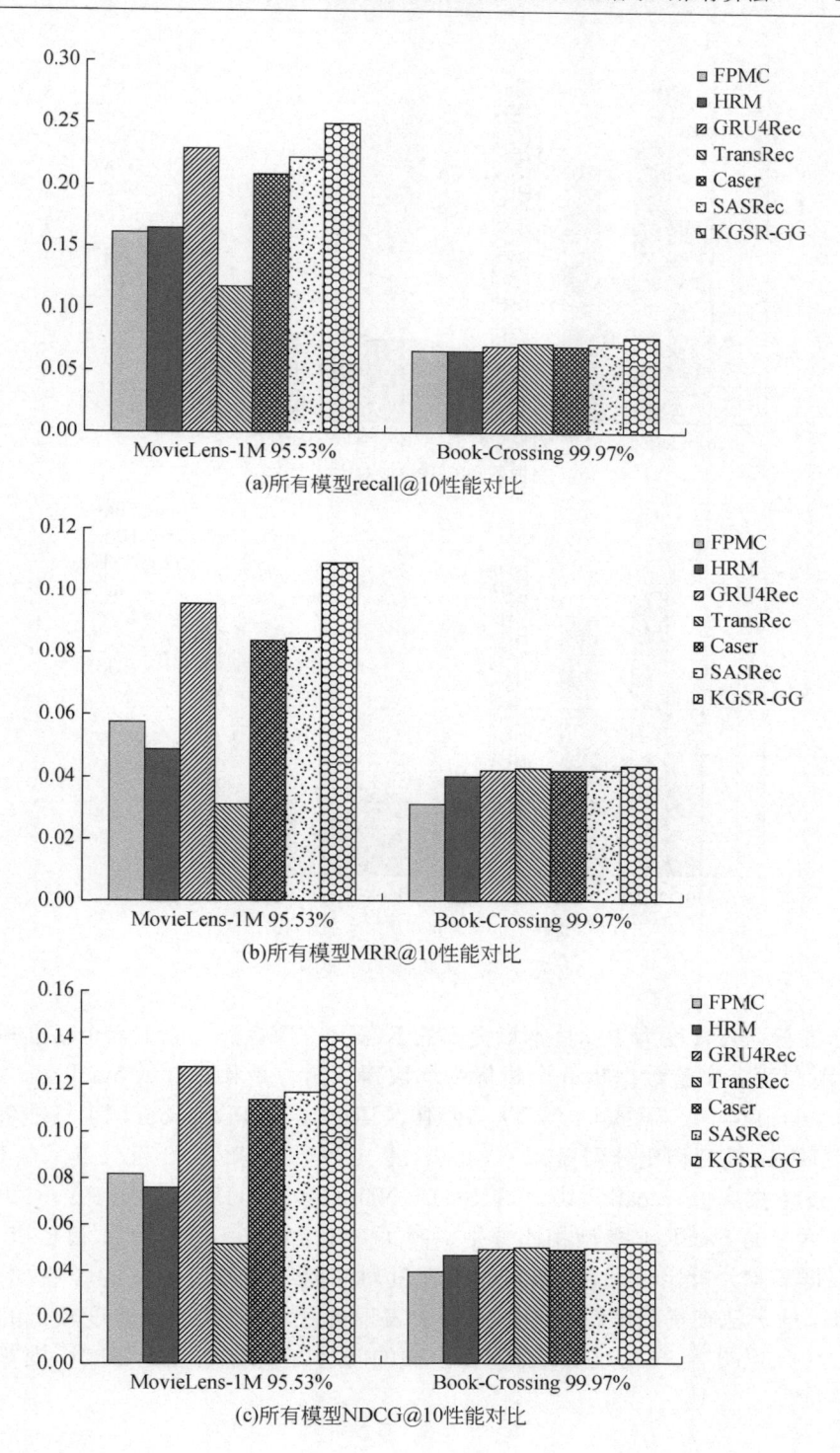

(a) 所有模型recall@10性能对比

(b) 所有模型MRR@10性能对比

(c) 所有模型NDCG@10性能对比

(d)所有模型HR@10性能对比

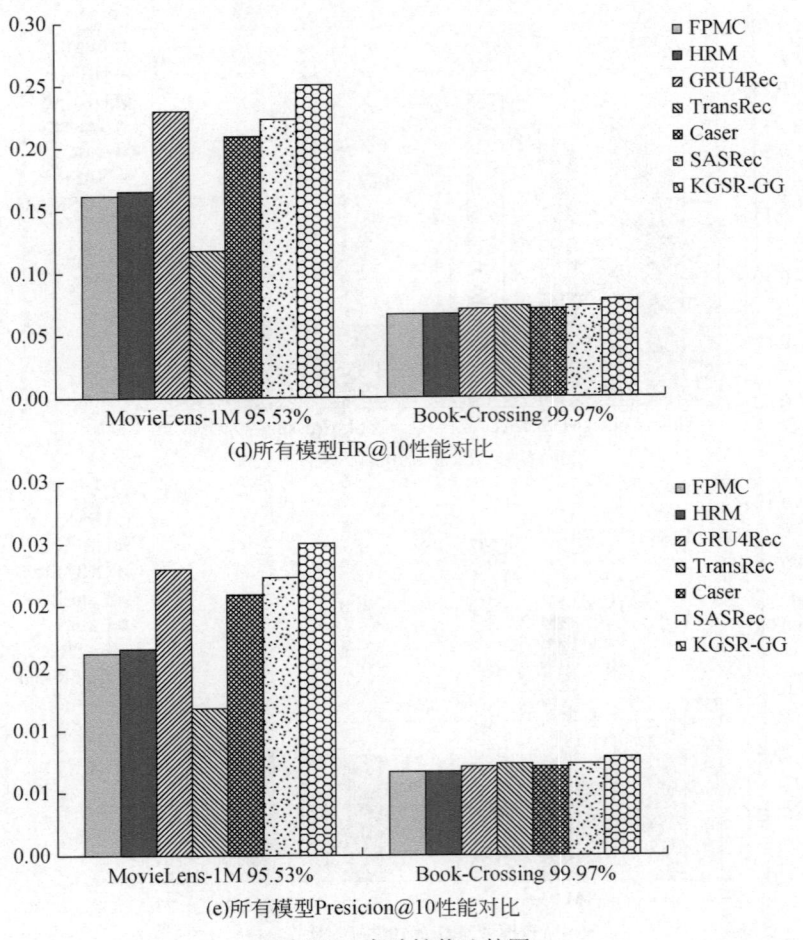

(e)所有模型Presicion@10性能对比

图 7.6 实验性能比较图

在推荐列表长度为 10 时,本章提出的 KGSR-GG 算法与以上六个基准模型相比,分别在两个实验数据集五个指标中均取得了最佳效果。在 MovieLens-1M 数据集上,recall@10、MRR@10、NDCG@10、HR@10 和 Precision@10 与排名第二的 GRU4Rec 模型相比分别提高了 2.07、1.3、1.24、2.1 和 0.22 百分点。在 Book-Crossing 数据集上,recall@10、MRR@10、NDCG@10、HR@10 和 Precision@10 与排名第二的 SASRec 模型相比分别提高了 0.46、0.12、0.21、0.46 和 0.05 百分点。根据实验分析比较图,数据集的稀疏度对实验结果具有一定的影响,本章的 KGSR-GG 算法在稀疏度较低的数据集中表现更好,主要因为稀疏度较低的数据集中存在知识图谱、交互数据等信息不全面的问题,在一定程度上影响了推荐算法的准确性。

第7章 融合门控循环单元和图神经网络的知识图谱序列推荐算法

除了数据集的稀疏度,为了进一步分析其他因素对实验结果的影响,本章对 KGSR-GG 算法进行了对比实验。将两个不同数据集中推荐列表的长度 K 分别取为 10、20、40、60 和 100,并相应地构建训练集和测试集。图 7.7 显示了不同 K 值下五个实验指标的结果。结果表明,在一定范围内推荐列表越长,召回率、MRR、NDCG 和准确率越高,K 的五个不同取值都可以反映四个指标的变化,但是准确率越低。综上,实验中 K 取值 10 可以很好地反映 KGSR-GG 算法的性能表现。

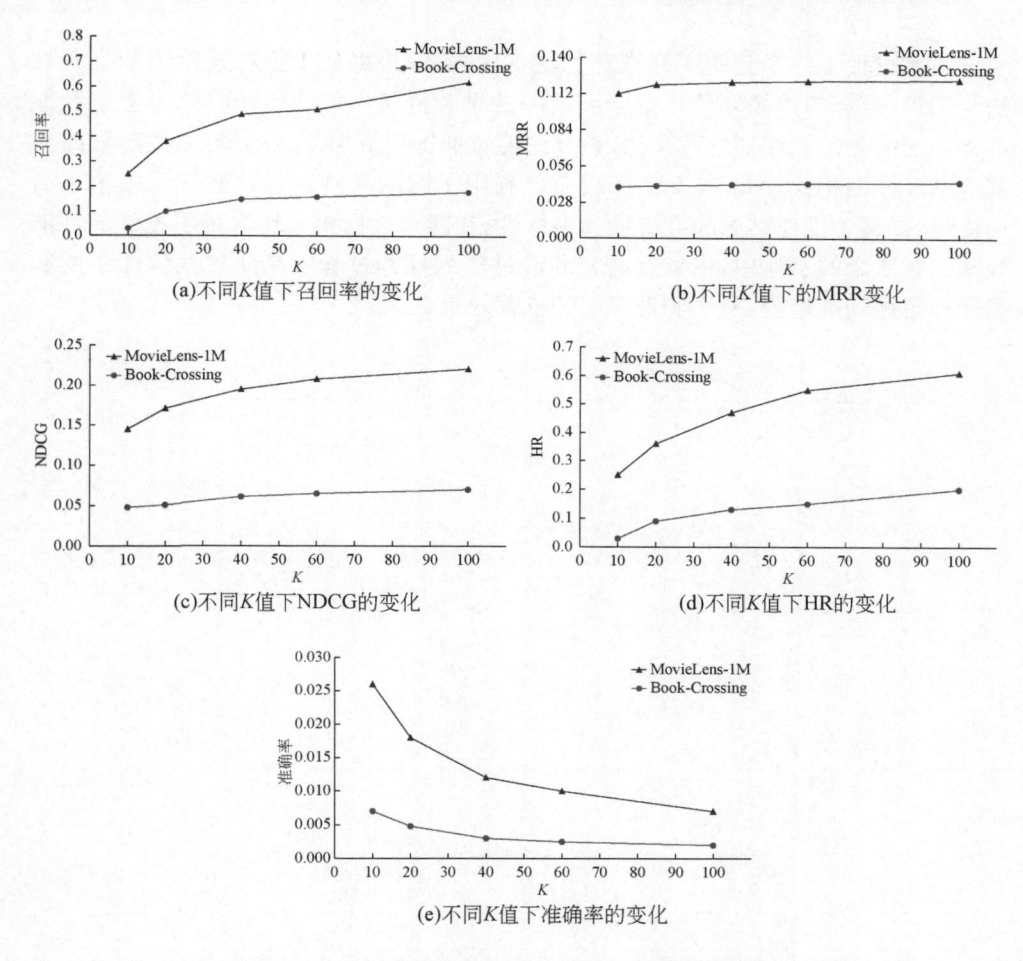

(a) 不同 K 值下召回率的变化

(b) 不同 K 值下的 MRR 变化

(c) 不同 K 值下 NDCG 的变化

(d) 不同 K 值下 HR 的变化

(e) 不同 K 值下准确率的变化

图 7.7 KGSR-GG 算法在不同 K 值下的实验指标

KGSR-GG 算法推荐性能优越性的主要原因有以下三点。

(1) 利用图卷积网络将邻居节点信息聚合到中心节点中,建立了高阶连通性,同时在图卷积网络的输入层和输出层两端引入残差连接机制,充分完成物品信息的特征融合。

（2）采用基于 TransR 的嵌入技术，将物品属性构建为知识图谱作为辅助信息，知识图谱丰富的语义信息提高了推荐结果的解释性和多样性。

（3）通过双向门控循环单元网络能够将物品序列和知识图谱实体序列融合为短期兴趣建模，提高了推荐算法的准确性。

7.5 本章小结

本章设计了一个新的序列推荐算法 KGSR-GG，将基于图神经网络的推荐算法与知识图谱、门控循环单元融合到统一的推荐框架中。相比于马尔可夫链和循环神经网络等传统序列推荐算法，该算法能够捕捉到更加复杂的动态信息，同时与其他基准模型相比，KGSR-GG 算法充分利用了图的高阶连通性和知识图谱本身的优势，提高了推荐结果的准确性和多样性，在两个数据集上均取得了更优的性能表现。在未来的工作中，将重点研究和改进序列推荐过程中高质量知识图谱的构建和动态序列的建模，从而实现更好的推荐效果。

第 8 章 基于预训练与知识图谱的序列推荐模型

8.1 引　　言

随着在线服务信息量的复杂性和动态性的不断增长,用户面临信息过载的问题越来越严重。推荐系统旨在从显式反馈数据(如评分)或隐式反馈数据(如点击浏览、购买历史)中捕捉用户对项目的个性化偏好,有效缓解了信息过载带来的影响。目前,推荐系统领域的研究工作主要分为两个方向:传统推荐系统和序列推荐系统。基于内容和协同过滤等的传统推荐系统主要挖掘用户和项目之间的长期静态偏好,却忽略了用户随着时间变化形成的短期动态偏好,如即时需求、兴趣演变等。相比于传统推荐系统,序列推荐系统在建模用户交互序列中的顺序关系方面具有优势,有利于捕捉用户短期偏好的动态变化。

序列推荐系统的主流模型包括基于马尔可夫链的序列模型、基于循环神经网络的序列模型和基于卷积神经网络的序列模型。基于马尔可夫链的序列模型直接对用户和项目的交互转换进行建模,利用马尔可夫链方法来预测下一次交互的项目。例如,Zhang 等[221]提出了一个基于个性化马尔可夫链的序列模型来解决隐式反馈推荐系统中的数据稀疏问题。基于循环神经网络的序列模型将用户交互序列映射为隐藏向量,通过隐藏向量状态预测用户的偏好。例如,Lin 等[203]设计了一个融合项目相似性和自注意力网络的模型 FISSA,使用门控循环单元模块建模候选项目中的关系。循环神经网络假设连续项目之间是均匀分布的,不符合实际的推荐场景,无法充分地对用户的上下文信息和时间信息建模。与循环神经网络相反,基于卷积神经网络的序列模型因其滑动卷积的计算方式对局部特征提取具有优势,有利于学习上下文信息。例如,Zhou 等[222]集成了卷积神经网络-循环神经网络框架对患者和医生之间生成的数据进行建模分析,实现在线医疗环境中智能诊断服务的推荐。但是,上述序列推荐模型在应用时存在问题:第一,这些模型都过度依赖项目之间的顺序关系计算相似性,只关注用户-项目间的交互序列建模,忽略了项目属性、项目内容之间的联系;第二,由于历史交互信息长度的限制,无法解决长距离序列中区分差异度和依赖性问题,难以保存完整的上下文信息,进而造成推荐结果的准确性和满意度不高。

同时,序列推荐系统结合深度学习能够很好地建模用户不断动态变化的兴趣,最大限度地吸引用户,提高用户转换率,使其具有一定的商业价值潜力,广泛地应用在电影、社交网络、电子商务等领域。但是与其他推荐系统一样,序列推荐系统的研究也面临许多问题:一方面,现有的基于深度学习的序列推荐模型依赖项目预测损失来学习整个模型参数或数据表示,容易遭受数据稀疏带来的严重问题;另一方面,大多数方法过于强调模型的最终性能,从而未能很好地捕获上下文信息和序列信息之间的关联融合,成为制约模型性能提高的关键因素。

为了解决上述问题,本章提出一种基于预训练模型和知识图谱的序列推荐模型。该模型首先利用嵌入层将用户交互序列中的用户信息和项目信息、项目的标题属性和项目的知识图谱等上下文信息映射到统一的向量空间中;接着利用训练层的预训练模块和基于图神经网络的聚合模块,分别提取基于项目标题和项目知识图谱的上下文信息特征以及交互序列中的用户特征和项目特征;最后预测层将实体序列和项目序列输入融合注意力机制的双向门控循环单元变体,生成推荐向量。总的来说,本章的主要贡献如下。

(1) 本章设计融合项目标题等文本信息和项目知识图谱实体信息的预训练模块,将项目标题属性和知识图谱辅助数据作为推荐中的上下文信息,缓解了序列推荐中数据稀疏以及无法捕捉上下文信息和序列信息之间关联融合的问题,提高了模型处理高稀疏度数据的性能。

(2) 本章提出处理交互序列中项目信息和用户信息的基于图神经网络简单变体的聚合模块,建立序列高阶连通性;最后项目序列和实体序列通过融合注意力机制的双向门控循环单元变体,解决了长距离序列中区分差异度和依赖性问题以及未考虑项目属性、项目内容之间联系的问题。

(3) 将 P-KGSR 模型与其他基准方法在数据集 Book-Crossing 和 MovieLens-1M 上进行对比实验,在召回率、MRR、NDCG、命中率和准确率的实验结果中都有好的表现。其中,在数据稀疏度较高的 Book-Crossing 数据集上都有明显的提升,证明了模型处理数据稀疏问题的优异表现。

8.2 相关工作

1. 序列推荐模型和知识图谱

将知识图谱引入推荐系统中具有许多优势。首先,物品属性、社交网络构建的知识图谱引入了更多的语义关系,有利于深层次挖掘用户的兴趣,提高推荐结果的准确性,例如,Sang 等[214]提出了一种新型的知识图谱增强神经协同推荐框架 K-NCR,进一步捕捉到用户和项目嵌入维度之间复杂的关系,提高了推荐的准确性。其次,知识图谱中实体之间存在丰富的关联关系,有利于物品间联系的发散,提高了推荐内容的多样性,Gan 等[223]提出了一种利用知识图谱嵌入和行列式点过程

(determinantal point processes,DPP)的有效框架 DivKG,增强了推荐结果的多样性。最后,知识图谱中实体间的关系路径可用于连接用户与推荐结果,增强了推荐的可解释性,例如,Xie 等[216]构建了基于知识图谱和多目标优化的可解释框架(explainable recommendation with knowledge graph and multi-objective optimization,ERKM),增强了推荐结果的可解释性。

目前,知识图谱的建模方法主要分为基于路径的方法[224]、基于图嵌入的方法[202]以及统一联合方法[100]。基于路径的方法利用实体之间的路径连通性来规范用户和项目的表示,需要丰富的领域知识定义元路径的类型和数量,不适用于大规模的知识图谱中。基于图嵌入的方法缺少归纳能力,在新节点出现时,需要学习整个图的特征表示,而且该方法中图的特征表示与下游任务是不相关的,下游任务的结果无法优化图的特征表示。统一联合方法是将基于路径的语义连接信息和基于图嵌入的语义表示信息有效结合起来。近年来,有研究者将知识图谱作为辅助信息用于序列推荐任务中。Wang 等[225]将知识图谱信息融入序列推荐的强化学习框架中,提高了序列推荐的性能。Yang 等[226]利用分层自注意力机制聚合知识图谱中的高阶路径信息,提出了知识增强序列推荐框架来捕捉用户细粒度动态偏好,提高了推荐结果的可解释性。Du 等[227]将基于专利信息的知识图谱引入双向长短期记忆网络中,捕捉公司历史记录中的序列信息进行交易推荐。

2. 预训练模型在推荐系统领域的发展

近年来,以深度学习为基础的数据驱动技术[228]在自然语言处理领域得到了极大的发展,但是只适用于完全静态、单任务等特定场景中,具有较大的局限性。将以文本、结构化为主的知识[229]融入深度学习模型中,可以增强模型的泛化能力和可控性,增大其特定场景的应用范围。同时,自然语言处理任务繁杂,每种任务的训练数据和实验模型各不相同,包括分类任务、匹配任务、翻译任务、结构化预测任务和序列化决策处理任务。因此,预训练模型可以从无标签的知识中获得很好的语言表示信息,为下游任务提供更高的特征表示,得到了较快发展。

最近,预训练模型和推荐系统的结合应用引起了研究者的广泛关注,在推荐系统中预训练模型具有以下优势。第一,预训练模型的迁移学习机制可以较好地解决推荐系统中冷启动问题。推荐系统中冷启动问题的本质是由新用户的历史行为、新项目的交互记录和新系统的相关历史等领域的数据或知识不足造成的。预训练模型先在大规模文本知识中训练出通用的特征向量,利用微调方法完成在推荐系统中的迁移学习。Qiu 等[230]提出了一种基于预训练和微调的模型 U-BERT,学习缺少行为数据的用户表示,最终提高了推荐系统的性能。第二,预训练模型通过从其他任务中迁移知识或者集成异质外部知识,可以有效解决推荐系统中的数据稀疏问题。Penha 等[231]探索了预训练模型 BERT 中关于书籍、电影和音乐项目中存储的参数知识,用于改善会话推荐系统。

应用于推荐系统领域中的预训练模型可以分为两类:基于特征的模型和基于微调的模型。基于特征的模型主要利用外部辅助信息(如项目描述、知识图谱、社交网络等)来提高推荐任务中用户和项目的特征表示。例如,Dadoun 等[92]利用基于城市构建的知识图谱信息、来自不同数据源的城市描述信息,设计出用于旅游地点推荐的架构 DKFM;Chen 等[232]提出了一种基于 Node2Vec 技术和丰富信息网络的新型本地推荐系统 N2VSCDNNR。基于微调的模型是对大规模用户-项目交互数据进行预训练,然后使用到下游任务中进行训练,例如,Yuan 等[233]开发出一个参数高效的迁移学习体系架构 PeterRec,允许预训练的参数在微调中保持不变。

8.3 模型设计

8.3.1 相关定义及公式化描述

序列推荐模型的主要任务是根据指定用户的历史行为序列进行建模,实现对用户未来行为的预测。在序列推荐任务的形式化表达中,指定用户集合 $U=\{u_1, u_2,\cdots,u_{|m|}\}$ 和相关项目集合 $V=\{v_1,v_2,\cdots,v_{|n|}\}$,$m$ 和 n 分别表示用户和项目的总数。对于集合 U 中的每一个用户 u_i,按照时间发生的先后顺序排序的交互行为序列公式化表示如下:

$$H(u_i)=\{(v_1^{u_i},t_1^{u_i}),(v_2^{u_i},t_2^{u_i}),\cdots,(v_k^{u_i},t_k^{u_i})|v_j\in V,j\in[0,k]\} \quad (8.1)$$

其中,$(v_j^{u_i},t_j^{u_i})$ 表示用户 u_i 在 t_j 时刻与项目 v_j 产生了交互序列。

序列推荐模型通过捕捉交互序列中的隐藏信息,最终生成向量 $P=v_{k+1}$ 来预测用户下一次最有可能产生交互的项目。

另外,在基于知识图谱的推荐系统中,含有结构化信息的知识图谱由头实体、关系、尾实体三元组组成。知识图谱表示为 $G=(h,r,t|h,t\in\varepsilon,r\in R)$,其中 $\varepsilon=\{e_1,e_2,\cdots,e_{|\varepsilon|}\}$ 表示实体集合,$R=\{r_1,r_2,\cdots,r_{|R|}\}$ 表示关系集合。项目集合 V 中的项目 v_j 可能与集合 ε 中的多个实体 e_i 相连接。$N(v)$ 表示项目 v 附近的邻居实体数量。

综上所述,本章推荐任务定义如下:给定用户的交互行为序列 $H(u)$ 和知识图谱 G,P-KGSR 模型的目标是预测用户 u 在下一时刻对项目 v 可能产生的行为序列,最终构建一个预测函数,即

$$\hat{y}_{uv}=F(u,v;H(u),g,\Theta) \quad (8.2)$$

其中,$\hat{y}_{uv}$ 表示用户 u 在下一时刻对项目 v 访问的概率;Θ 表示函数 F 的模型参数。

8.3.2 模型描述

本章设计出 P-KGSR 模型,其整体结构如图 8.1 所示。该模型由三部分组成:

嵌入层、训练层和预测层。其中，嵌入层负责将用户-项目交互数据、文本信息、知识图谱信息等统一嵌入到低维向量空间中；训练层由预训练模块和聚合模块构成，主要完成不同特征的处理，生成实体序列和项目序列；预测层提出了一个融合注意力机制的双向门控循环单元变体，负责对实体序列信息和项目序列信息进行建模，并计算损失函数。

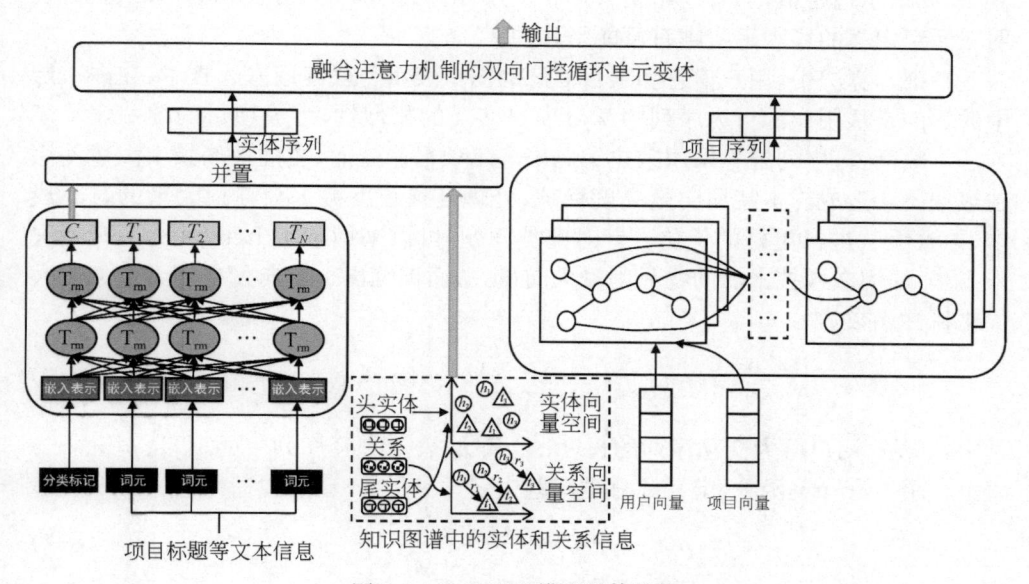

图 8.1 P-KGSR 模型整体结构

1. 嵌入层

P-KGSR 模型的嵌入层主要负责将知识图谱中的实体和关系信息、项目标题的文本语料以及用户行为序列中的项目信息等映射到统一的向量空间中，以便于模型完成推荐任务。

为了将知识图谱中丰富的结构化信息运用到推荐系统中，进行知识表示学习，并进一步得到实体和关系的低维稠密数量积表示是非常必要的。知识图谱嵌入技术主要分为语义匹配模型和平移距离模型。为了便于计算，本章不用注重向量化后实体和关系的潜在语义信息，采用平移距离模型中的 TransR 基础原理，将实体和关系映射到不同的向量空间，以便更好地表现推荐系统中不同项目具有的属性特征。具体而言，对于知识图谱中给定的三元组 (h,r,t)，首先定义关系特定的映射矩阵 M_r，然后将实体向量通过关系矩阵 M_r 映射到不同的向量空间中，得到 h_r 和 t_r，即

$$h_r = M_r h \tag{8.3}$$

$$t_r = M_r t \tag{8.4}$$

接着,利用映射到关系空间中的头实体向量和尾实体向量进行三元组得分计算,定义其评分函数为

$$\text{loss} = \sum_{(h_r,r,t_r)\in S}\sum_{(h'_r,r,t'_r)} \text{Max}(0, \|h_r+r-t_r\|^2 - \|h'_r+r-t'_r\| + m) \tag{8.5}$$

其中,m 表示边距值,通常期望正采样和负采样得到的距离趋近于 m;loss 越小,表明三元组定义的客观事实越有可能是真的。

在推荐算法中,用户信息和项目信息的向量表示一般使用嵌入技术,在嵌入层中的目的是从用户的行为序列中学习项目交互的相似性,生成项目的统一表示序列。一般而言,序列推荐采用独热编码来表示项目。然而,在推荐场景中大量使用独热编码会造成样本特征向量高度稀疏,处理高稀疏度数据会耗损大量的时间成本,导致无法进行更好的优化。针对此类问题,可以采用基于 Item2Vec 原理的嵌入方法,使用嵌入技术后的物品为输入向量,从而训练出一个向量空间。定义最大优化目标函数为

$$\text{argmax}\, f = \frac{1}{k}\sum_{i=1}^{k}\sum_{\substack{j=1\\j\neq i}}^{k} \log p(x_j \mid x_i) \tag{8.6}$$

其中,k 表示用户行为交互序列的长度;x_j 和 x_i 表示交互序列中的项目;$p(x_j|x_i)$ 表示一个 softmax 函数,定义此分类问题为

$$p(x_j \mid x_i) = \frac{\exp(M_i^T N_j)}{\sum_{k\in I_w}\exp(M_i^T N_j)} \tag{8.7}$$

其中,M_i 和 N_j 分别表示 x_i 前后序列信息的潜在向量。

由于该公式的复杂度较高,为了降低模型的计算代价,可以使用负采样的方式进行简化,将式(8.7)转换为

$$p(x_j \mid x_i) = \sigma(M_i^T N_j)\prod_{k=1}^{N}\sigma(-M_i^T N_k) \tag{8.8}$$

其中,N 表示负采样数目;$\sigma(x)$ 表示 sigmoid 函数,$\sigma(x) = \frac{1}{1+\exp(-x)}$。

同时,使用负采样后式(8.6)转换为

$$\text{argmax}\,(f) = \frac{1}{k}\sum_{i=1}^{k}\sum_{\substack{j\neq i\\j=1}}^{k}\log(\sigma(M_i^T N_j)\prod_{k=1}^{N}\sigma(-M_i^T N_k)) \tag{8.9}$$

预训练嵌入技术是指将大量文本语料库中单词的语义映射到低维稠密、长度固定的数学空间中的技术。为了解决推荐系统中存在的数据稀疏问题,在本章提出的模型中主要将用户历史数据中物品的标题信息作为文本语料库,将预训练的输入文本转换成向量的形式,预训练嵌入层结构图如图 8.2 所示。

预训练嵌入层由三种嵌入特征叠加组成,分别是字嵌入、段嵌入和位置嵌入。

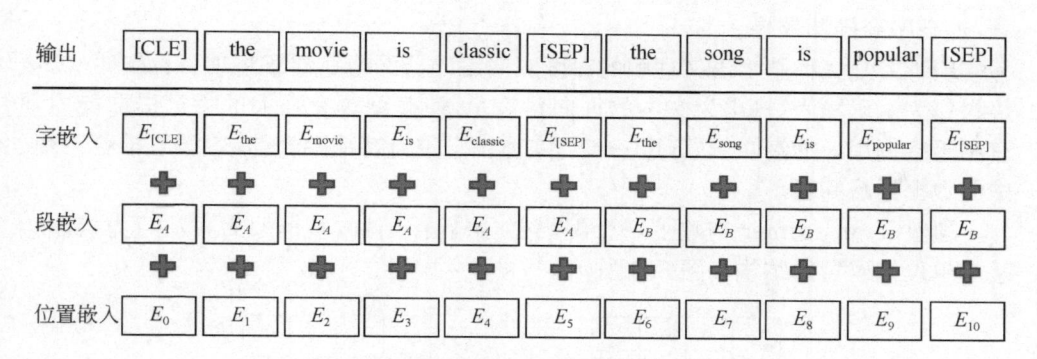

图 8.2 预训练嵌入层结构图

字嵌入是指将各个词转换成固定维度的向量；段嵌入主要处理两个句子的分类任务，例如，两个句子是否为上下句；位置嵌入用于将单词的位置信息编码为向量形式。定义输入序列如下：

$$\text{input} = ([\text{CLE}], s_1, s_2, \cdots, s_m, [\text{SEP}], p_1, p_2, \cdots, p_n, [\text{SEP}]) \qquad (8.10)$$

其中，$s_i, p_j \in N$ 表示输入符号表中的序号；子序列 $(s_1, s_2, \cdots, s_m)$ 表示前序句子；子序列 $(p_1, p_2, \cdots, p_n)$ 表示后序句子；输入序列首标记 [CLE] 用作分类任务的表示，无分类任务可以省略；特殊标记 [SEP] 用于断开文本语料的前后句。

在确定文本输入序列后，当前单词出现的条件概率为

$$P(w_1^T) = \prod_{t=1}^{T} p(w_t \mid w_1^{t-1}, w_{t+1}^T) \qquad (8.11)$$

其中，w_t 表示第 t 个单词；$w_i^j = (w_i, w_{i+1}, \cdots, w_{j-1}, w_j)$ 表示从第 i 个单词到第 j 个单词的子序列。

2. 训练层

训练层分为两个模块，分别为预训练模块和聚合模块。其中，预训练模块主要完成项目标题等文本信息和知识图谱中项目实体信息的融合；聚合模块主要完成推荐系统交互序列中用户信息和项目信息的序列图形式的聚合更新。

1) 预训练模块

由于在领域和任务之间具有良好的知识迁移能力，预训练模块在许多领域取得了巨大成功。在推荐系统中，预训练任务可以将用户-物品交互信息和不同任务信息整合到一个通用的向量空间中，有效解决了推荐任务中的数据稀疏问题。本章利用 Transformer 的双向编码处理历史数据中项目标题等文本信息，并与知识图谱中项目的实体信息相融合，以很好地捕捉历史行为序列中的项目特征和用户偏好，通过知识图谱丰富的结构化信息和用户-项目信息的结合，解决数据稀疏问

题,提高序列推荐效果。

BERT 是一种基于语义理解的深度双向编码器网络。本章将项目标题等文本语料作为编码输入,输出为文本的词向量表示,使模型具有强大的特征提取能力,有利于挖掘用户的潜在偏好,进一步与实体信息进行特征融合,有效缓解推荐系统中的数据稀疏问题。

通过 Transformer 构建了一个编码器-解码器结构,其框架为自注意力机制,基本单位编码器的结构如图 8.3 所示。

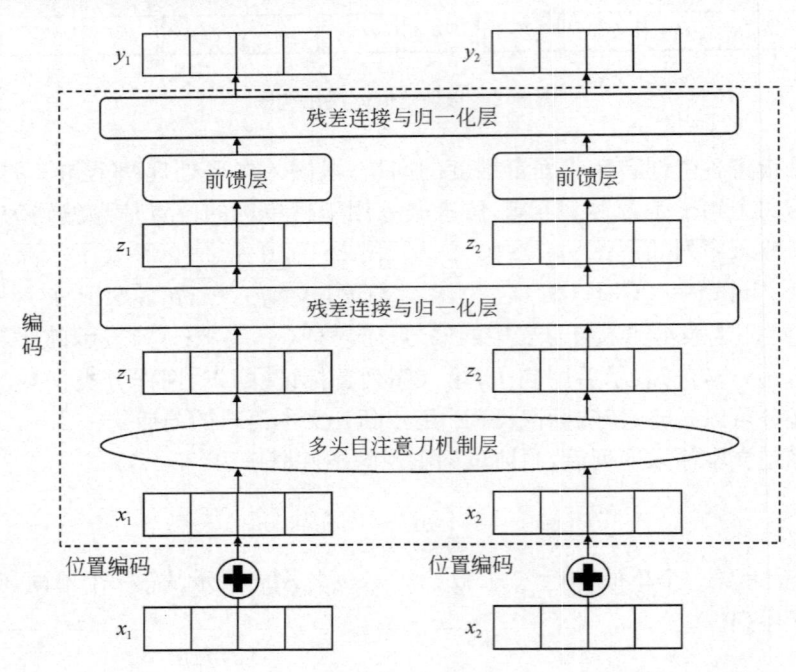

图 8.3 编码器网络模型结构

该模型在输入嵌入层前加上了位置编码信息,输入序列 $x=(x_1,x_2,\cdots,x_n)$ 经过多头自注意力机制层转换为一个连续的表达 $z=(z_1,z_2,\cdots,z_n)$,然后通过两层残差连接与归一化层以及前馈层,生成输出序列 $y=(y_1,y_2,\cdots,y_n)$。本章定义输入层特征为

$$X=E(x)+PE, \quad X\in R^{b\times l\times d} \tag{8.12}$$

其中,$E(x)$ 表示对应单词的嵌入表示;b 表示文本的输入数量;l 表示文本的长度;d 表示文本中对应单词的嵌入维数。

$$PE(P_{os},2i)=\sin(P_{os}/10000^{2i}/d_{\text{model}}) \tag{8.13}$$

$$PE(P_{os},2i+1)=\cos(P_{os}/10000^{2i}/d_{\text{model}}) \tag{8.14}$$

其中,PE 表示对应单词的位置编码,是通过式(8.13)和式(8.14)进行线性变换得到的;P_{os} 表示单词在文本中的位置;i 表示对应的位置参数;d_{model} 表示位置的维度。

多头自注意力机制是采用不同参数矩阵进行运算的,根据得到的关系调整每个单词的权重,具体计算过程如下:

$$Q = \text{Linear}(X) = XW^Q \tag{8.15}$$

$$K = \text{Linear}(X) = XW^K \tag{8.16}$$

$$V = \text{Linear}(X) = XW^V \tag{8.17}$$

其中,Linear 表示线性映射;X 表示文本向量;W^Q、W^K 和 W^V 表示权重。

$$Z_{\text{attention}} = \text{SelfAttention}(Q,K,V) = \text{softmax}\left(\frac{Q \times K^T}{\sqrt{d_k}}\right) \times V \tag{8.18}$$

其中,d_k 表示向量维度;$\sqrt{d_k}$ 表示将注意力机制转换为标准正态分布;softmax 表示归一化,用于计算该位置上的字与其他位置上字相关程度的概率值。

$$\text{MultiHead}(Q,K,V) = \text{concat}(\text{head}_1, \text{head}_2, \cdots, \text{head}_h)W^O \tag{8.19}$$

$$\text{head}_i = \text{Attention}(QW_i^Q, KW_i^K, VW_i^V) \tag{8.20}$$

其中,Q、K、V 的权重矩阵分别是 W_i^Q、W_i^K、W_i^V,且 $W_i^Q, W_i^K, W_i^V \in R^{d_{model} \times d_k}$;$W^O$ 表示附加权重矩阵。

2) 聚合模块

聚合模块通过图神经网络的简单变体,将序列数据转换为灵活的序列图形式,有利于进行项目选择的原始转换,内部环的结构可以更好地捕捉隐藏在顺序行为中变化复杂的用户偏好。同时,通过节点聚合显示编码序列向量来增强用户和项目的表示学习能力,提高了对节点间多跳信息进行建模的能力,有利于提高推荐的准确性,如图 8.4 所示。

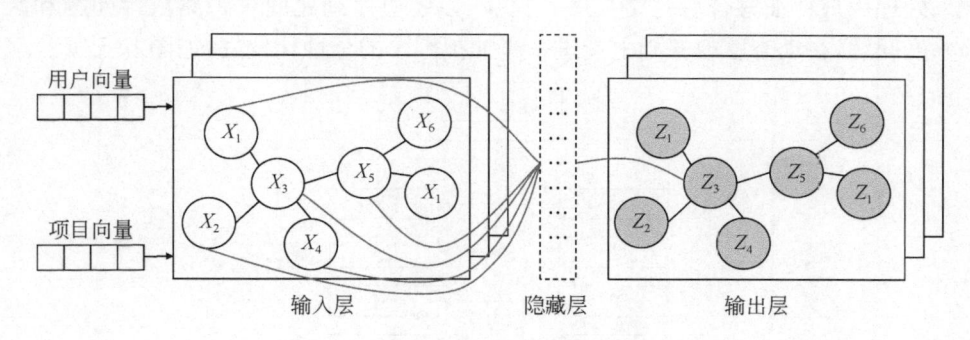

图 8.4 聚合模块结构

具体而言,将用户向量和项目向量作为图神经网络端到端学习的输入特征,借助邻居节点和中心节点特征信息间的卷积计算,实现节点状态的更新变化。最后,在输入端和输出端加入残差连接机制,以实现对项目信息的特征融合。图卷积网络是一种数据网络层,层与层之间的传播方式为

$$X^{(m+1)} = \sigma(\hat{D}^{-1/2}/\hat{A}\hat{D}^{-1/2}X(m)W(m)) \tag{8.21}$$

其中，m 表示图卷积网络的第 m 层；$X(m)$ 表示第 m 层的输出；$\hat{A}=A+I$，A 表示特征邻接矩阵，I 表示单位矩阵；$\hat{D}=\sum_j \hat{A}_{ij}$ 表示矩阵 $\hat{A}$ 的对角矩阵；$W(m)$ 表示第 m 层的权重矩阵；σ 表示非线性激活函数。

按照单层计算，引入残差连接的原理：

$$Z_{concat}^{l+1} = \sigma(\hat{A}H^lW^l) + H^l \tag{8.22}$$

其中，Z_{concat}^{l+1} 表示使用 concat 函数最终融合的特征向量。

3. 预测层

预测层负责将项目序列信息和实体序列信息进行建模，并计算损失函数。首先，将预训练模块输出的实体序列和聚合模块输出的项目序列输入到双向门控循环单元模块，计算出用户短期数据中的序列化偏好，其公式化表达如下：

$$r_t = \sigma(W_r x_t + U_r h_{t-1} + b_r) \tag{8.23}$$

$$z_t = \sigma(W_z x_t + U_z h_{t-1} + b_z) \tag{8.24}$$

$$\tilde{h}_t = \tanh(W_h x_t + U_h (r_t \odot h_{t-1}) + b_h) \tag{8.25}$$

$$h_t = z_t \odot h_{t-1} + (1-z_t) \odot \tilde{h}_t \tag{8.26}$$

其中，r_t 和 z_t 分别表示重置门和更新门的项；x_t 表示第 t 个时间步的输入向量；h_{t-1}、h_t 分别表示上一时刻状态、当前状态；W、U、b 表示网络的权重参数。

接着，实体序列向量和项目序列向量进行特征拼接。然后，通过注意力机制模块来处理用户特征融合后的交互序列信息，以解决序列之间长距离依赖问题和区分差度问题，在动态赋权基础上能进一步捕捉用户的个性化偏好，如图 8.5 所示。

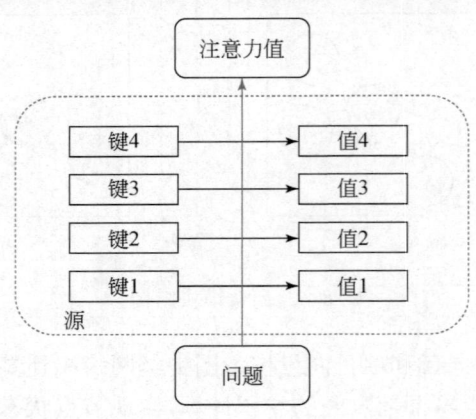

图 8.5 注意力机制模块结构图

注意力机制模块结构主要包括问题、键和值三个部分,分别表示注意力机制的查询、索引、需被加权的数据。其计算公式如下:

$$\text{Att}(Q,S) = \sum_{n=1}^{N} \alpha_n \times V_n \tag{8.27}$$

其中,Q 表示注意力机制中的查询向量;S 表示注意力机制模块的输入源;V_n 表示对应属性的值;α_n 表示 Q 与 S 中对应属性的权重系数,其计算公式如下:

$$\alpha_n = \text{softmax}(\text{sim}(K_n, Q)) \tag{8.28}$$

$$\text{sim}(K_n, Q) = v^{\text{T}} \tanh(W K_n + U_q) \tag{8.29}$$

其中,sim 表示相似度计算;K_n 表示属性;v^{T}、W 和 U_q 表示可学习的模型参数。

最后,通过多层神经网络实现特征的交叉组合,以生成拟合后的输出。本章选择交叉熵函数作为模型的损失函数,定义为

$$\text{loss} = -\frac{1}{n}\sum_{i=1}^{n}\left[y_i \ln \hat{y}_i + (1-y_i)\ln(1-\hat{y}_i)\right] \tag{8.30}$$

其中,n 表示样本总数;y_i 表示真实值;$\hat{y}_i$ 表示模型的输出值。

8.4 实　　验

8.4.1　实验数据集及预处理

本节实验数据集同 7.4.1 节。

上述两个数据集在稀疏度方面各不相同,其中 Book-Crossing 数据集的稀疏度为 99.97%,MovieLens-1M 数据集的稀疏度为 95.53%。为了保证实验的准确性,在实验之前需要进行预处理操作。首先,清除掉与用户交互数量小于 5 的项目。其次,数据集采取随机划分的方法,将数据集 80% 划分到训练集中,剩余 20% 划分到评估模型性能的测试集中。最后,本节将用户对项目的评分转换为 0 或 1 的隐式反馈信息,重点研究隐式反馈。

两个数据集中的知识图谱是根据项目的属性等信息构建的。本节在知识图谱构建的过程中通过 ID 匹配的方式,将数据集中项目的 ID 与所有知识图谱中三元组的头实体和尾实体进行匹配。

8.4.2　评价指标

在实验中,将推荐模型给用户 u 生成的推荐列表定义为 $I_u = \{i_u^1, i_u^1, \cdots, i_u^K\}$,其中 i_u^a 表示其排在列表 I_u 中的第 a 个位置;K 表示推荐项目的数量;定义 T_u 表示用户 u 在测试集中真实选择获得项目列表。本节使用 Precision@K、recall@K、NDCG@K、MRR@K 和 HR@K 五个实验指标来评估模型的性能,并且所有实验

结果中都选取 $K=100$（以下实验进行说明）。

（1）准确率代表系统推荐的项目中用户感兴趣项目所占的百分比，是一种广泛应用于预测精度的度量标准，公式如下：

$$\text{Precision}@K = \frac{\sum_{u \in U} | I_u \cap T_u |}{\sum_{u \in U} | I_u |} \tag{8.31}$$

（2）召回率是指测试集中有多少项目在系统生成的用户推荐列表中的比例，公式如下：

$$\text{recall}@K = \frac{\sum_{u \in U} | I_u \cap T_u |}{\sum_{u \in U} | T_u |} \tag{8.32}$$

（3）NDCG 是通过项目在列表中的位置来衡量排名质量的，公式如下：

$$\text{NDCG}@K = \frac{1}{Z}\text{DCG}@K = \frac{1}{Z}\sum_{j=1}^{K} \frac{2^{\text{rel}_j} - 1}{\log_2(j+1)} \tag{8.33}$$

其中，Z 表示归一化的系数；rel_j 表示项目在 j 位置上的概率。

（4）MRR 通过计算推荐结果中正确推荐项目的倒数排名平均值来衡量推荐顺位的指标。本节将 100 设置为贡献值（$K=100$），这意味着如果模型的推荐排名超过 100，则对应的倒数排名设置为 0。MRR 值越大，表示在推荐列表中真实结果的排名越高，推荐模型的性能越好。其公式如下：

$$\text{MRR}@K = \frac{1}{M}\sum_{i=1}^{M}\frac{1}{R_i} \tag{8.34}$$

其中，M 表示用户集的数量；R_i 表示第 i 个用户真实交互的项目在下一项相似项目中的排名位置。

（5）命中率是一种衡量推荐结果准确性的评价指标，公式如下：

$$\text{HR}@K = \frac{\sum_{i=1}^{M}\text{Hits}@K}{M} \tag{8.35}$$

其中，M 表示用户集的数量；Hits 表示测试集中的项目与出现在推荐列表中的用户数量。

8.4.3　参数设置

本节讨论在模型的设计和实验中关键参数的设置。本章模型主要分为三个部分：嵌入层、训练层和预测层。在嵌入层中，设置用户和项目表示向量的维度为 64，知识图谱实体嵌入的维度为 64，预训练模型嵌入向量的维度为 768。在训练层中，聚合模块总图卷积网络隐藏层大小设置为 64。在预测层中，融合注意力机制的双向门控循环单元中实体序列的维度为 128, 项目序列的维度为 128, 注意力机制层中隐藏层大小设置为 64。

8.4.4 基线方法

为了验证 P-KGSR 模型的性能, 本节选取了推荐系统中具有代表性的模型进行对比, 下面是基线方法的描述。

(1) GRU4Rec[91]。该模型使用循环神经网络对用户会话序列进行建模, 首先通过用户数据的点击历史进行升序排列, 将用户点击过的项目以独热编码的形式作为嵌入层的输入, 然后表示为向量经过多层门控循环单元, 最后通过一个前馈层转换为在下一个序列中用户选择所有项目的预测评分。

(2) FPMC[83]。该模型将马尔可夫链和矩阵分解机相结合, 融合了交互序列和个性化两方面的信息进行推荐。

(3) Caser[234]。该模型将短期的行为建模为时间和潜在维度之间的图像, 并通过水平分层和垂直卷积神经网络模拟用户的历史交互, 最后使用最小化交叉熵进行优化。

(4) SASRec[220]。该模型使用自注意力机制对用户的交互序列进行建模, 然后将得到的序列信息与所有物品的向量表示进行内积, 最后依据相关性的数值排序得到序列预测。

(5) TransRec[219]。该模型将嵌入方法应用于序列推荐中, 将用户转换为关系向量, 输出的下一个项目由用户关系和用户最近交互的项目共同确定。

(6) HRM[218]。该模型提出了融合用户一般偏好的序列行为的层次化结构, 可以对非线性因素之间的复杂交互进行建模。

(7) NARM[235]。该模型采用具有注意力机制的多层门控循环单元编码器建模用户的序列行为和主要意图。

(8) SR-GNN[236]。该模型将单个会话序列构造为会话图结构, 在门控循环单元和图神经网络的基础上使用注意力网络捕捉会话序列中的项目与目标项目之间的相似度。

8.4.5 实验结果与分析

1. 对比实验

为了得到真实的结果, 所有模型都在相同的实验环境和训练集中进行实验。实验采用 PyTorch 机器学习架构, 在 Ubuntu 操作系统、PyCharm2020、AMD 3700x 中央处理器、GTX 1080Ti 图形处理器、64GB 内存、Python3.7 的环境下进行分析。本章提出的模型与其他基准模型在两个数据上的性能比较如表 8.1 和表

8.2 所示。

表 8.1　所有模型在 Book-Crossing 数据集上的性能比较

模型	Book-Crossing			
	Precision@100	recall@100	NDCG@100	MRR@100
GRU4Rec	0.0019	0.1939	0.0718	0.0449
FPMC	0.0019	0.1913	0.0657	0.0381
Caser	0.0018	0.1802	0.0685	0.0440
SASRec	0.0018	0.1774	0.0681	0.0439
TransRec	0.0021	0.2065	0.0740	0.0446
HRM	0.0017	0.1666	0.0621	0.0392
NARM	0.0018	0.1821	0.0686	0.0433
SR-GNN	0.0018	0.1851	0.0684	0.0437
P-KGSR	0.0021	0.2118	0.0776	0.0482

表 8.2　所有模型在 MovieLens-1M 数据集上的性能比较

模型	MovieLens-1M			
	Precision@100	recall@100	NDCG@100	MRR@100
GRU4Rec	0.0063	0.6331	0.2117	0.1135
FPMC	0.0053	0.5291	0.1542	0.0697
Caser	0.0063	0.6263	0.1968	0.0976
SASRec	0.0062	0.6185	0.1953	0.0969
TransRec	0.0048	0.4806	0.1250	0.0466
HRM	0.0057	0.5705	0.1568	0.0625
NARM	0.0065	0.6498	0.2206	0.1204
SR-GNN	0.0063	0.6283	0.2233	0.1286
P-KGSR	0.0064	0.6407	0.2152	0.1156

分析得出如下结论。

(1) 基于深度学习的模型通常优于 FPMC 模型。其主要原因是基于马尔可夫链的 FPMC 模型仅依赖最近的几个交互进行建模，忽略了长期依赖关系和集体依赖关系。而深度学习算法可以利用非线性方式对交互序列进行建模，具有强大的特征处理能力，可以捕捉到序列中更加复杂的信息。

(2) 本章提出的 P-KGSR 模型在两个数据集中的整体性能都比较优秀，尤其是在具有高稀疏度 Book-Crossing 数据集中所有的性能指标都有很大提升。P-KGSR 模型的主要优势在于处理层通过预训练模块将项目标题属性和知识图谱辅助数据作为推荐中的上下文信息,通过聚合模块处理交互序列中的项目信息和用户信息建立高阶连通性,缓解了序列推荐中数据稀疏以及无法捕捉上下文信息和序列信息之间关联融合的问题。

(3)在稀疏度较低的数据集中,本章提出模型的性能接近所有基准模型中的最优值。相比于其他模型,P-KGSR 模型的预测层中将项目序列和实体序列融入注意力机制的双向门控循环单元变体,解决了长距离序列中区分差异度和依赖性的问题,以及考虑了项目属性、项目内容之间联系的问题。同时,模型中过多融入了上下文信息特征,会在一定程度上影响序列信息的处理,因此在稀疏度较低的数据上表现良好。

2. 数据集稀疏度对推荐效果的影响

在实际推荐应用中,用户和项目的数量比较庞大,因此用户、项目交互信息通常用高维矩阵表示,如用户对不同项目的评分记录。然而,实际用户只会对极少的项目进行评分,导致多数项目缺少评分数据,产生许多高维稀疏矩阵。数据稀疏的本质是缺乏有价值的数据,导致推荐系统的性能下降。由图 8.6 可以看出,在处理稀疏度较高的 Book-Crossing 数据集上,P-KGSR 模型对比其他基准方法均取得了最好的结果,其中,在 recall@100、NDCG@100、MRR@100 指标上分别提升了 0.53%、0.36%、0.33%;同时,Book-Crossing 数据集的稀疏度高于 MovieLens-1M 数据集,P-KGSR 模型在 Book-Crossing 数据集中的表现整体优于 MovieLens-1M 数据集。从实验结果中得出,融合了基于项目属性的知识图谱和项目标题等文本信息,更有利于解决数据稀疏问题,较好地提高了推荐系统的性能。

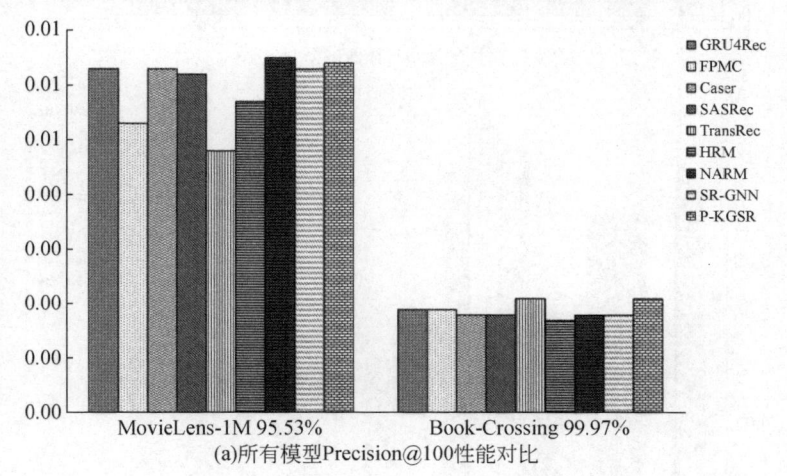

(a)所有模型Precision@100性能对比

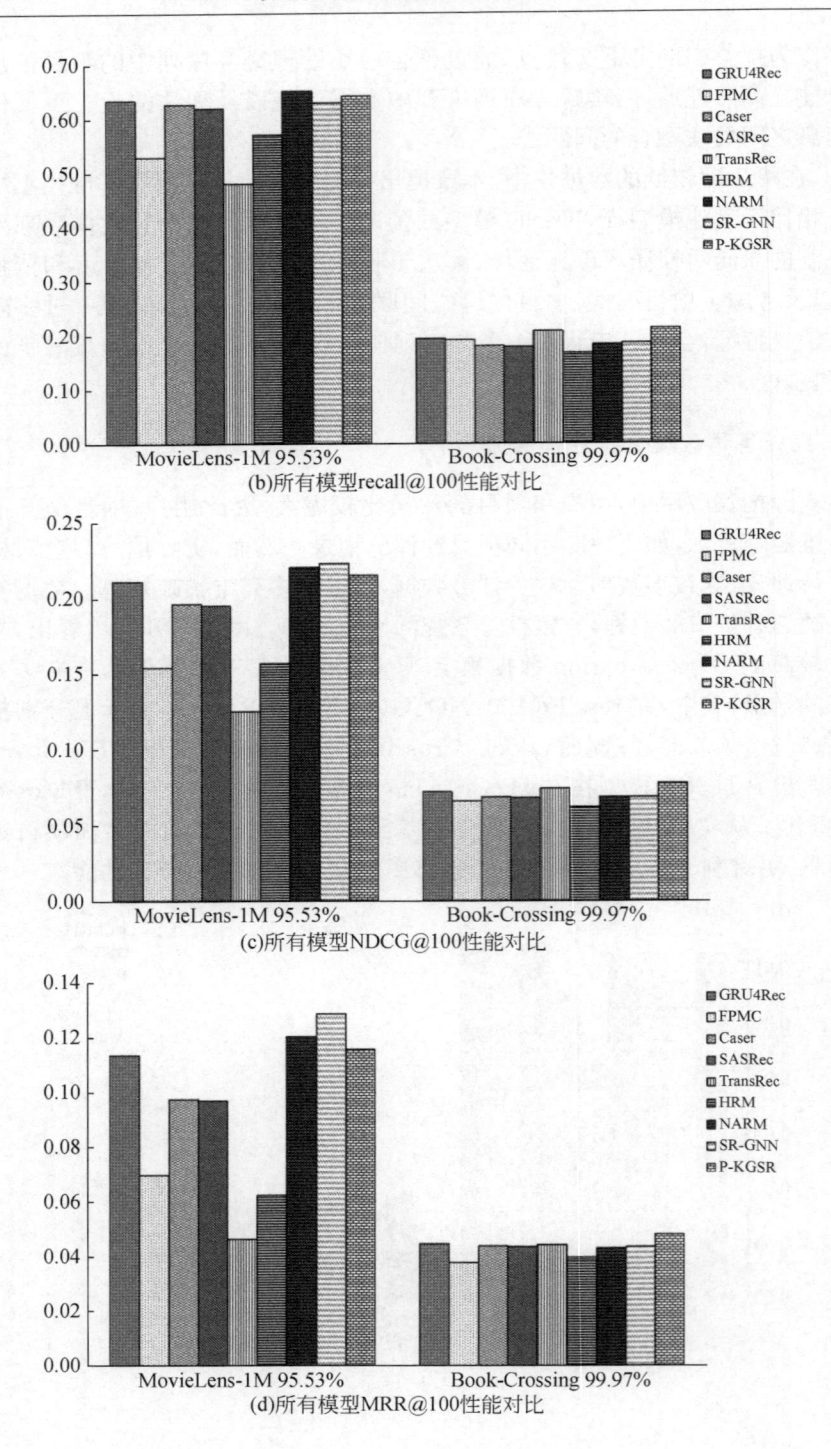

(b)所有模型recall@100性能对比

(c)所有模型NDCG@100性能对比

(d)所有模型MRR@100性能对比

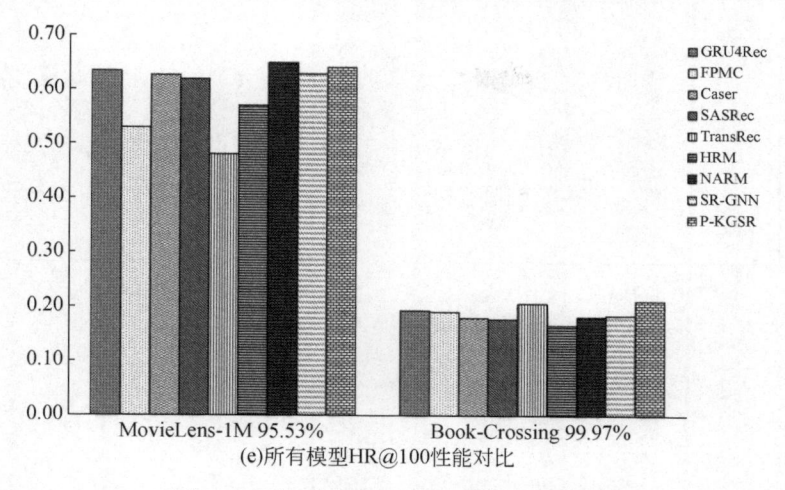

图 8.6 稀疏度对所有模型实验指标的影响

3. 列表长度 K 对推荐结果的影响

从所有基准方法中选取两个带有注意力机制且性能表现较好的模型与 P-KGSR 模型进行验证实验。在不同推荐列表长度 K 的条件下,三个模型的所有实验指标的结果如图 8.7 所示。可以看出,在一定范围内推荐列表越长,召回率、MRR、NDCG 和命中率越高,模型的推荐性能越好。同时,本章提出的模型在 Book-Crossing 数据集中的表现较其他模型有较大提升,在数据稀疏度不高的 MovieLens-1M 数据集中表现一般。但随着 K 值的不断增加,P-KGSR 模型各个指标的数值与其他模型数值之间的差距越来越小,甚至超过部分模型的表现。例如,当 K=100 时,P-KGSR 模型的准确率、召回率和命中率均优于 SR-GNN 模型的。综上所述,本章选取 K=100 作为对比实验的条件可以更好地验证 P-KGSR 模型的性能表现。

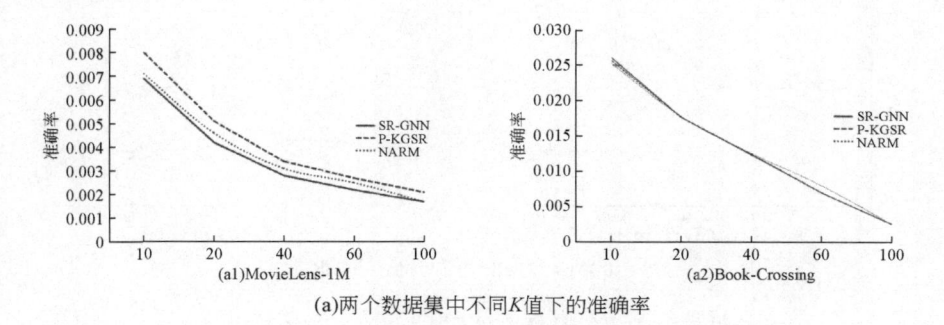

(a) 两个数据集中不同 K 值下的准确率

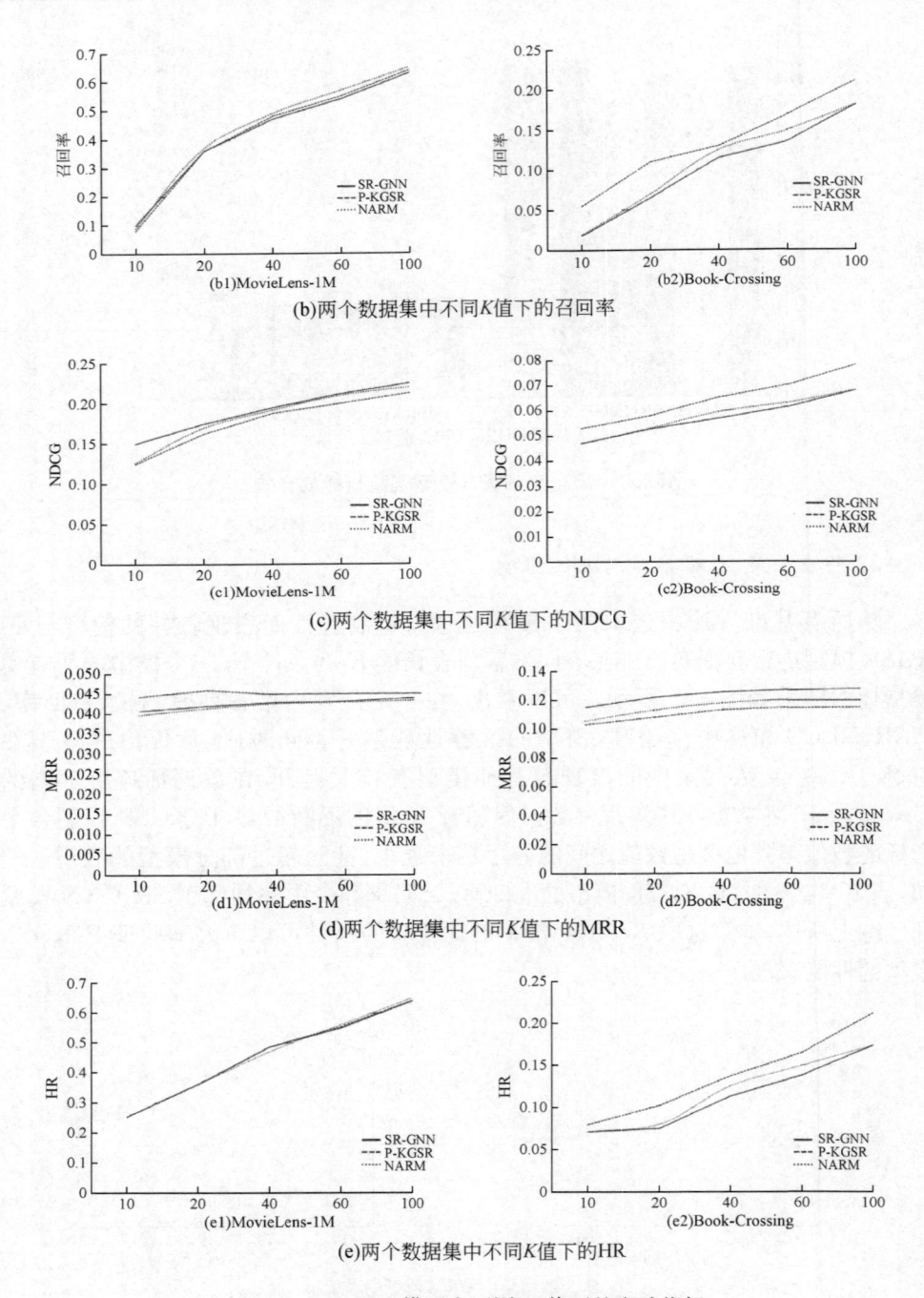

(b) 两个数据集中不同 K 值下的召回率

(c) 两个数据集中不同 K 值下的NDCG

(d) 两个数据集中不同 K 值下的MRR

(e) 两个数据集中不同 K 值下的HR

图 8.7　P-KGSR 模型在不同 K 值下的实验指标

4. 消融实验

为了验证模型中预训练模块的实际作用，本节设置模型的变体进行消融实验。在实验过程中，设置一组不考虑预训练模块的变体 KGSR，并且与 P-KGSR 模型作为对比的基准方法，实验结果如表 8.3 和表 8.4 所示。从表中可以看出，P-KGSR 模型在具有高稀疏度的 Book-Crossing 数据集上的整体性能优于 KGSR。实验结果证明，推荐系统通过预训练模块融入项目标题文本信息和基于项目属性的知识图谱等上下文信息，可以有效解决数据稀疏问题，从而提高推荐系统的性能。同时，过多上下文信息特征的融入会在一定程度上影响序列信息的处理，所以完善模型在稀疏度较低数据上的表现是未来研究的重点工作。

表 8.3 消融实验在 Book-Crossing 数据集上的结果

实验指标及不同 K 值	Book-Crossing KGSR	Book-Crossing P-KGSR
Precision@10	0.0076	0.0080
Precision@20	0.0046	0.0051
Precision@40	0.0033	0.0034
Precision@60	0.0027	0.0027
Precision@100	0.0021	0.0021
recall@10	0.0757	0.0797
recall@20	0.0928	0.1022
recall@40	0.1334	0.1369
recall@60	0.1606	0.1642
recall@100	0.2072	0.2118
NDCG@10	0.0492	0.0527
NDCG@20	0.0535	0.0582
NDCG@40	0.0617	0.0653
NDCG@60	0.0666	0.0701
NDCG@100	0.0739	0.0776
MRR@10	0.0411	0.0444
MRR@20	0.0423	0.0458

实验指标及不同 K 值	Book-Crossing	
	KGSR	P-KGSR
MRR@40	0.0436	0.0470
MRR@60	0.0442	0.0476
MRR@100	0.0448	0.0482
HR@10	0.0757	0.0797
HR@20	0.0928	0.1022
HR@40	0.1334	0.1369
HR@60	0.1606	0.1642
HR@100	0.2072	0.2118

表 8.4 消融实验在 MovieLens-1M 数据集上的结果

实验指标及不同 K 值	MovieLens-1M	
	KGSR	P-KGSR
Precision@10	0.0263	0.0253
Precision@20	0.0184	0.0180
Precision@40	0.0123	0.0121
Precision@60	0.0094	0.0092
Precision@100	0.0065	0.0064
recall@10	0.2626	0.2533
recall@20	0.3682	0.3609
recall@40	0.4919	0.4859
recall@60	0.5636	0.5538
recall@100	0.6485	0.6407
NDCG@10	0.1496	0.1366
NDCG@20	0.1734	0.1638
NDCG@40	0.1987	0.1894
NDCG@60	0.2114	0.2014
NDCG@100	0.2250	0.2152
MRR@10	0.1118	0.1013
MRR@20	0.1190	0.1087

续表

实验指标及不同 K 值	MovieLens-1M	
	KGSR	P-KGSR
MRR@40	0.1233	0.1131
MRR@60	0.1248	0.1145
MRR@100	0.1259	0.1156
HR@10	0.2626	0.2533
HR@20	0.3682	0.3609
HR@40	0.4919	0.4859
HR@60	0.5636	0.5538
HR@100	0.6485	0.6407

8.5 本章小结

　　本章提出了 P-KGSR 模型,通过预训练模块将项目标题等文本信息和知识图谱中的实体信息相融合,经过聚合模块完成序列交互中用户信息和项目信息的聚合更新,最后采用融合注意力机制的双向门控循环单元变体实现项目序列信息和实体序列信息的建模和推荐。对比实验、消融实验的结果表明,P-KGSR 模型在两个数据集中表现出较好的性能,可以充分解决数据稀疏等问题,提高推荐的准确性。同时,过多上下文信息特征的融入会在一定程度上影响序列信息的处理,因此完善模型在稀疏度较低数据上的表现是未来研究的重点。

第四篇　知识推理的可解释方法

本篇致力于研究面向图神经网络知识推理的解释方法,通过对现有工作的梳理和对比,发现已有解释方法在知识图谱场景下存在模型泛化能力不足、所生成的解释形式单一以及部分解释存在结构异常等问题。本篇的主要内容如下:

(1)将现有图神经网络解释模型泛化到知识推理任务。本篇通过将知识图谱中的每个三元组视为一个由头尾实体构成的新节点,并将三元组中的关系设为新节点的特征,然后将所有存在共享实体的新节点互相连接形成新的只有单一关系的无向图。基于转换后的新图,根据去噪自编码器的思想将知识图谱上的知识推理任务转换为新图上的节点分类任务,并将模型训练为一个在解释生成领域常见的单关系图上的节点分类模型,进而使得现有的解释模型可以获得应用,为后续工作奠定基础。

(2)基于解释子图的逻辑规则提取。本篇针对现有面向图神经网络的解释工作多致力于将算图的一个重要子图作为解释,而不考虑在知识图谱背景下难以利用的问题,提出一种从解释子图中提取逻辑规则的方法。该方法在解释子图中围绕被解释节点提取路径,并通过将路径中的实体替换为变量将其泛化为规则,并通过在知识图谱中计算该规则的置信度决定是否保留。

(3)异常解释子图连通性增强。针对解释子图中存在的被解释节点不在解释子图中以及解释子图的连通分量过多的异常问题,提出了一种基于中心性的解释子图连通性增强方法,通过在解释子图中选择与被解释节点共享实体的节点并计算其中心性分数作为它们对于被解释节点的重要性衡量标准,选择得分最大的节点作为最终的连接对象。最后通过连通子图筛选,仅保留包含被解释子图的分量作为最终的解释子图增强结果。

第 9 章　面向知识图谱链接预测任务的解释子图生成

9.1　引　　言

知识图谱[6]是一种使用标准格式三元组表示的事实集合,同时也可以被认为是一种以图结构为存储的数据库,图中的每个节点和边分别代表知识图谱中的实体和它们之间的关系。大规模知识图谱往往是不完备的,导致许多下游任务(如基于知识图谱的问答系统[7,237]和推荐系统[238])实践中的表现受到限制。因此,为了实现对实体间缺失关系的预测,进而对不完整的知识图谱进行自动补全,知识图谱上的链接预测任务受到越来越多的关注。基于嵌入的知识图谱链接预测模型[239]旨在为知识图谱中的实体和关系学习合适的向量表示,并基于学习到的向量表示得到关系的预测结果。得益于图神经网络近年来的发展,基于嵌入的知识图谱链接预测模型有了新的编码器可供选择。根据消息传递范式神经消息传递网络[143]对图神经网络的描述,图神经网络是通过聚合和更新两个函数来更新每个节点的特征,在聚合每个节点邻域的过程中将图数据的拓扑信息也编码到节点表示中,因而学习到基于嵌入的知识图谱链接预测模型相比传统方法效果更好。知识图谱在其逻辑结构上也是一种图结构数据,因而使用图神经网络来获得知识图谱的表示,进而对知识图谱进行补全,成为一个自然的研究方向[128]。

可解释性一直是所有基于神经网络的算法和应用实践中面临的共同挑战。一方面可解释性可以建立用户的信任;另一方面对研究者而言给出的解释也是辅助科学发现的重要途径。当前对于基于图神经网络的相关模型的可解释性研究主要集中在开发一种解释器,通过该解释器寻找输入图中与模型预测结果最相关的子图。而这些子图可以反映出图神经网络在决策时所依据的模式。图神经网络主要面向单关系数据上的节点分类任务以及图分类任务[149],因而现有的解释器也主要面向单关系场景。要想为知识图谱上的链接预测任务生成解释,需要解释器可以在多关系图上正常工作,但现有的解释工具发展均不成熟,针对知识图谱中推理模式的研究难以开展。为解决这一问题,本章提出一种基于将多关系图转换为单关系图的知识图谱链接预测模型。通过这样的转换,一方面可以将复杂的多关系图转换为更简单的单关系图;另一方面可以将链接预测任务转换为一种节点分类任务。知识图谱转换示意图如图 9.1 所示。

(a)多关系图

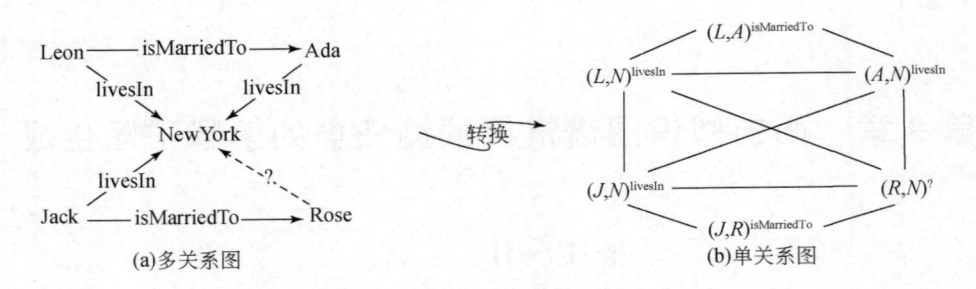

(b)单关系图

图 9.1 知识图谱转换示意图

图 9.1(a)是一个小型的知识图谱,存在 liveIn 和 isMarriedTo 两种关系以及 5 个实体,可以看出,它是一个比较复杂的有向多关系图。通过转换,图 9.1(b)中已经不包含关系类型的单关系图,且每条边都是无向的。图神经网络只需要在转换后的图上学习如何准确预测节点(Rose,NewYork)的类型为 liveIn。

在此背景下,本章开展基于单关系转换的知识图谱链接预测子图解释生成研究,主要贡献如下。

(1)提出一种将多关系图向单关系图转换的方法。这种转换可以令现有的解释器不加改动地应用到知识图谱链接预测任务上。

(2)验证在多关系数据场景下提取解释子图的可行性,并对提取的子图进行分类分析。

9.2 相关工作

1. 基于图神经网络的知识图谱补全方法

知识图谱是一种复杂的图数据结构,而图神经网络主要是设计用于处理单一关系的图数据。因此,在将图神经网络应用于知识图谱时,需要进行专门的定制,以适应知识图谱数据的特点。语法图卷积网络[127]首次将句法依赖树视为一种图形结构数据,并提出了为每种不同类型的边分别定义参数矩阵的思想。在这项工作的基础上,关系图卷积网络[106]第一次证明了图神经网络可以应用于建模知识图谱这种大型关系数据。另外,一些研究工作致力于在利用关系图卷积网络模型捕获相关特征之前,对知识图谱数据进行预处理。例如,GraIL[130]通过提取目标三元组的局部子图,结合图神经网络进行推理,而关系嵌入判别式图神经网络(relational embedding discriminative graph neural network,RED-GNN)[131]则依赖从知识图谱中提取有向关系图,然后使用这些有向关系图来训练图神经网络进行推理。除了为每种关系定义参数矩阵,Nathani 等[201]提出了一种方法,即在消息聚合过程中为每条边分配注意力分数,通过注意力分数来控制不同类型边上的信息传播。上述工作主要集中在改进图神经网络自身的聚合组件方面。

2. 面向图神经网络的解释方法

可解释性是深度学习领域的一个重要研究内容,研究对其分类的角度比较多。主要的二分法有实例级解释和模型级解释、事前解释和事后解释、模型相关解释和模型无关解释。要解释基于图神经网络的知识推理模型,必须要解释作为推理核心的图神经网络组件。图神经网络发展较晚,对其可解释性的研究也处于起步阶段,目前的研究主要集中于模型无关的实例级事后解释方法,其主要思想是通过最大化子图与模型预测之间的互信息来寻找与模型预测最相关的子图,在某种意义上可以认为是一种对原图去噪的过程。例如,GNNExplainer 为每张图单独训练生成掩码。而 Luo 等[240] 认为前者在生成掩码效率方面存在缺陷,于是提出 PGExplainer 为多张图同时训练掩码。最近,Amara 等[241] 尝试所有图神经网络解释方法建立了统一框架来横向评估各类图神经网络解释模型,无论其是否存在标准解释。以上解释方法在解释单关系图上的节点分类结果时较为准确,这在一些人造数据集上已经得到验证,但在知识图谱上还没有进行相关实验,且它们不能直接解释链接预测的结果。

9.3 模型设计

9.3.1 模型框架

知识图谱链接预测模型旨在通过已知信息推断实体间缺失的链接,但这也可以认为是一种对数据集去噪的问题,其中缺失的链接即为图中的噪声。去噪自编码器(denoising autoencoder,DAE)[242] 是一种常见的模型,它按一定比例随机破坏输入数据,并以未破坏的原始数据为优化目标进行学习,最终模型可以学会如何对缺失的数据进行补全。基于此,本节将模型构造为一个在图上工作的去噪自编码器。模型的整体结构框架如图 9.2 所示。本节按照一定比例随机掩盖知识图谱中的三元组,这相当于为知识图谱人为添加噪声,然后将带有噪声的知识图谱转换为单关系无向图,并在此基础上应用图神经网络进行去噪编码。当图神经网络成功学习到如何去噪时,也就学会了如何进行链接预测。最后将再对其应用常见的图神经网络解释器研究学习到的补全模式。以上过程用符号化描述为:对于一个知识图谱 K,由于 K 中不存在负例,所以首先需要通过负采样将 K 扩展为 $\tilde{K}$,$\tilde{K}$ 中的每一个三元组都被分配了一个二元标签并形成一个四元组 (h,r,t,l)。当 $l=1$ 时,表示正例,即该三元组是原本存在于 K 中的;当 $l=0$ 时,为负例,表示该三元组由负采样得到。然后将 $\tilde{K}$ 按一定比例随机遮蔽,得到损坏版的 $\tilde{K}$、$\tilde{K}_c$ 和被遮蔽的三元组集合 Λ。模型的训练目标即将 Λ 准确还原到 $\tilde{K}_c$ 中。从数据结构的角度看,$\tilde{K}_c$ 是一种图 $\tilde{G}_m$,其中的节点和边分别为 K 中的实体和关系。$\tilde{G}_m$ 是一个多关系有向图,单关系无向图上的解释器难以应用,因此需要将其进一步转换为单关系无向图 $\tilde{G}_u$。

之所以要研究模型在数据集上的解释,是因为本节希望了解基于图神经网络的链接预测模型会在知识图谱上捕获到何种模式。图 9.1(a) 是一个知识图谱上链接预测的示例,从中可以观察到一个明显的模式,即结婚的两个人住在同一城市。基于此模式,人类可以有很高信心地推理出 (Rose, livesIn, NewYork),而一个训练好的链接预测模型也应该可以从数据集中学习到这样的模式并做出正确的预测,而图神经网络解释器的研究提供了理解模型决策的途径。

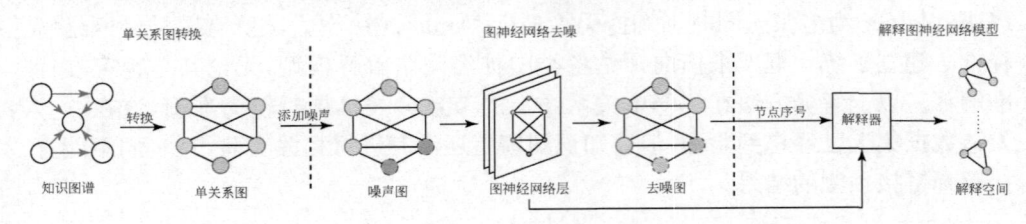

图 9.2 模型的整体结构框架

9.3.2 单关系图转换

复杂的多关系有向图 $\tilde{G}_m$ 向单关系无向图 $\tilde{G}_u$ 转换可以分为两个部分:节点的转换和边的转换。在 $\tilde{G}_m$ 中,每条边连接着两个不同的节点,边的类型代表了节点之间的语义联系,边的方向指出了头尾顺序。为了通过转换使新图成为单一关系类型,本节提出可以通过将 $\tilde{G}_m$ 中存在连接的两个节点组成有序偶充当新图中的节点,有序偶的顺序即是原本边的方向。而原本边上的类型则由新图特征向量中的非零元素指示。为了尽可能地连接所有新节点,保证信息连通,本节规定只要两个有序偶共享相同的元素即将两者用一条无类型的无向边连接。同时,通过这样的转换将原 $\tilde{G}_m$ 上的链接预测问题等效为有序偶的分类问题,进而可以使用普通的图神经网络模型对其中的模式进行学习,并可以利用现有的图神经网络解释器提取解释。以下分别从节点和边的生成阐述具体的转换过程。

1. 节点转换策略

单关系无向图转换的过程整体上如式 (9.1) 所示。

$$\widetilde{G}_m = (V, E, R) \Rightarrow \widetilde{G}_u = (V', E', T) \tag{9.1}$$

其中,$V = \{v_1, v_2, v_3\}$;E、R 分别表示节点和边以及边的类型集合;V'、E' 和 T 分别表示 $\widetilde{G}_u$ 中的节点、边以及节点的类型集合。针对节点转换任务,本节遍历 E 并取 $(h,t) \in E$,构成新图 $\widetilde{G}_u$ 中的一个节点 $v'_{\langle h,t \rangle}$,其中上标 $r \in R$ 表示该节点所属的类型。

以图 9.2 为例,用首字母缩写 L、A、J、R 分别代表节点 Leon、Ada、Jack、Rose,于是 $E = \{(L,A), (A,L), (L,N), (J,N), (J,R), (R,J), (A,N)\}$,$R = \{\text{isMarriedTo}, \text{livesIn}\}$,$V = \{L, A, J, R\}$。节点转换共有两个任务:

1) 构造 V'

由于本节目标是通过边获得有序偶,进而构成 V',所以直接令 $V' = E$。每一个有序偶,如 (L,A) 即表示一种从 L 到 A 的有向关系。为了表示的紧凑性,本节为 V' 中的每个节点分配唯一的 ID,如 $\{(L,A):0, (A,L):1\}$。

2) 初始化 V' 的特征

对于 V' 的特征初始化,每个节点首先被分配一个维度为 $|R|$ 的全零向量 x。然后为 R 中的元素按首字母排序并分配 ID,如 $R = \{\text{isMarriedTo}:0, \text{livesIn}:1\}$。根据 R 中关系的 ID,将 x 中相应 ID 的元素置为 1,即 $x_i = 1$。例如,对 V' 中的节点 $(L,A)^{\text{isMarriedTo}}$ 的特征进行初始化,由于 $|R| = 2$,所以令 $x = [0, 0]$。由于 ID(isMarriedTo)$= 0$,所以将 x 的第 0 个元素置为 1,即 $x = [1, 0]$。这样就得到了节点的初始化特征。有必要说明的是,所构建的特征向量并不是独热向量,特征向量的每一个元素都对应一种关系,因此对于不止一种关系的有序偶,可以存在多个为 1 的元素。

2. 边转换规则

$\widetilde{G}_u$ 相较于 $\widetilde{G}_m$ 的重要区别在于:前者的边是单关系类型且无向的。通过节点转换可以得到 V',V' 是由有序偶构成的。为了连接这些有序偶,规定:对于两个节点 v_i 和 v_j,若两者对应的有序偶中存在相同的实体,则将两者用一条无向边 e 相连。例如,假设 $\widetilde{G}_u$ 有节点 $v(a,b)$ 和 $v(b,c)$,其中 a、b、c 表示 $\widetilde{G}_m$ 中的节点,因为两者共享节点 b,所以此时它们之间将生成一条无向边 $e = (v(a,b), v(b,c))$。这种无向边本身不具有属性,仅表示一种邻接关系。设 $\widetilde{G}_m$ 的邻接矩阵为 A^m,则

$$A^m_{ij} = |\{(v_i, r, v_j) | (v_i, r, v_j) \in E\}| \tag{9.2}$$

在 $\widetilde{G}_m$ 中,节点之间是否存在一条边取决于在知识图谱中是否存在三元组 (v_i, r, v_j),且节点之间边的数量取决于节点之间不同类型 r 的数量。例如,当一个人 P 出生于某个城市 C 时,P 也大概率在 C 工作。因此,从 P 到 C 存在至少两条

有向边:"出生于"和"工作于",故 $A^m_{ix}=2$。

根据上述转换规则,这种复杂的邻接关系被转移到 $\tilde{G}_u$ 的特征向量中,而所得到的单关系无向图 $\tilde{G}_u$ 的邻接矩阵 A^u 可以表示为

$$A^u_{ij}=\begin{cases}1, & u_i、u_j \text{ 共享相同实体}\\ 0, & \text{其他}\end{cases} \quad (9.3)$$

3. 转换图空间复杂度分析

为了估计转换后的单关系无向图 $\tilde{G}_u$ 与原图 $\tilde{G}_m$ 之间的规模关系,已知 $\tilde{G}_m$ 的节点数为 $|V|=m$,假设 $\tilde{G}_m$ 中的每一个节点都与其他 $m-1$ 个节点有关联,则可以得到 $\tilde{G}_m$ 最多有 $|E|=m^2$ 条边。通过将 $\tilde{G}_m$ 转换为 $\tilde{G}_u$,$\tilde{G}_u$ 的节点数 $|V'|$ 取决于 $\tilde{G}_m$ 的边数 $|E|$,假设 $\tilde{G}_u$ 是全连接图,则 $\tilde{G}_u$ 的边数 $|E'|=|E|^2$,即在全连接的情况下 $\tilde{G}_u$ 的边数相较于 $\tilde{G}_m$ 的边数呈二次方增长或者节点数的 m^4 增长。通过以上估算,即使在连接最密集的情况下,转换后的图规模与原图之间依然是多项式复杂度的。多项式复杂度的算法在实践中可以接受,且由于知识图谱中的连接一般具有稀疏性,所以 $\tilde{G}_u$ 相较于 $\tilde{G}_m$ 在图的大小方面不满足二次方增长关系,可以认为这样的转换是线性的。

通过对图的转换可以得到一个新的图数据结构,该图数据结构具有以下特点。

(1)原图中每个三元组的头尾实体所构成的有序偶都对应新图中的一个节点。

(2)新图中每个节点都被分配一个多热编码,其中每一个为 1 的位置都表示该节点满足该关系。

(3)新图中节点之间的联系取决于节点所对应的有序偶之间是否存在共同实体,如果存在,则分配且仅分配一条无向边。综上所述,本节将多关系类型的有向多重图转换为多标签节点的单关系无向图。通过将其送入图神经网络并以节点多标签分类为目标,当图神经网络可以成功预测新图节点的特征向量时,通过逆转上述转换过程,可以将模型输出的新图节点特征中为 1 的分量还原为此分量所表示的关系,即可以对原图实现间接的链接预测。

9.3.3 图神经网络模型设置

本节采用图神经网络变体为图卷积神经网络,特征更新公式如下:

$$X'=\hat{D}_{ij}^{-1/2}\hat{A}\hat{D}_{ij}^{-1/2}X\Theta \quad (9.4)$$

其中,$\hat{A}=A^u+I$,A^u 表示通过 2.2.2 节转换得到的邻接矩阵,I 表示单位矩阵;X 表示 $\tilde{G}_u$ 的特征矩阵其中某一行为 $\tilde{G}_u$ 的特征向量 x,其初始值是在 2.2.1 节所生

成的多热编码向量；$\hat{D}_{ij} = \sum_{j=0} \hat{A}_{ij}$ 表示度矩阵。

图神经网络模块由两层上述定义的图卷积神经网络构成，使用 ReLU 作为激活函数。ReLU 具有计算效率高并可以防止梯度消失问题的优点，另外为便于计算损失，在最后一层使用 sigmoid 函数将特征的输出值限制在 $(0, 1)$。

9.3.4 解释生成

为了生成链接预测的解释，本节采用目前性能表现最好[107]的解释器 GNNExplainer。GNNExplainer 的核心观点是图神经网络对图上某个节点做出预测所需要的全部信息完全由其周边邻域节点和边决定。基于此观点，GNNExplainer 通过识别输入图中对预测结果起到关键作用的一个子图以及最有影响力的一部分节点特征来为预测结果生成解释。具体而言，GNNExplainer 通过最大化解释子图与模型预测 Y 之间的互信息来获取最符合模型预测的子图。从其原理上看，GNNExplainer 是一个模型无关的解释器。模型无关是指解释器生成的解释不依赖被解释模型的内部信息，如参数、反向传播的梯度值等。从外部看，GNNExplainer 只需要被解释模型的输入和输出作为解释器的输入，解释器的输出则是对模型的解释结果。这种不依赖内部信息的特性，使得 GNNExplainer 可以用于解释任意的图神经网络模型。

对于节点分类任务，GNNExplainer 会提取目标节点的 k 阶邻域生成子图，然后通过不断优化掩蔽过滤掉对预测结果不重要的边和节点。这个过程可以视为对原始图数据的去噪。经过对以目标节点为中心的子图的去噪处理即可以得到此次预测的解释子图。

具体而言，本节将 $\tilde{G}_u$ 和特征向量矩阵 X 同经过训练的图卷积神经网络模型输入解释器中，通过解释器生成 $\tilde{G}_u$ 的子图作为图卷积神经网络模型预测的解释。为了便于观察，本节选取 Top-10 的掩码生成子图。有研究认为，图神经网络可以学习到输入图数据中的常见模式，因此本节希望提取出的解释子图可以反映这一点。

9.4 实　　验

本节实验主要分为两部分：第一部分是比较基于单关系转换的图神经网络知识图谱补全与其他直接在多关系图上进行知识图谱补全的模型之间的性能表现；第二部分是对提取的解释子图进行分析。

1. 数据集

本节采用 Teru 等[130]的数据集分割方法,将 FB15K-237[114]、NELL-995[188]和 WN18RR[243]分别拆分为四个版本,分别用 v1、v2、v3 和 v4 表示。其中,每个版本的数据集分为训练集和测试集两个实体不相交的子集,而且训练集中的关系包含测试集中的全部关系。数据集的相关统计数据见表 9.1 和表 9.2,其中表 9.1 统计了各数据集中的三元组数量,表 9.2 则根据图的结构信息(如节点、关系和边的数量)进行统计。

2. 实验指标

本节实验通过基于准确度的指标和基于排名的指标综合评估模型的性能。这些指标是根据模型在正例集 P 和负例集 N 上的结果计算得出的。请注意,负例集 N^* 通常非常大,导致使用它的所有三元组并不可行,因此需要采样。为了降低采样引起的可能波动的影响,本节使用独立采样的负例集在给定的基准测试中评估每个系统超过 10 次运行,并报告每个指标的平均值和方差。

为了确保系统无法在训练期间对负例采用特定的采样策略[244],本节对 P 中的每个正例以等概率随机采样 N^* 的一个元素来构造 N。在本节的实验中,使用了准确率、召回率和精度等指标。此外,本节还使用 F1 分数和精确召回曲线的曲线下面积,它们通常根据不同阈值的精确度和召回率定义(使用基于置信度的预测计算)。

对于基于排名(rank)的指标,通过随机替换正例集中的三元组分量来构建负例集 N,例如,对于 $(a,r,b) \in P$,可以随机替换 a、r、b。特别地,对于 P 中的每个正例 $(K_{test},(c,r,d))$,集合 N_c 中包含 50 个随机采样的负例,形式为 $(K_{test},(c',r,d))$;类似地,集合 N_r 和 N_d 通过替换 r 和 d 并分别获取所有样本和 50 个样本来构造(请注意,N_r 的候选数受 K_{test} 中关系数的限制)。然后,在 P 和 N 上评估知识图谱补全系统基于排名的指标计算如下。对于每个测试和 $x \in \{c,r,d\}$,令 $\text{Rank}_x(c)$ 为 (K_{test}, K_{test}^C) 在系统对 $P \cup N_x$ 中所有示例置信度预测的降序列表中的位置。为了减小随机采样对结果的影响,本节使用独立采样的负例在给定基准测试中将每个系统运行 10 次,并取平均值和方差作为最终测试结果。

3. 基线

为了验证模型的有效性,本节将与以下基线方法进行比较。

(1)R-GCN[106]。该模型首次证明了图卷积网络可以应用于知识图谱的链接预测和实体分类任务,因此被广泛接受为知识图谱链接预测的一种重要基线模型。

(2)GraIL[130]。该模型通过提取两个实体之间封闭子图并将其送入图神经网络进行训练,实现了归纳式的知识图谱链接预测,是一种重要的基于图神经网络的知识图谱链接预测模型。

(3) INDIGO[245]。该模型是一种基于图神经网络的归纳式知识图谱补全模型,采用了与本节工作动机不同但相似的知识图谱转换方式。

4. 实验设定

本节模型依赖 PyTorch v1.0.0 和 PyTorch Geometric v1.5.0 实现,并在一台配有 Intel Xeon 2.30GHz 处理器、128GB 内存和 NVIDIA V100 图形处理器的 Ubuntu 20.04 服务器上完成模型的训练和解释的提取。

每个训练集以 9∶1 的比例划分为不完整的数据集 K'_{train} 和作为补全目标的候选三元组集 K^C_{train}。本节将 K^C_{train} 的三元组作为训练的正例,通过负采样可以为每个正例最多获得 9 个负例。为了确保准确率和召回率的平衡,令正例和负例的数量相同。数据集处理完成后,设置损失函数为标准交叉熵损失函数,并使用 Adam 优化器将模型在每个数据集上训练 3000 个轮次。各数据集三元组数量统计如表 9.1 所示。

表 9.1 各数据集三元组数量统计

数据集	FB15K-237				NELL-995				WN18RR			
	v1	v2	v3	v4	v1	v2	v3	v4	v1	v2	v3	v4
训练集	4245	9739	17986	27203	4687	8219	16393	7546	5410	15262	25901	7940
验证集	489	1166	2194	3352	414	922	1851	876	630	1838	3097	934
测试集	2198	4623	8271	13138	933	5062	8857	7804	1806	4452	6932	13763

9.5 实验结果与分析

9.5.1 知识图谱补全实验与结果分析

为了证明本节模型在进行同质图转换后在推理任务的性能与不进行同质图转换的模型性能相当,进行了性能测试。

表 9.2 展示了本节模型在三个数据集上的评估结果,数据采用百分数表示。本节模型在各项评估指标上均表现出卓越的优势,持续超越了基线水平,并显著领先于 R-GCN 和 GraIL。值得注意的是,相较于 INDIGO,本节模型在各指标上均实现了超过 2% 的平均相对提升,为其性能提升提供了明显的证据。这种卓越的性能可以追溯到在知识图谱上采用的单关系转换方法。通过对知识图谱进行这种

转换,成功降低了数据在关系方面的复杂性,为图神经网络提供了更为清晰和易于理解的输入。在这种简化的基础上,图神经网络得以更有效地捕捉知识推理过程中所依赖的局部拓扑结构,从而提高了整体性能。与本节模型相似的 INDIGO 在性能表现上存在一定的挑战。INDIGO 在编码过程中为了增加图的连接性而添加了大量由相同实体构成的节点,并在节点特征向量中引入了表示逆关系的特征,导致转换后的图相对复杂。这一复杂性在一定程度上对性能产生了不利影响,使得其性能对于本节模型略显不足。

表 9.2 主要测试结果 单位:%

模型	数据集	准确率 R-GCN	准确率 GraIL	准确率 INDIGO	准确率 本节模型	AUC R-GCN	AUC GraIL	AUC INDIGO	AUC 本节模型	r-Hits@3 R-GCN	r-Hits@3 GraIL	r-Hits@3 INDIGO	r-Hits@3 本节模型
FB15K-237	v1	51.0	69.0	83.7	86.7	51	78.6	99.4	99.7	2.4	1.0	69.4	78.5
	v2	51.3	80.0	89.3	92.0	50.5	90.0	96.3	99.8	3.4	0.4	67.6	77.8
	v3	54.9	81.0	89.0	94.1	50.5	93.1	96.6	99.9	3.5	6.6	66.5	81.0
	v4	52.1	79.3	87.3	93.0	52.6	89.5	95.8	99.9	3.3	3.0	66.3	75.1
NELL-995	v1	63.7	97.3	85.6	97.3	74.5	98.8	94.5	99.8	26.0	0.0	80.0	80.9
	v2	52.0	68.5	84.1	86.2	50.4	89.7	92.5	99.6	0.8	7.4	56.9	80.3
	v3	52.3	74.3	89.7	49.0	52.0	95.4	95.1	94.1	1.4	2.5	64.4	1.3
	v4	53.6	49.7	85.2	87.7	51.0	65.8	92.9	99.4	3.0	0.0	45.7	74.5
WN18RR	v1	50.2	88.7	85.7	95.8	49.0	92.3	91.2	98.8	2.1	0.6	98.4	99.5
	v2	52.7	81.2	85.8	93.9	49.8	92.7	92.5	99.1	11.0	10.7	97.3	99.3
	v3	52.2	75.7	84.3	93.9	53.1	82.8	92.4	99.5	24.5	17.5	91.9	98.9
	v4	48.4	86.4	85.4	93.6	50.2	94.4	94.7	99.2	8.1	22.6	96.1	99.6

除了在性能上取得显著提升,本节模型在训练速度方面也得到了明显改进。在实验环境下,R-GCN 的训练过程需 1.2 个小时,GraIL 则需 4 个多小时,INDIGO 的训练时间为 0.45 个小时。与之相比,本节模型仅需 0.61 个小时完成训练,显著超越了 R-GCN 和 GraIL,尽管相对于 INDIGO 而言速度较慢。这一差异主要是由于本节模型转换的新图相对于 INDIGO 更为庞大,训练速度减缓。结果表明,尽管在某些情况下训练速度较 INDIGO 稍慢,但本节模型在综合性能和效率方面仍然具有显著优势。这种提高的训练速度为模型的实际应用提供了更高的实用性,尤其是在大规模图数据集的处理中。

9.5.2 解释提取实验与结果分析

为了验证本节模型是否在知识推理过程中利用了节点周围的拓扑结构,选择利用 GNNExplainer 提取子图。在数据集的选择方面,相较于 WN18RR 以及 NELL-995,FB15K-237 数据集中的知识更加接近常识,因此对解释子图的理解不需要专业背景知识,故本节选择 FB15K-237 作为提取解释的实验数据集,并选择 GNNExplainer 作为解释生成器。

1. GNNExplainer 设定

GNNExplainer 可以根据不同的需求生成解释。根据 Xiong 等[55]提出的图神经网络解释框架 GraphFramEx,生成解释的类型可以根据目标分为 Model 和 Phenomenon 两种。Model 是指对模型的一次具体预测进行解释,如模型预测一个节点为时间,解释器解释此次预测。而 Phenomenon 又称为面向现象的解释,这种解释与模型对该节点的预测无关,而与该节点自身的标签 y 有关,即它是对模型的标签进行解释,是为了寻找能够令模型产生目标标签的解释子图。本节关心对现象的解释,因此选择 Phenomenon 作为解释器的生成目标。

GNNExplainer 在生成解释子图的过程中一般会为子图的每条边生成一个 0~1 的软权重,这些权重会反映该边对于图神经网络进行知识推理时的重要性。对于推理越重要的边,其权重越接近 1。但这种方式所产生的解释子图不利于理解,因为会使其产生大量似是而非的边。因此,本节采用硬权重的策略,将每个正的权重设为 1,其他设为 0。

过大的解释子图并不利于人类的解读,并且过大的规模会包含更多不相关的节点和边,所以必须控制解释子图最终呈现的大小。GraphFramEx 中定义了三种策略来减小解释,分别是稀疏度、阈值以及 Top-k。在本节中使用 Top-k 策略,该策略可以强制将解释子图的边数限制为 k。出于对解释子图的准确性和可理解性的平衡,本节选择 Top-10 进行解释子图生成。基于以上设定,为每个节点训练 500 个轮次后提取解释。

2. 解释子图设定

为了研究所生成解释子图之间的关联,本节选择具有相同关系特征且尾实体相同的实体对进行解释。这样做的原因在于将关系和尾实体固定以后,即可专注于不同头实体条件下所生成的解释的特点。

为便于展示和理解,本节最终选择了较为常见的三种关系进行说明:出生地(place of birth)、居住地(place lived)以及职业(profession)。

表 9.3 为提取的一部分解释子图,其中 a_1、a_2、a_3 表示三种不同的解释目标节

点。由于模型的预测本质上依靠对数据集统计规律的学习，一些示例在数据集中比较稀少，所以解释效果不佳，如模型对于 (A, place of birth, New York City) 的解释子图连通性差，难以辨识。

表 9.3　三种常见关系的解释子图提取结果

(A, place of birth, New York City)	(A, place lived, Syracuse)	(A, profession, music director)
a_1		
a_2		
a_3		

通过对解释进行观察发现，GNNExplainer 在关系和尾实体固定条件下生成的子图解释之间存在显著相似性。这种高度相似的解释子图反映了图神经网络在进行知识推理时所遵循的共同模式。这一观察合理且必然，尤其是在模型能够准确预测三元组 (a_1, place lived, Syracuse) 和 (a_2, place lived, Syracuse) 等情况下。在这种情况下，有理由认为，模型在做出这两个相似判断时采用了相同的推理模式，因为这一模式具有普遍适用性。而这种通用推理模式在不同预测的解释子图上得到体现，表现为这些解释子图具有相似甚至相同的结构。这一发现提供了更深入理解图神经网络推理过程中模式共性的窗口。当模型能够有效地区分不同实体与特定关系之间的联系时，其学到的推理模式在解释子图中表现为高度相似的结构。这种一致性不仅在理论上证明了模型学到的通用性推理规律，同时也为解释图神经网络在知识图谱等应用中的预测提供了更为可靠的基础。这一现象不仅对于深化对图神经网络内部工作原理的理解具有重要价值，而且在提高图神经网络模型的解释性和可理解性方面具有深远意义。

9.6 本章小结

本章针对当前的解释方法在基于图神经网络的知识图谱链接预测任务上发展不成熟的问题，开展对现有解释方法的适应性研究，提出了一种基于单关系图转换的子图解释生成模型，该模型通过单关系转换将基于图神经网络的知识图谱上链接预测任务转换成更容易解释的节点分类任务，解决了当前解释方法在多关系图下难以应用的问题，对于研究图神经网络在知识图谱链接预测中学习到的推理模式以及在实践中建立用户对链接预测结果的信任具有重要意义和价值，实验结果表明：

(1) 基于单关系图转换的模型在分类性能的各项指标上有着比原生知识图谱链接预测模型更好的表现，可以支撑对模型捕获模式的研究；

(2) 通过对所生成的子图解释进行分类研究，发现属于同一类的节点存在多种不同解释的现象，这种现象证明了基于图神经网络的知识图谱链接预测模型根据目标节点邻域的特点学习到了不同的模式。

同时，本章在对子图解释的量化分析方面存在局限性，由于缺乏对子图解释有效量化评估的标准，所以对子图解释的评估主要依靠人工观察其合理性。

第 10 章 基于解释子图的知识图谱逻辑规则提取算法

10.1 引　　言

知识图谱[246]是一种由大量的实体和关系作为节点和边的有向图。随着图神经网络在知识图谱相关任务上的应用越来越广泛,基于图神经网络的知识图谱补全的可解释性研究受到越来越多的关注。图神经网络作为此类模型的核心组件,解释它的行为可以在一定程度上反映模型预测时的底层依据。

图神经网络广泛使用消息传递网络模型进行描述,主要的工作是聚合节点自身以及邻居信息并在多个图神经网络层之间传递更新,以 GNNExplainer[247]为代表的图神经网络解释方法通过分析消息传递的流程,发现每个节点的值都是由其邻居构成的计算图决定的,通过优化手段找到一个与该节点的分类结果最为相关的计算图,该计算图就是图神经网络此次分类的结果。当前,这项研究普遍应用于生物领域、医学领域和化学领域。因为在这些领域中一个分子或者蛋白质的性质往往与一些固定结构有关,这些结构有时也称为模体。

但在知识图谱链接预测任务中,图神经网络解释方法面临诸多挑战。首先,以目标节点的计算图为解释的含义并不像在生物、化学领域显而易见。不同于生物、化学领域中将子图视为一个整体进行理解,知识图谱链接预测的解释更倾向于逻辑关系的说明。对于一些复杂的子图,人们难以理解其中的逻辑含义。其次,对于知识图谱的补全,解释子图在一定程度上是无用的:用户对于解释的期待往往不只是作为一种理解本次预测结果的手段,而更希望它可以帮助人们发现没有注意到的规律和知识,然而在知识图谱中并不存在基团概念,因此子图所展示的解释无法直接作为知识图谱中的发现。

综上所述,本书认为子图在知识图谱补全中并非用户最终想要的解释形式,需要进一步生成更容易理解且更有用的解释——逻辑规则。逻辑规则作为解释的优点是,逻辑规则以推理链条的形式出现,这种前后承接的推理形式更容易被人理解。逻辑规则本身具备可泛化性,同样是一种对知识图谱进行补全的重要方法。这种形式的解释在一定程度上可以认为是有用的。从给定数据集中挖掘规则是一个经典的研究问题,已经在关联规则挖掘和归纳逻辑编程(inductive logic programming,ILP)背景下进行了大量研究。但传统的规则挖掘算法普遍面临搜索空间较大的挑战,而解释子图起到了缩减部分搜索空间的作用。

一般而言,在设计一个规则挖掘算法时,需要回答如下问题:①所挖掘的规则类型是什么?例如,挖掘的可以是开放路径规则和封闭路径规则,也可以是任意的霍恩规则。②评价一条规则的指标是什么?例如,在关联规则挖掘中,指标可以是支持度和置信度等。算法可以在置信度高于某个设定阈值时保留该规则;反之,则丢弃该规则。

然而计算准确的置信度往往是非常昂贵的,因此一些工作致力于提出计算量更小的衡量标准,例如,AMIE[248]首次提出部分完整性假设,提供了一种在知识图谱中模拟负例的方法。然而,与传统方法不同,本书所提方法根据在解释子图中提取逻辑规则,而不是在原始知识图谱上进行,因此面临的主要挑战是如何在子图上确定规则的有效性。

面向图神经网络的解释方法的出现给人们提供了新的研究思路。理论上,图神经网络解释器可以提取对目标节点分类起到关键作用的计算图作为图神经网络本次预测的解释。这种计算图,例如,在解释图神经网络对某一个有机分子的性质进行预测时,根据传统化学的研究结论,一个分子的性质由其中所存在基团决定,而这种基团是一种由特定原子构成的特定结构,那么当解释模型输出这些结构时,即可认为是一次正确的解释。现有的图神经网络解释模型也大都使用化学类的数据集进行解释的提取验证。

本节提出一种新的方法,可以基于图神经网络解释器生成的解释子图提取逻辑规则。由于当前图神经网络解释器的最佳工作场景是图上节点分类任务,对链接预测任务难以解释。为了解决这个问题,受 Liu 等[245]的启发,本章将知识图谱中的实体两两组合为一个新的节点,实体间存在的关系则作为新节点的类型,这样就将知识图谱链接预测任务转换为节点分类任务。在此基础上,本章结合可视化方法深入研究知识图谱链接预测任务中的解释子图特性,并在解释子图上直接提取路径规则。通过计算每条规则的置信度,发现相当数量的规则具有很高的置信度,由此证明基于解释子图提取逻辑规则是简单高效的。

10.2 相关工作

1. 图神经网络解释方法

近年来,面向图神经网络的解释方法发展迅速。当前,对图神经网络的解释基于这样一种事实:每个节点的计算图完全确定了图神经网络在为该节点生成预测所需要的全部信息,即节点的计算图决定了图神经网络如何生成节点的嵌入。基于该事实,GNNExplainer 首次提出基于互信息的方式,通过对计算图优化剪枝找到与图神经网络预测最相关的子图。之后的方法主要围绕 GNNExplainer 的解释生成效率以及不能提供全局解释的弱点进行改进，代表工作为 PGExplainer，但根据 Luo 等[240]的复现研究，PGExplainer 的实际表现与文献中报告的结果有很大差距。Amara 等[241]报告了同样的结果，并指出 GNNExplainer 是各项评估指标中最为均衡的一种，因此本书选择 GNNExplainer 作为图神经网络解释方法的解释器，可以降低解释器所生成的错误解释子图对实验的影响。

2. 知识图谱挖掘规则

传统的知识图谱挖掘规则是一个经过广泛研究的问题。早期人们通过开发归纳逻辑编程系统在知识图谱中学习规则，较早的成果有 ALEPH[249]，然而 ALEPH 这样的归纳逻辑编程系统在当今大型知识图谱上运行缓慢，且在挖掘过程中需要负样本。在开放世界假设中不存在的三元组不能认为是错误的，因此不能用作负样本。针对这两个问题，AMIE[248]则受关联规则挖掘的启发，引入了一种新的置信度度量方法，实验表明，其规则挖掘速度相较于 ALEPH 快几个数量级。AnyBURL[250]与前者不同，它基于自下而上构建的思想，从具体的一个路径出发逐步向上泛化得到霍恩规则。本章受其启发，通过采集路径再进行泛化的思路提取规则。

10.3 GKREx 规则提取模型

10.3.1 模型框架

为验证图神经网络解释器在解释知识图谱连接预测任务上的有效性，首先要解决解释子图生成问题。由于当前的解释方法主要集中在图神经网络节点分类任务和图分类任务中，其中节点分类任务和图分类任务都无法与知识图谱链接预测任务对应，所以需要一种间接的方法实现该目标。

10.3.2 基于单关系图的解释子图生成

1. 单关系图转换

本节将知识图谱定义为三元组的集合：$G=\{(s,r,o)|s,o\in E,r\in R\}$，其中，$E$ 和 R 分别表示实体集合和关系集合。为将知识图谱转换为图神经网络可以直接处理的类型，受 Liu 等[245]的启发，本节将知识图谱转换为一种单关系图，称为 UGraph，基于解释子图的知识图谱逻辑规则提取算法框架如图 10.1 所示。知识图谱中的每一个三元组 (a,r,b) 都构成了 UGraph 中的一个节点，称为 UNode，表

第 10 章　基于解释子图的知识图谱逻辑规则提取算法

示为 $u^r_{(a,b)}$，$u^{r'}_{(a,b)}$ 表示一个三元组。U_G 的每个节点 $u^r_{(c,d)}$ 由知识图谱中的实体对 (c,d) 构成，这两个节点之间存在共享实体。例如，$u^r_{(c,d)}$ 和 $u^{r'}_{(d,e)}$ 之间存在一条边，而 $u^r_{(c,d)}$ 和 $u^{r'}_{(e,f)}$ 之间没有连接。

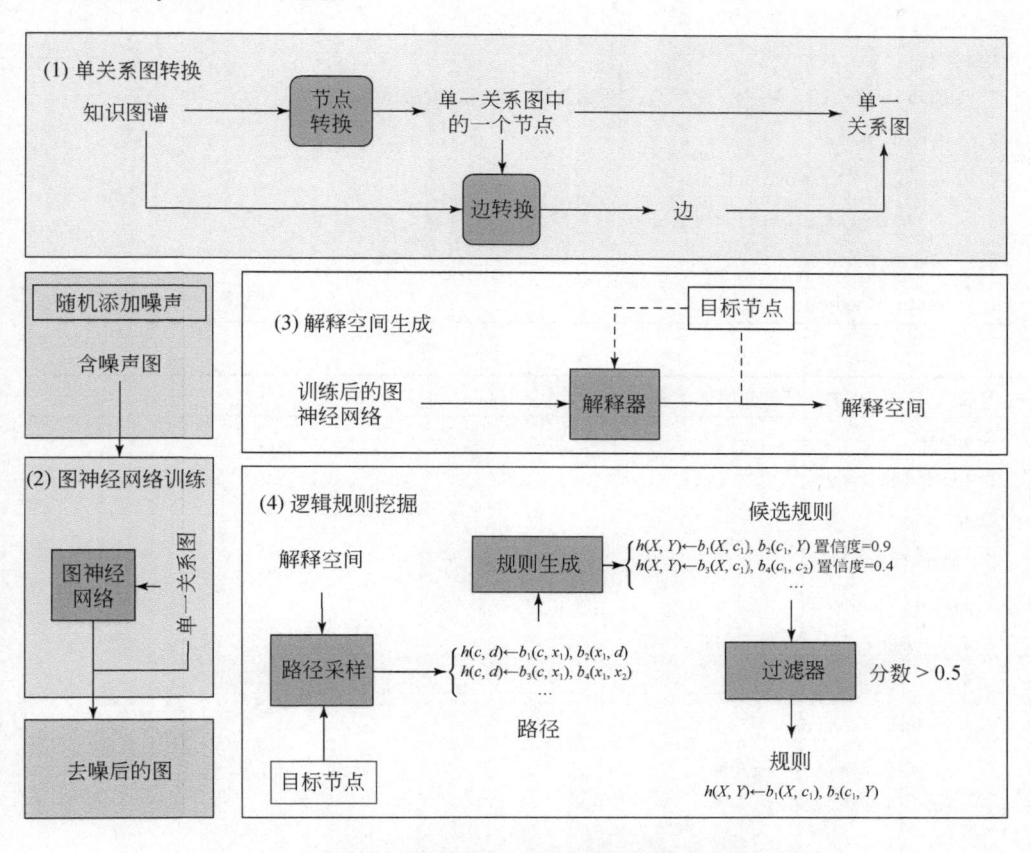

图 10.1　基于解释子图的知识图谱逻辑规则提取算法框架

(1) 节点转换。节点转换算法如算法 10.1 所示。

其中，因为知识图谱中存在一些具有相同头尾实体但关系不同的三元组，所以有时每一个节点对应的关系不止一种。因此，需要使用列表存放。

(2) 边转换。UNode 之间的连接遵循与逻辑规则的原子连接相近的形式，即当两个 UNode 之间有共享实体时，在两者之间存在一条无向边。

(3) 节点特征初始化。图神经网络要求输入图的节点都具有一个特征向量，因此本节选择多热向量作为初始特征向量，其中每一个特征对应 Unode 所具有的一种关系。节点属性特征初始化算法如算法 10.2 所示。

算法 10.1　节点转换算法

Require：

1　　TripleSet：ts

Ensure：

2　　UNodes＝∅ //UNodes 是一个字典，以元组为键，以关系列表为值
3　　**for** t in ts **do**
4　　　　$u_{(a,b)}=(t.\text{head}, t.\text{tail})$
5　　　　Unodes$[u_{(a,b)}]$.append(t.relation)
6　　**end for**
7　　**return** Unodes；

算法 10.2　节点属性特征初始化算法

Require：

1　　UNodes：unodes

Ensure：

2　　特征矩阵＝∅
3　　**for** u in undoes **do**
4　　　　head,tail＝u.head,u.tail
5　　　　rels＝u.rels
6　　　　**for** r in rels **do**
7　　　　　　**if** (head, r, tail) $\in k$ **then**
8　　　　　　　　$v_{\text{id}(t)}=1$
9　　　　　　**else**
10　　　　　　　$v_{\text{id}(t)}=0$
11　　　　　**end if**
12　　　　　添加节点特征 v 到特征矩阵
13　　　**end for**
14　　**end for**
15　　**return** 特征矩阵；

2. 基于图神经网络的单关系图节点分类

通过将知识图谱转换为 UGraph，原有的链接预测任务从形式上转换为基于图

神经网络的节点分类任务。单关系图转换如图9.1所示。

由于探索在节点分类任务上表现更好的图神经网络模型并不是本节的研究重点,所以本节选择 Kipf 等[251]提出的图卷积神经网络的标准实现作为节点分类器。本节采用基于图卷积神经网络的降噪自编码器的训练框架训练,如图10.2所示。

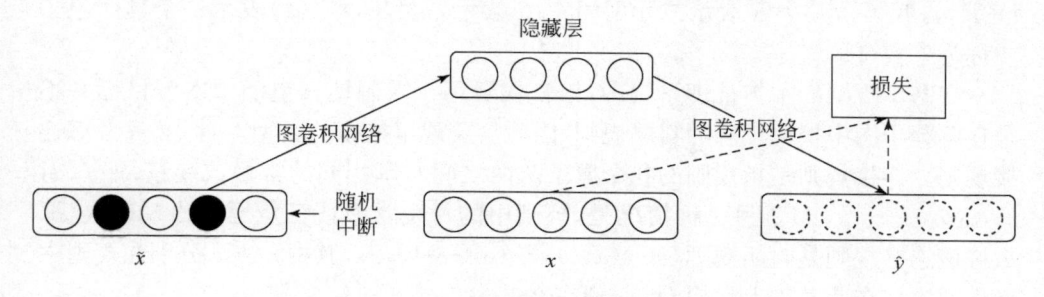

图 10.2　降噪自编码器示例

将转换后的 UGraph 通过向 UNode 的特征向量随机添加噪声,即随机遮蔽一些特征,使得 UGraph 的信息出现缺失,然后将其输入到图神经网络中,并令图神经网络以原 UGraph 作为预测目标进行优化得到降噪后的 UGraph。通过这样的训练,图神经网络即具备了链接预测的能力。

3. 解释子图生成

GNNExplainer 是一个基于互信息的图神经网络解释技术。互信息(mutual information,MI)是信息论中的重要概念,用于衡量两个随机变量之间的相互依赖程度,即两个随机变量的关联程度。两个独立随机变量之间的互信息为0,两个分布相同的随机变量之间的互信息为1。GNNExplainer 则通过在计算图中采样一个子图,并不断优化子图的邻接关系,使得该子图与完整计算图的预测结果尽量接近,可以形式化描述为

$$\text{Max}_{G_S} \text{MI}(Y,(G_S,X_S)) = H(Y) - H(Y|G=G_S, X=X_S) \quad (10.1)$$

其中,Y 表示图神经网络模型的预测输出;G_S 和 X_S 分别表示计算图的子图以及关联的特征。

理论上,一个好的解释子图仅包含与预测结果最相关的节点和边及其特征。基于这种重要的性质,本节认为解释子图中包含了模型决策时所遵循的逻辑规则信息。因此,通过解释子图提取逻辑规则是一个有价值的研究内容。

本节并不面向所有节点生成解释子图,而是选取感兴趣的关系类型,按照不同类型从 UGraph 中分别抽取属于该类的节点。本节称这些节点为目标节点。在获取目标节点后,将 UGraph 与目标节点送入解释器中得到解释子图。

10.3.3 语言偏置

在一般语境下,知识图谱 K 是一个三元组构成的集合。而在逻辑规则语境下,知识图谱又可以视作一个由具体原子构成的集合,形式化表示为 $G=\{r(a,b) | r\in R, a,b \in C\}$,其中 R 表示二元谓词集,C 表示常量集,$r(a,b)$ 表示一个具体原子或称为事实(fact)。

在基于规则的本体推理系统中,语言偏置用于限制搜索空间。本节目标并不是在解释子图中挖掘任意的霍恩规则,因此需要规定挖掘的类型。首先,只考虑连接规则。连接规则是指规则的各个原子两两之间共享相同的常量或变量,如 $r(a,b), r(b,c) \rightarrow r(c,d)$。另一种情况是,规则中的每个常量或变量至少出现两次,那么称该连接规则是封闭规则,如 $r(a,b), r(b,c) \rightarrow r(c,a)$,其中 a、b、c 分别在规则中出现两次。在此基础上将规则细分为三类:

$$h(A_0, A_n) \leftarrow \bigcap_{i=1}^{n} b_i(A_{i-1}, A_i) \tag{10.2}$$

$$h(A_0, c) \leftarrow \bigcap_{i=1}^{n} b_i(A_{i-1}, A_i) \tag{10.3}$$

$$h(A_0, c) \leftarrow \left(\bigcap_{i=1}^{n} b_i(A_{i-1}, A_i)\right) \bigcap b_n(A_{n-1}, c') \tag{10.4}$$

其中,式(10.2)型规则表示最典型的封闭规则。式(10.3)型规则丧失了封闭性,头原子的右部不再是变量而被替换为与 A_i 不同的常量。注意,当式(10.3)型规则的常量 $c=A_i$ 时,即为式(10.2)型规则。式(10.4)型规则是在式(10.3)型规则的基础上进一步对规则体施加限制,将式(10.3)型规则中的 A_i 替换为 c',且 $c'\neq c$。

本节所采用的图编码方式天然适合逻辑规则的表示。单关系图中的每个节点 $u_{(c,d)}^r$ 都可以看作规则中的一个原子,其中 r 为原子的谓词,c、d 分别为原子的左常量和右常量。

10.3.4 面向解释子图的规则提取

路径规则是指通过在图中采样不同的路径,并通过变量替换的形式进行泛化得到的规则,但不是所有泛化得到的候选规则都应保留。因此,需要引入规则有效性的评估方法对所有候选规则进行评估,得到相应的分数后基于阈值进行过滤。

1. 路径采样

单关系图转换示例如图 10.3 所示,是一个小型的知识图谱。其中,包含两个事实:(Jack, isMarriedTo, Rose)以及(Jack, livesIn, NewYork)。根据常识,在大部分情况下,结婚后的两个人居住在同一个地方,所以当有事实(Jack, isMarriedTo, Rose)以及(Jack, livesIn, NewYork)时,可以合理推测出 Rose 也居住在

NewYork, 即 (Rose, livesIn, NewYork)∈G。在这种情况下, 前者可以认为是后者的解释。基于这样的现象路径是一种更容易理解的解释。

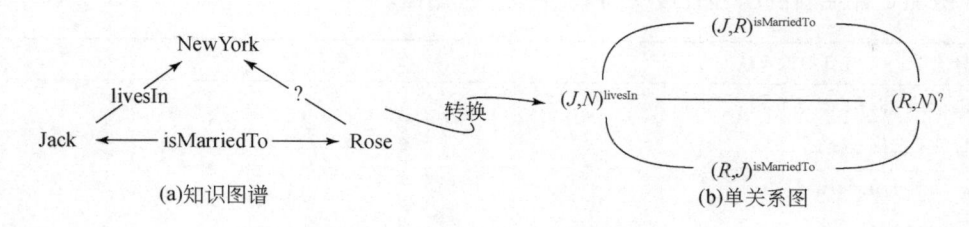

图 10.3 单关系图转换示例

(1)路径类型。要在 UGraph 上采样路径, 首先要对路径类型进行约束。在 UGraph 中, 一条路径是由 UNode $u^r_{(a,b)}$ 序列组成的。如果序列中相邻的 UNode 共享同一个实体, 且没有一个实体被共享两次, 则称为直线路径, 对应式(10.3)型规则。一个特殊情况为: 序列起始位置的 Unode 与序列最后一个位置的 Unode 共享同一个实体, 如 $u_{(c,d)}, u_{(d,e)}, u_{(e,c)}$, 则称为循环路径, 对应式(10.1)型规则和当 $c=A_n$ 时的特殊式(10.2)型规则。

(2)采样策略。本节对解释子图中路径进行采样的方法是选择解释目标节点作为随机游走的起点。根据预设的路径长度, 执行随机游走策略选择下一个节点。当该节点在前面出现过且不是最后一个节点时, 重新执行随机游走。可以预见的是, 大部分路径都将是直线路径而非循环路径, 最后一个 UNode 和第一个 UNode 共享同一个实体的情况是比较少的。循环路径相较于非循环路径能做出更多的正确预测。因此, 本节在采样时会优先采样循环路径, 即在搜索过程的最后会明确寻找与解释目标节点共享实体的 UNode, 而非严格执行随机游走。

2. 规则提取

规则是由具体的路径泛化产生的。泛化是将采样路径中的常量替换为变量的过程, 是一个由具体到一般的过程。在 ILP 系统中一般会为此构建一个泛化格。

为进行规则提取, 本节选择 AnyBURL[250] 作为提取器。但该算法不能直接用于本节研究, 因为它面向整个知识图谱提取所有规则, 而本节则需要针对一个较小的解释子图提取规则, 并在完整图上计算置信度。

规则提取算法如算法 10.3 所示。其中 n 表示采样的路径长度, AnyBURL 可以从长度为 n 的路径中学习长度为 $n-1$ 的规则, 这是因为在 AnyBURL 中规则的长度被定义为规则体(body)的原子数量。ts 为时间段的长度, 是 AnyBURL 的一个挖掘周期。Q 为规则的分数阈值, 只有大于 Q 的规则才会被保留。sat 为饱和度, R_s 为累计挖掘的所有规则, $R'_s = R_s \cup R$ 表示当前时间段挖掘的所有规则, 当前时间段内挖掘的规则与过去累计的所有规则的比值即为饱和度,饱和度越接近 1 表示规则挖掘算法在当前长度的路径中不能找到更多新的规则。此时,将路径长度增加 1 并在新的路径长度下重新执行上述过程。

算法 10.3　规则提取算法

Require:G, s, sat, Q, ts

1　　Explanation:EG
2　　target node:tn

Ensure:

3　　Rule Set:R
4　　$n=2$
5　　$R=\varnothing$
6　　**loop**
7　　　　$R_s=\varnothing$
8　　　　start=currentTime()//获取当前时间
9　　　　**repeat**
10　　　　　$p=$samplePathFromUGraph(EG, ts, n)//从 UGraph 中采样路径
11　　　　　$R_p=$generateRule(p)//根据路径生成规划
12　　　　　**for** $r \in R_p$ **do**
13　　　　　　score(r, s)
14　　　　　　**if** Q_r **then**
15　　　　　　　$R_s=R_s \cup \{r\}$
16　　　　　　**end if**
17　　　　　**end for**
18　　　　**until** currentTime()$>$start$+$ts
19　　　　$R'_s=R_s \cap R$
20　　　　**if** $|R'_s|/|R_s|>$sat **then**
21　　　　　$n=n+1$//增加规则挖掘长度
22　　　　**end if**
23　　　　$R_s=R_s \cup R$
24　　**end loop**
25　　**return** R

tn 表示本次解释的目标节点,SG 表示解释子图对应的小型知识图谱。

图神经网络每个节点的计算图大小与层数有关。当只有一层时,每个节点的

特征依赖该节点的一阶邻域,当有两层时,则为二阶邻域。从这一点来看,逻辑规则的长度取决于图神经网络的层数。本节对长度为 1~3 的规则感兴趣,因此本节选择 3 层图神经网络模型。其中,隐藏层的维度分别为 64 和 32。

10.4 实验准备

本节首先介绍实验所使用的知识图谱数据集、基线模型以及实验设置。在此基础上展示基于图神经网络的链接预测任务、解释子图生成以及逻辑规则提取实验。通过对提取结果进行定量分析,表明无论是在逻辑规则的总数方面还是高置信度规则的数量方面,本章方法都是有效的。

1. 数据集

为使逻辑规则更加接近常识,便于理解,本节选择常见的世界知识图谱 FB15K-237[251] 数据集的一个子集进行研究,具体而言,是由 Teru 等[130] 为研究图神经网络的归纳能力而分割的版本 GraIL-FB15K-237,由 v1 到 v4 共四个版本构成,每个版本由测试集和训练集组成,且测试集与训练集的实体不相交,数量依次增加。本节基于效率和表现的平衡考虑,选择使用规模适中的 v2 版本进行实验。

2. 基线

为了验证基于解释子图的规则提取结果的有效性。本节将与两个基线模型进行比较:①将模型中的 GNNExplainer 替换为 DummyExplainer 后形成的模型,DummyExplainer 只会产生无意义的解释子图,因此与其对照可以验证解释子图的质量与逻辑规则数量是否存在关联;②AnyBURL,该模型专注于从知识图谱上挖掘规则,与其结果进行对比,可以验证基于解释子图的规则提取可以在多大程度上覆盖从完整图上提取的逻辑规则。

3. 实验设定

实验设置概览如表 10.1 所示。首先将 FB15K-237-v2 转换为 UGraph,并在其上训练一个用于节点分类的 3 层图神经网络模型,该模型采用图神经网络的图卷积神经网络变体,共训练 3000 个轮次。模型的训练结果如表 10.2 所示,其在准确度等指标上可以满足生成有意义的解释子图的需求。选择训练 3 层的图神经网络模型是由于本书仅关注长度为 3 以内的逻辑规则,而图神经网络的消息传递机制决定了每个节点的计算图不会计算超过该层数以外的邻居,所以选择 3 层的图神经网络模型是最低要求;将训练好的 3 层图神经网络模型分别使用 GNNExplainer 和 DummyExplainer 进行解释并生成解释子图,其中被解释的节点属于表 10.3 中所属的三种关系,这些关系在 FB15K-237-v2 中数量的占比较高,图神经网络可以对这些关系做出更准确的预测。

表 10.1　实验设置概览

实验步骤	具体设置
(1)数据准备与转换	将 FB15K-237-v2 转换为 UGraph
(2)模型训练	采用 3 层图卷积神经网络进行图节点分类,训练 3000 个轮次
(3)模型性能	见表 10.2
(4)解释子图生成	使用 GNNExplainer 和 DummyExplainer 解释模型
(5)被解释节点选择	选择表 10.3 中关系下的节点进行解释
(6)逻辑规则提取	提取解释子图中的逻辑规则,最大长度为 3
(7)基线设置	DummyExplainer 和 AnyBURL 的设置详见下文
(8)实验环境	运行在具有 24GB 显存和 64GB 内存的 12 核 CPU 的 Ubuntu 主机上

最后在两者生成的解释子图中进行规则提取,在实验中逻辑规则的最大长度设置为 3。对于基线 DummyExplainer 和 AnyBURL,前者的各项超参数与 GNNExplainer 相同,而 AnyBURL 则将默认挖掘规则的最大长度由 2 改为 3,与本章方法保持一致,其他均采用默认设置。在 AnyBURL 挖掘完成后,再从中选择出以表 10.3 中关系为规则头的所有规则。上述实验均在一个有 24GB 显存和 64GB 内存的 12 核 CPU 的 Ubuntu 主机上运行。

表 10.2　模型在数据集上的表现

Bench-mark	精度	AUC	r-Hits@3
FB15K-237	0.96	0.94	0.8
FrenchRoyalty	0.85	0.76	0.6

表 10.3　各关系的数量和百分比

关系	百分比	示例
award_nominee	5.91	$(A, award\_nominee, B)$
film_release_region	4.64	$(A, film\_release\_region, B)$
profession	4.64	$(A, profession, B)$

10.5　实验结果与分析

通过实验,本节要回答如下问题。

(1) 基于解释子图进行逻辑规则提取是否与解释子图的质量有关？

(2) 所提取的逻辑规则可以在多大程度上覆盖逻辑规则挖掘系统所产生的结果？

1. 定量分析

在每种关系下所提取的逻辑规则数量统计结果如表 10.4 所示。本节将所提取的逻辑规则按照置信度大小进行分类，共分为 0.5~0.9 五个级别，分别统计每个级别下的逻辑规则数量。

表 10.4　提取规则的数量以及在不同置信度上的分布

置信度	Award			Region			Profession		
	D	G	A	D	G	A	D	G	A
0.9	0	34	37	9	419	782	6	362	404
0.8	0	34	37	15	624	986	6	366	412
0.7	0	34	40	52	1443	1851	6	436	466
0.6	0	53	65	78	2346	3156	6	616	672
0.5	0	53	70	96	22827	3917	6	684	712
0	0	814	492	649	15847	13013	415	3929	2790

注：D 为 DummyExplainer 提取数量，G 为 GNNExplainer 提取数量，A 为 AnyBURL 提取数量。

可以看到，基于 DummyExplainer 生成的子图提取的逻辑规则无论是总数还是高置信度下的规则数量均远小于其他两者，在 Region（区域）和 Profession（职业）关系下所挖掘的规则总数仅为 GNNExplainer 和 AnyBURL 的 4.1% 和 4.9%，高置信度规则占比则更小，仅为 GNNExplainer 和 AnyBURL 的 2.1% 和 1.2%。在表现最差的 Award（奖项）关系下，从基于 DummyExplainer 生成的解释子图中没有提取出任何一条规则。这是因为在该关系下，对应节点的邻居数量较少，从中挖掘规则更为困难。而 DummyExplainer 所产生的解释子图并没有猜中任何一条有效的推理路径。GNNExplainer 与 AnyBURL 的表现比较接近。在规则的总数方面，基于 GNNExplainer 解释子图在三种关系中均最多。但所提取的规则更多集中于低置信度区间。而在高于 0.5 的置信度区间 AnyBURL 具有更好的表现，这点是符合预期的，因为本质上 AnyBURL 等规则挖掘算法可以从全图范围搜索规则，而解释子图仅是一个子集。但更有价值的方面在于高置信度规则的占比，在 Award 关系下，GNNExplainer 中提取的置信度大于 0.9 的规则达到了 AnyBURL 的 91.9%。这说明，尽管只使用了一个解释子图进行规则提取，但该子图包含的有效规则更多，这与 GNNExplainer 提取对预测更重要的子图的思想相符。

总体而言，从解释子图中提取的规则可以覆盖 AnyBURL 所提取规则的 80% 以上，这证明了基于解释子图提取的逻辑规则可以覆盖大部分由逻辑规则挖掘系统所产生的逻辑规则。虽然基于解释子图的逻辑规则提取会产生更多的低置信度规则，但这些规则可以通过简单的阈值过滤去除。

2. 定性分析

本节挑选了基于 GNNExplainer 产生的解释子图中提取的部分高置信度规则进行分析。通过观察可以发现，解释子图中包含很多有意义的规则以及一些互逆规则，如表 10.5 所示，awardWinder 表示某人 A 获得了奖项 B，而 nominatedFor 表示奖项 B 提名了某人 A，这两种关系是互逆的，在现实中往往也同时出现。这说明，解释子图中可以捕获这样的规则。但在更多情况下，很多提取出的逻辑规则并没有以一种充分的条件推断规则头。例如，对于一个人专业的预测，所抽取的规则如表 10.5 所示，尽管通过 X 获得过 c_2 奖，如电影行业的艾美奖，来推断 X 的职业为编剧存在一定的合理性，且其置信度在该数据集中表现得很高，但是在现实中，艾美奖的获得者还有可能是演员、导演等，因此基于解释子图所提取出的逻辑规则依然有其局限性。同时，尽管将逻辑规则的最大长度设置为 3，但极少规则的长度可以达到，所产生的大部分规则长度都在 1 和 2。

表 10.5 三种关系下提取的逻辑部分示例

规则头	规则体
$awardWinner(X, Y)$	$nominatedFor(Y, X)$
$film\_release\_region(c_1, Y)$	$nationality(A, Y) \land awardWinner(A, B)$
$profession(X, c_1)$	$awardWinner(X, c_2)$

10.6 本章小结

本章通过将知识图谱转换为单关系图并提取子图解释，通过规则提取引擎在解释子图上提取逻辑规则。从逻辑规则的数量和质量角度比较了不同图神经网络解释器在知识图谱上的表现，通过对规则的定性观察发现所提取的规则是合理的，在一定程度上验证了面向图神经网络知识图谱链接预测的子图解释与逻辑规则的联系。

第 11 章　面向两阶段规则提取的可解释性增强方法

11.1　引　　言

可解释性对于图神经网络和基于图神经网络的应用非常重要。研究图神经网络的解释方法可以解答为什么图神经网络会做出某种预测,在此基础上可以帮助研究者改进模型或数据集。目前,特征归因是一种流行的解释方法。现有主流方法主要通过在输入图上优化一个软掩码,根据软掩码得到图神经网络所认为的对预测重要的子图[247],称为解释子图。然而,基于软掩码的解释方法难以保证解释中重要的边和节点之间的连通性。在不同的任务场景下,对解释子图的结构有不同的要求。在图分类任务中,对连通性的要求不高,例如,在化学分子的分类任务中,模型往往以分子中的数个不同位置的官能团判定化学分子的性质,官能团之间往往不要求具有连通性。然而在知识推理任务中,解释的连通性至关重要,这是因为在一般的理解中,知识推理的过程是前后衔接的,如$(A,B) \to (B,C) \to (C,D)$。当要解释为什么有$(C,D)$时,合理的解释应是$(A,B) \to (B,C)$而不是与$(C,D)$无关的节点,如$(E,F)$。

尽管现有的一些解释方法可以保证解释子图的连通性[252,253],然而此类方法的解释子图通过逐节点构造得到,每一个构建步的搜索空间随着数据节点类型的增加而增大。例如,在有机物中包含的元素主要为碳、氢、氧、氮等,在每个步骤中最多只需要尝试四种候选节点。然而在知识图谱中有成千上万个不同的节点,相比而言搜索空间巨大。这导致解释生成的速度难以保证,仅适用于化学分子等小型图数据,在知识图谱这种实体多、规模大的图数据上难以高效应用。另外,低效的解释方法也难以应对需要一次性解释大量节点的研究场景。

总体而言,在面向知识推理的场景下,基于软掩码的解释主要有两种结构异常现象;第一种为目标节点缺失,具体是指被解释的节点不存在于被解释子图中;第二种异常现象是解释子图的连通分量过多。这两种结构异常现象从图神经网络的原理上看是错误的。具体而言,在图神经网络中,每个节点的特征由周围邻居的特征和自身的特征聚合得到,信息在节点间沿着连接的边传递,而不能跳过一些节点进行流动。异常结构的解释子图示例如图 11.1 所示,其中图 11.1(a)是一个正常解释子图,它包括被解释节点自身以及对该节点的分类影响最大、最重要的邻居。但由于软掩码方法的局限性,有时会产生不包含被解释节点的异常解释子图,如图

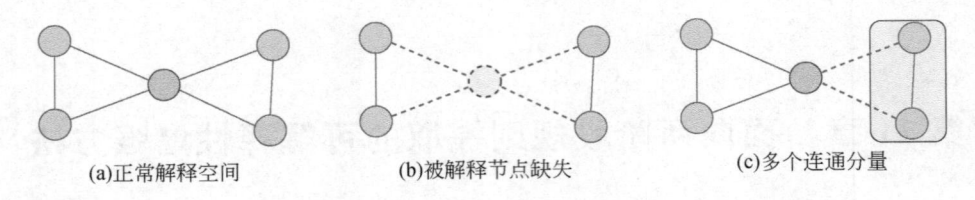

(a)正常解释空间　　(b)被解释节点缺失　　(c)多个连通分量

图 11.1　异常结构的解释子图示例

11.1(b)所示,这种被解释节点丢失的情况导致解释子图完全不可用。另一类异常解释子图如图 11.1(c)所示,此类解释子图包含被解释节点,但同时有其他连通分量存在。这种异常情况对于下游任务的影响相对于被解释节点丢失而言较小,但是大量与被解释节点不连通的分量导致解释子图信息的冗余。因为对基于解释子图生成逻辑规则的任务,从被解释节点开始不可达的分量是无用的。针对以上两种解释子图异常问题,本节提出一种面向两阶段规则提取的可解释性增强方法(interpretability enhancement method for two-stage rule extraction, IEM-TREx),其综合考虑解释子图的中心性及设定的阈值,对解释子图进行连通性增强处理,同时过滤冗余的连通分量,以构建异常解释子图的补全框架。实验选取了数据集中占比较高的三种关系进行研究。结果证明,通过对解释子图的连通性进行增强,使得原本不可用的解释子图可以用于逻辑规则提取,并在数量和高置信度的占比上取得了相应改进。

11.2　相关工作

目前,产生实例级解释的方法主要有以下两类,这两类方法代表了解释子图产生的两种主要思路:邻接矩阵掩码优化和解释子图搜索。

1. 节点的重要性评估方法

在图论中,衡量节点的重要性是一个关键问题,因为它有着广泛的应用,包括社交网络分析、传播动力学、交通规划和生物信息学等领域。有许多不同的方法可以用来衡量节点的重要性,高度中心性是最简单的方法之一,它衡量节点的度,即与该节点直接相连的边的数量。高度中心性的节点在网络中具有较多的直接连接,通常用于发现网络中的重要节点。然而,高度中心性无法考虑节点在整个网络中的位置。介数中心性度量节点在网络中的介数,即节点在最短路径中的出现频率。节点的介数中心性较高,表示它在网络中连接不同部分的路径上起到关键作用,是信息传播的关键桥梁。接近中心性度量节点到其他节点的平均距离,通常计算节点到其他节点最短路径的倒数。接近中心性高的节点更容易迅速传播信息,因为它们与其他节点更接近。特征向量中心性考虑了节点的连接性以及与连接节点的关联性,它是一个基于网络结构的指标,认为与高度中心性的节点连接的节点也应该具有较高的中心性。PageRank 是用于互联网搜索的算法,也可以用于衡量网页或节点的重要性,它将节点的重要性定义为与节点相连的其他节点的重要性之和,同时考虑到连接节点的数量及其重要性。卡茨中心性考虑了节点与其邻居节点之间的所有路径,而不仅是最短路径,这使得节点在网络中的影响力得到了更全面的考量。总体而言,介数中心性和接近中心性强调节点的位置和路径,而高度中心性和特征向量中心性侧重于节点的连接性,PageRank 考虑了节点的重要性和连接节点的数量。

本节选择特征向量中心性。特征向量中心性的优点在于:①它能够综合考虑节点的整体影响力,可以适用于复杂网络,同时可以考虑边的权重,这使得特征向量中心性在更广泛的应用中更为灵活;②特征向量中心性的计算通常涉及矩阵运算,因此可以应用于大型网络,而不需要昂贵的计算资源;③特征向量中心性通常用于表示节点的潜在影响力,适用于不同领域的问题,如社交网络、交通网络、生物网络等。

2. 基于子图搜索的图神经网络解释方法

除了以 GNNExplainer 为代表的优化邻接矩阵掩模的方法,还有一类基于图生成的方法。例如,Yuan 等[253]提出的 SubgraphX 方法,它从被解释节点出发,通过蒙特卡罗树[254]搜索算法得到不同的解释子图,并使用沙普利值作为这些子图重要性的度量。类似地,XGNN[252]通过训练一个基于强化学习的图生成器来生成解释子图,这样得到的解释子图在理论上可以保证被解释节点一定在解释子图中,因此不会出现 GNNExplainer 中的异常解释子图。然而,此类方法的局限性在于:当解释对象为知识图谱这类大型的图数据集时,存在部分解释子图的搜索空间过大,进而导致解释子图生成速度过慢的问题,这在需要一次性提取大量解释子图的场景下(如基于解释子图的逻辑规则提取任务中)难以使用。

11.3 IEM-TREx 可解释性增强方法

给定一个图数据集和一个异常解释子图,本节方法将结合数据集的信息查询异常解释子图中目标节点的一阶邻居集合。在得到一阶邻居集合后,计算这些节点在异常解释子图中的中心性分数,并将目标节点与中心性分数最高的节点连接,得到修正后的解释子图。最后,为进一步缩减解释子图大小,本节方法进一步将不包含目标节点的连通分量进行裁剪。

11.3.1 基于中心性的候选节点筛选

为了确定将目标节点应该与哪些候选节点进行连接,本节提出可以通过计算异常解释子图中相关节点的中心性,并将中心性作为候选节点筛选的依据。在图论中,中心性是一个用于评估节点重要性的常用指标,中心性大的节点对图以及图中其他节点的影响力更大。根据图神经网络的消息传递机制,每个节点信息是由自身和其邻居节点的信息汇聚更新得到的。当异常解释子图中存在多个可能与目标节点连接的邻居节点时,需要考虑其中影响力更大的邻居节点。作者认为,中心性可以在一定程度上反映邻居节点对目标节点的影响,而特征向量中心性[255]的基本思想是,一个节点的重要性既取决于其邻居节点的数量,也取决于其邻居节点的重要性,这样的特性可以满足本书的需要。值得注意的是,本书并不是要找到所有可能的节点,而是从被解释节点的邻居中选择最有可能的节点。

1. 知识图谱转换

在图论视角下,知识图谱是一种复杂的多关系有向图,讨论起来过于复杂。本节将知识图谱转换为一种特殊的形式,称为 UGraph,其中每个节点由原知识图谱中的实体对构成,称为 UNode。若 UNode 节点之间共享相同的实体,则用一条无向边将两者相连。转换后的 UGraph 则是一种单关系无向图。UGraph 邻接矩阵定义如下:

$$A_{ij}^u = \begin{cases} 1, & u_i \text{ 和 } u_j \text{ 存在共享节点} \\ 0, & \text{其他} \end{cases} \tag{11.1}$$

目标节点邻居选择:异常解释子图也采用 UGraph 的形式表示,为了从异常解释子图中获取被解释节点的邻居,可以通过查找包含被解释节点实体的节点。例如,给定被解释节点 $n=(a,b)$,$V_n=\{(a,c),(b,c),(c,d)\}$ 为目标节点 n 的异常解释子图的节点集合,则被解释节点的邻居集合为 $\{(a,c),(b,c)\} \subset V_n$。值得注意的是,邻居不一定要与被解释节点连接。因此,需要一种方法来评估这些邻居的重要性,选择更加重要的部分节点进行连接。而本章采用特征向量中心性这一经典的节点重要性指标来衡量候选邻居节点对被解释节点的贡献。选择该指标的原因在于,相较于更为简单的高度中心性,特征向量中心性会同时考虑邻居的数量和重要性,这使得该方法可以选出与被解释节点距离更远的节点。对于更复杂的卡茨中心性,没有证据显示节点的重要性与距离有关,并且应该要承认的是,每一个被保留的节点均是解释器所认为重要的节点,因此卡茨中心性这种随距离衰减的指标并不适用。

2. 邻居中心性计算

给定一个异常解释子图 $G=(V,E)$，其邻接矩阵为 $A=(a_{v,t})$，当 v 与 t 相连时，$a_{v,t}=1$，否则，$a_{v,t}=0$。根据特征向量中心性的定义，节点 v 的中心性分数 x_v 的计算公式如下：

$$x_v = \frac{1}{\lambda}\sum_{t\in M(v)} x_t = \frac{1}{\lambda}\sum_{t\in G} a_{v,t} x_t \tag{11.2}$$

其中，λ 表示一个常数，是特征值。

通过选择出中心性得分最高的邻居节点，可以得到一个在解释子图中拥有最多重要邻居的候选。基于中心性计算的解释子图增强示例如图 11.2 所示。

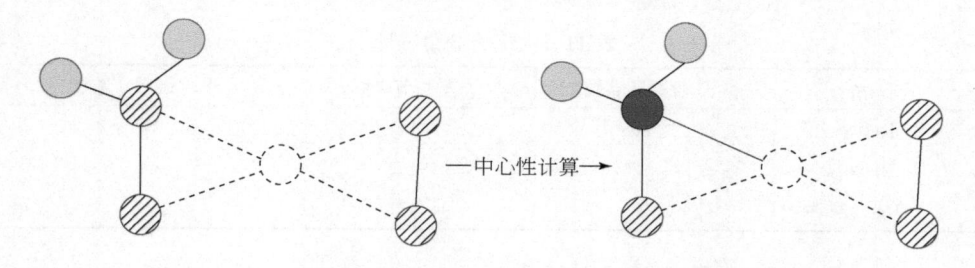

图 11.2 基于中心性计算的解释子图增强示例

图 11.2 中带阴影节点为目标节点（灰色虚线）的一阶邻居，深灰色节点为中心性最大的节点。可以看到，通过选取中心性最大的节点进行连接，可以保证被解释节点可以与一个最大的导出解释子图相关联，最低限度地保证解释的有效性。

11.3.2 基于连通性的解释子图裁剪

解释子图中存在大量由两个节点构成的连通分量，这类连通分量与被解释节点之间不存在关联，在原数据集中与被解释节点距离更远，且在基于解释子图的逻辑规则提取过程中，不存在从被解释节点到这些连通分量的路径，导致这些小的连通分量并不起作用，这与在其他关系中的情况类似。这样的解释子图难以提供简洁清晰的解释，并且对于逻辑规则提取任务，零散的且不与被解释节点连通的分量是多余的内容。因此，从缩减解释子图规模出发，需要对不可利用的解释子图进行裁剪，如算法 11.1 所示。

在算法 11.1 中，首先获取异常解释子图的所有连通分量，然后在其中选择包含被解释节点的分量，并根据选择出的连通分量获取对应的解释子图。最后，将获取到的新子图作为解释子图的裁剪结果。连通分量统计如表 11.1 所示。

算法 11.1　基于连通性的解释子图裁剪算法

Require: $node_{target}$, $G_{abnormal}$
Ensure: G_{sub} 裁剪后的解释子图
1　　components←ConnectedComponets($G_{abnormal}$)
2　　**for** $i=1$ to n **do**
3　　　**if** node∈components[i]then　//若目标节点存在于连通分量 i
4　　　　G_{sub}=extractSubgraph(components[i])
5　　　**end if**
6　　**end for**

表 11.1　连通分量统计

关系	解释节点数	平均节点数	平均连通分量数
Rel13	108	111	28
Rel80	479	463	26
Rel162	474	471	26.05

11.4　实验准备

本节首先介绍实验所使用的知识图谱数据集,并介绍要对比的基线模型的情况以及实验中所采用的详细设置。实验的主要目的是验证解释子图增强后对逻辑规则提取的促进效果。

1. 数据集

1) FB15K-237

本节选择知识图谱 FB15K-237[256]数据集的一个子集进行研究,该知识图谱属于世界知识图谱,内容主要为常识,便于观察和理解。具体而言,此次所采用的数据集是由 Teru 等[130]分割的版本:GraIL-FB15K-237,由 v1 到 v4 共四个版本构成,每个版本由测试集和训练集组成,且测试集与训练集的实体不相交,数量依次增加。本节出于效率和表现的平衡考虑,选择使用 GraIL-FB15K-237-v2。

2) FrenchRoyalty-200k[257]

FrenchRoyalty-200k 是知识图谱 DBpedia[258]的一个子集,其中包含了完整的法国王室家族成员以及成员间的 6 种关系。FrenchRoyalty-200k 基本信息如表11.2 所示,其中原始的训练集和验证集共有 8684 个三元组。FrenchRoyalty-200k

提供了非唯一的标准解释,其中关系 Child(孩子)和 Parent(父母)分别有 9 种可能的解释,关系 Brother(兄弟)和 Sister(姐妹)分别有 7 种可能的解释,Grandparent(祖父母)有 6 种解释,关系 Spouse(配偶)有 3 种可能的解释。FrenchRoyalty-200k 还将解释分为逻辑解释(Logical)和部分解释(Partial),其中逻辑解释是指逻辑上一定为真的解释,而部分解释依赖额外知识,在逻辑上不总为真。例如,假设有解释 Parent(X,Y)、Parent(Z,Y),则 (X,Z) 可以是兄弟、姐妹或者兄妹等关系,这取决于 X 和 Z 的性别、年龄等额外知识。另外,FenchRoyalty-200k 的所有解释都被分配一个主观的用户评分,用于评估该解释在用户看来是否是直观的、好理解的解释。

表 11.2　FrenchRoyalty-200k 基本信息

参数	Brother	Child	Grandparent	Parent	Sister	Spouse	总数
训练集	115	1973	3201	1640	87	759	7784
验证集	9	218	352	194	17	75	865
测试集	55	946	1533	803	33	338	3708

以关系 Grandparent 为例,如表 11.3 所示,当 A 有一个姐妹 B,且 B 的祖父母为 C,则 A 的祖父母也为 C。

表 11.3　关系 Grandparent 的标准解释

谓词	标准解释	示例
Grandparent	Grandparent,hasSister hasChild,hasParent hasBrother,hasGrandparent hasParent,hasParent hasGrandparent, hasSpouse hasChild, hasChild	Sisiter(A,B),Grandparent(B,C) →Grandparent(A,C)

2. 基线

本实验的主要目的为验证对解释子图的连通性增强对于逻辑规则提取的促进作用,因此选择如下的基线进行对比研究。

1)DummyExplainer

DummyExplainer 是 PyG 中用于对比研究的解释器。该解释器只能产生随机的解释子图,主要作为表现较差的解释器的代表。

2) GNNExplainer

GNNExplainer 是第一种基于软掩码的解释器。基于它的变体有很多,但均没有解决解释子图的异常问题,因此在实验中使用它作为此类方法的代表。

3) AMIE3

AMIE3[104] 是一种专用于在知识图谱上挖掘逻辑规则的方法。该方法通过复杂的裁剪策略和优化技术,可以在较短的时间内在知识图谱上挖掘规则。在本实验中,AMIE3 用于全局逻辑规则挖掘的代表,作为基于解释子图的逻辑规则挖掘的优化目标,即在理想状态下,基于增强后的解释子图所挖掘的规则在数量和质量上应当接近于 AMIE3 的结果。

3. 实验设置

实验针对具有相同分类关系的节点进行研究,以下是在实验中采用的具体设置。

(1)基线解释方法设置。实验中使用了 DummyExplainer 和 GNNExplainer 两种解释器,其中 DummyExplainer 采用不加修改的版本生成解释,GNNExplainer 的训练次数设为 500,并设定其解释目标为模型的预测结果 $\hat{y}$。

(2)目标关系选择。考虑到 FB15K-237-v2 中包含 118 种不同的关系,数量较多,本节选择在其中占比最高的三种关系,并抽取所有属于这三种关系的节点,分别是 Award、Region 和 Profession。这三种关系表示的含义,例如,$(A, Award, B)$ 表示 A 获得了奖项 B;$(A, Region, B)$ 表示电影 A 的发行地点为 B;$(A, Profession, B)$ 表示 A 的职业为 B。在 FrenchRoyalty-200k 中的关系只有 6 种,因此在实验中选择全部关系作为研究对象。

(3)图神经网络超参数设置。需要将 FB15K-237-v2 和 FrenchRoyalty-200k 转换为 UGraph,并在其上训练一个用于节点分类的 3 层图神经网络模型。图神经网络的输入和输出特征维度 $|x|=|R|$,隐藏维度 $|h^l|=\frac{|R|}{2}$,并在每一层按 0.5 的比例执行退出操作,以防止过拟合。在优化器方面,本节选择 Adam 优化器,学习率设置为 0.001,在此基础上将模型训练 1000 个轮次。图神经网络实验参数设置如表 11.4 所示。

表 11.4 图神经网络实验参数设置

参数	具体设置
学习率	0.001
训练轮次	1000
图神经网络层数	3

第 11 章　面向两阶段规则提取的可解释性增强方法

续表

参数	具体设置
退出比例	0.5
隐藏层单元数	$\|h^l\| = \dfrac{\|R\|}{2}$
优化器	Adam

(4) 逻辑规则挖掘设置。考虑到过于复杂的逻辑规则难以手动验证其合理性，不便于研究和讨论，因此实验主要关注长度在 3 以内的逻辑规则。

(5) 实验设备。上述实验运行在一台有着 24GB 显存的 NVIDIA RTX 3090 图形处理器和 64GB 内存的 Ubuntu 主机上，详细信息如表 11.5 所示。

表 11.5　实验设备信息

硬件组件	规格
显卡	NVIDIA RTX 3090 图形处理器(24GB 显存)
内存	64GB
操作系统	Ubuntu

11.5　实验结果与分析

首先，实验分别统计了在数据集 FB15K-237 和 FrenchRoyalty-200k 中每个关系谓词的解释子图以及异常解释子图的数量。FB15K-237 和 FrenchRoyalty-200k 的解释异常情况统计如表 11.6 所示，其中 Award 和 Region 关系中不包含被目标节点的解释子图较少，而 Profession 关系共包含 474 个目标节点，其中有 83 个为不包含目标节点的异常解释子图，约占总数的 17.51%。在 FrenchRoyalty-200k 中，解释子图的异常问题更为普遍，每种关系的异常解释子图平均占比可以达到 42% 以上。

表 11.6　FB15K-237 和 FrenchRoyalty-200k 的解释异常情况统计

数据集	谓词	异常解释数	解释总数	比例
FB15K-237	Award	1	108	0.00925
	Region	1	479	0.0021
	Profession	83	474	0.17510

续表

数据集	谓词	异常解释数	解释总数	比例
FrenchRoyalty-200k	Brother	58	124	0.4677
	Child	1051	2191	0.4796
	Grandparent	692	3562	0.1942
	Parent	893	1834	0.4869
	Sister	48	104	0.4615
	Spouse	413	834	0.4952

通过对三种关系中异常解释子图的连通性增强,三种关系的逻辑规则提取数量对比如表 11.7 所示,可以发现在 Award 和 Region 关系中的高置信度逻辑规则的增长并不明显。而在 Profession 关系下,置信度大于 0.9 的规则数提升约 87.6%,已经达到 AMIE3 的 89.6%,可见 Profession 关系受异常解释子图的影响较大。

表 11.7 三种关系的逻辑规则提取数量对比

置信度	Award				Region				Profession			
	D	G	G'	A	D	G	G'	A	D	G	G'	A
0.9	0	34	34	37	9	416	419	782	6	193	362	404
0.8	0	34	34	37	15	616	621	986	6	193	366	412
0.7	0	34	34	40	52	1435	1443	1851	6	216	436	466
0.6	0	53	53	65	78	2337	2348	3156	6	310	616	672
0.5	0	53	53	70	96	2815	2829	3917	6	328	684	712
0	0	795	816	492	649	15847	15869	13013	415	1835	3929	2790

注:D 为 DummyExplainer 提取数量,G 为 GNNExplainer 提取数量,G' 为本节工作提取数量,A 为 AMIE3 提取数量。

从表 11.7 中可以看到,模型从 Grandparent 中提取的逻辑规则是最多的,这是因为从语义上祖父母是更加复杂的关系,每存在一个祖父母关系就会蕴含着 Child、Parent 等关系。图神经网络在推理 Grandparent 时往往会经过更长的推理路径。两侧的关系如(Brother, Sisiter)则更为简单,因此相应的逻辑规则提取数量较少。对解释子图进行增强后,相对于增强前的提取逻辑,规则数量的表现方面有明显的提升。基于 FrenchRoyalty-200k 的标准解释,在实验中对所提取的逻辑规则进行手动分析。为便于观察,实验以标准解释最少的关系 Spouse 进行分析。

根据数据集,当 Spouse 作为推理结果时,有如下三种可能的解释:Spouse→Spouse,这是因为配偶关系是互相的。另一种解释为 Child, Parent→Spouse,例如,$Child(X,A)$,$Parent(A,Y)\to Spouse(X,Y)$,表示 X 有孩子 A 且 A 有父母 Y,则可推出 X 与 Y 是配偶关系。最后一种解释为 $Child,Child\to Spouse$,它表示当两个人拥有同一个孩子时,则两个人为配偶关系。由表 11.6 可知,GNNExplainer 在解释属于 Spouse 关系的节点时有 50% 的解释子图出现异常的结构,表 11.8 为实验中的一个逻辑规则提取实例,可以看到置信度较高的规则有 R2、R3 以及 R4。其中,R2 体现了标准解释中 $Spouse\to Spouse$ 的现象,而 R3 和 R4 体现了标准解释中 Child 和 Parent 与关系 Spouse 的联系。当然其中也存在一些如 R5 的特殊情况,尽管置信度较高,但实际上在数据集中的样本很少,可以认为是一种针对当前解释子图的特殊情况。总体而言,在从解释子图中提取的逻辑规则有相当的一部分满足标准解释,这在一定程度上证明了解释子图可以反映图神经网络的推理过程。

表 11.8 逻辑规则提取实例与标准解释对比

规则	预测数	正确数	置信度	提取结果
R1	500	2	0.004	$Spouse(Anne\ of\ Kiev,Y)\leftarrow Child(Y,A)$
R2	448	314	0.7000	$Spouse(X,Y)\leftarrow Child(Y,A),Parent(A,X)$
R3	340	169	0.4970	$Spouse(X,Y)\leftarrow Child(Y,A),Parent(A,X)$
R4	370	184	0.4972	$Spouse(B,Y)\leftarrow Parent(A,B),Child(Y,A)$
R5	4	2	0.5000	$Spouse(Anne\ of\ Kiev,Y)\leftarrow Child(Y,A),Parent(A,Anne of Kiev)$
R6	370	184	0.4972	$Spouse(X,Y)\leftarrow Parent(A,X),Child(Y,A)$
标准解释				$Spouse\leftarrow Spouse$ $Spouse\leftarrow Child,Parent$ $Spouse\leftarrow Child,Child$

11.6 本章小结

本章针对解释子图生成过程中出现的被解释节点缺失以及解释子图连通分量过多等异常现象,提出了一种解释子图的连通性增强方法,实现了异常解释子图的纠偏与裁剪。该方法主要分为两步:①通过基于中心性的连通性增强方法将缺失的解释目标节点添加到异常解释子图中;②根据连通分量的计算结果,过滤掉不包含异常解释子图的连通分量。最后,本章通过解释子图的逻辑规则提取实验,发现增强后的解释子图在出现较多异常的关系中有较大的提升,验证了本章所提出方法的有效性。

参 考 文 献

[1] Xu Z L, Sheng Y P, He L R, et al. Review on knowledge graph techniques. Journal of the University of Electronic Science and Technology of China, 2016, 45(4): 589-606.

[2] Vrandečić D, Krötzsch M. Wikidata: A free collaborative knowledgebase. Communications of the ACM, 2014, 57(10): 78-85.

[3] Auer S, Bizer C, Kobilarov G, et al. DBpedia: A nucleus for a web of open data. Proceedings of the 6th International Semantic Web Conference and the 2nd Asian Semantic Web Conference, Busan, 2007: 722-735.

[4] Suchanek F M, Kasneci G, Weikum G. YAGO: A large ontology from Wikipedia and wordNet. Journal of Web Semantics, 2008, 6(3): 203-217.

[5] Xu B, Xu Y, Liang J Q, et al. CN-DBpedia: A never-ending Chinese knowledge extraction system. Proceedings of the 30th International Conference on Industrial Engineering and Other Applications of Applied Intelligent Systems, Arras, 2017: 428-438.

[6] Ji S X, Pan S R, Cambria E, et al. A survey on knowledge graphs: Representation, acquisition, and applications. IEEE Transactions on Neural Networks and Learning Systems, 2022, 33(2): 494-514.

[7] Lan Y S, He G L, Jiang J H, et al. A survey on complex knowledge base question answering: Methods, challenges and solutions. Proceedings of the 30th International Joint Conference on Artificial Intelligence, Montreal, 2021: 4483-4491.

[8] Jia Z, Abujabal A, Roy R S, et al. TempQuestions: A benchmark for temporal question answering. Proceedings of the 18th World Wide Web Conference, Lyon, 2018: 1057-1062.

[9] Pustejovsky J, Castaño J, Ingria R, et al. TimeML: Robust specification of event and temporal expressions in text. New Directions in Question Answering, 2003, 3: 28-34.

[10] Allen J F. Maintaining knowledge about temporal intervals. Communications of the ACM, 1983, 26(11): 832-843.

[11] Kafle S, De Silva N, Dou D J. An overview of utilizing knowledge bases in neural networks for question answering. Information Systems Frontiers, 2020, 22(5): 1095-1111.

[12] Unger C, Bühmann L, Lehmann J, et al. Template-based question answering over RDF data. Proceedings of the 21st International Conference on World Wide Web, New York, 2012: 639-648.

[13] Tunstall-Pedoe W. True knowledge: Open-domain question answering using structured knowledge and inference. AI Magazine, 2010, 31(3): 80-92.

[14] 丁斌. 汽车领域智能问答系统中模板库自动生成方法的研究. 上海: 上海交通大学, 2017.

[15] 徐泽建. 基于自动生成模板的知识库问答方法研究. 南京: 东南大学, 2019.

[16] Zhang X M, Meng M M, Sun X L, et al. FactQA: Question answering over domain knowledge graph based on two-level query expansion. Data Technologies and Applications, 2020, 54(1): 34-63.

[17] Saxena A, Chakrabarti S, Talukdar P. Question answering over temporal knowledge graphs. Proceedings of the 59th Annual Meeting of the Association for Computational Linguistics and the 11th International Joint Conference on Natural Language Processing, Online, 2021: 6663-6676.

[18] Xu W D, Auli M, Clark S. CCG supertagging with a recurrent neural network. Proceedings of the 53rd Annual Meeting of the Association for Computational Linguistics and the 7th International Joint Conference on Natural Language Processing, Beijing, 2015: 250-255.

[19] Liang P, Jordan M I, Klein D. Learning dependency-based compositional semantics. Computational Linguistics, 2013, 39(2): 389-446.

[20] Dahl D A, Bates M, Brown M K, et al. Expanding the scope of the ATIS task: The ATIS-3 corpus. Proceedings of the Workshop on the 94th Conference of Human Language Technology, Plainsboro, 1994: 43-48.

[21] Berant J, Chou A, Frostig R, et al. Semantic parsing on freebase from question-answer pairs. Proceedings of the 23rd Conference on Empirical Methods in Natural Language Processing, Washington D. C., 2013: 1533-1544.

[22] Reddy R G, Contractor D, Raghu D, et al. Multi-level memory for task oriented dialogs. Proceedings of the 20th Annual Conference of the North American Chapter of the Association for Computational Linguistics, Minneapolis, 2019: 3744-3754.

[23] Yih S W, Chang M W, He X D, et al. Semantic parsing via staged query graph generation: Question answering with knowledge base. Proceedings of the 53rd Annual Meeting of the Association for Computational Linguistics and the 7th International Joint Conference on Natural Language Processing, Beijing, 2015: 1321-1331.

[24] Bao J W, Duan N, Yan Z, et al. Constraint-based question answering with knowledge graph. Proceedings of the 26th International Conference on Computational Linguistics, Osaka, 2016: 2503-2514.

[25] Yu M, Yin W P, Hasan K S, et al. Improved neural relation detection for knowledge base question answering. Proceedings of the 55th Annual Meeting of the Association for Computational Linguistics, Vancouver, 2017: 571-581.

[26] Hu S, Zou L, Zhang X B. A state-transition framework to answer complex questions over knowledge base. Proceedings of the 28th Conference on Empirical Methods in Natural Language Processing, Brussels, 2018: 2098-2108.

[27] Chakraborty N, Lukovnikov D, Maheshwari G, et al. Introduction to neural network-based question answering over knowledge graphs. Wiley Interdisciplinary Reviews: Data Mining and Knowledge Discovery, 2021, 11(3): 1389.

[28] Li F M, Zou Z N. Subgraph matching on temporal graphs. Information Sciences, 2021, 578: 539-558.
[29] Hu S, Zou L, Yu J X, et al. Answering natural language questions by subgraph matching over knowledge graphs. IEEE Transactions on Knowledge and Data Engineering, 2018, 30 (5): 824-837.
[30] Jin H, Luo Y, Gao C J, et al. ComQA: Question answering over knowledge base via semantic matching. IEEE Access, 2019, 7: 75235-75246.
[31] Wang Y X, Xu X L, Hong Q F, et al. Top-k star queries on knowledge graphs through semantic-aware bounding match scores. Knowledge-Based Systems, 2021, 213: 106655.
[32] Wang Q, Hao Y S, Cao J. ADRL: An attention-based deep reinforcement learning framework for knowledge graph reasoning. Knowledge-Based Systems, 2020, 197: 105910.
[33] Sun H, Arnold A O, Bedrax-Weiss T, et al. Faithful embeddings for knowledge base queries. Proceedings of the 33rd Conference on Advances in Neural Information Processing Systems, Online, 2020: 22505-22516.
[34] Bordes A, Usunier N, Chopra S, et al. Large-scale simple question answering with memory networks. arXiv preprint arXiv:1506.02075, 2015.
[35] Dong L, Wei F R, Zhou M, et al. Question answering over freebase with multi-column convolutional neural networks. Proceedings of the 53rd Annual Meeting of the Association for Computational Linguistics and the 7th International Joint Conference on Natural Language Processing, Beijing, 2015: 260-269.
[36] Hao Y C, Zhang Y Z, Liu K, et al. An end-to-end model for question answering over knowledge base with cross-attention combining global knowledge. Proceedings of the 55th Annual Meeting of the Association for Computational Linguistics, Vancouver, 2017: 221-231.
[37] Wang R J, Wang M, Liu J, et al. Structured query construction via knowledge graph embedding. Knowledge and Information Systems, 2020, 62(5): 1819-1846.
[38] Do P, Phan T H V. Developing a BERT based triple classification model using knowledge graph embedding for question answering system. Applied Intelligence, 2022, 52(1): 636-651.
[39] Li X M, Alazab M, Li Q, et al. Question-aware memory network for multi-hop question answering in human-robot interaction. Complex & Intelligent Systems, 2021, 8: 851-861.
[40] Jain S. Question answering over knowledge base using factual memory networks. Proceedings of the 15th Conference of the North American Chapter of the Association for Computational Linguistics: Human Language Technologies, San Diego, 2016: 109-115.
[41] Chen Y, Wu L F, Zaki M J. Bidirectional attentive memory networks for question answering over knowledge bases. Proceedings of the 18th Conference of the North American Chapter of the Association for Computational Linguistics: Human Language Technologies, Minneapolis, 2019: 2913-2923.

[42] Banerjee D, Nair P A, Usbeck R, et al. GETT-QA: Graph embedding based T2T Transformer for knowledge graph question answering. Proceedings of the 20th Conference of the European Semantic Web Conference, Hersonissos, 2023: 279-297.

[43] Maheshwari G, Trivedi P, Lukovnikov D, et al. Learning to rank query graphs for complex question answering over knowledge graphs. Proceedings of the 18th Conference of the International Semantic Web Conference, Auckland, 2019: 487-504.

[44] Cheng J P, Reddy S, Saraswat V, et al. Learning an executable neural semantic parser. Computational Linguistics, 2019, 45(1): 59-94.

[45] Lukovnikov D, Fischer A, Lehmann J, et al. Neural network-based question answering over knowledge graphs on word and character level. Proceedings of the 26th International Conference on World Wide Web, Perth, 2017: 1211-1220.

[46] Sutskever I, Vinyals O, Le Q V. Sequence to sequence learning with neural networks. Proceedings of the 27th International Conference on Neural Information Processing Systems, Montreal, 2014, 27: 3104-3112.

[47] Xiong W H, Yu M, Chang S Y, et al. Improving question answering over incomplete KBs with knowledge-aware reader. Proceedings of the 57th Annual Meeting of the Association for Computational Linguistics, Florence, 2019: 4258-4264.

[48] Huang P X, Zhao X, Fang Y, et al. End-to-end knowledge triplet extraction combined with adversarial training. Journal of Computer Research and Development, 2019, 56(12): 2536-2548.

[49] Qi P G, Zhi J J, Ning D, et al. $\mathcal{P}^2$: A plan-and-pretrain approach for knowledge graph-to-text generation. Proceedings of the 3rd International Workshop on Natural Language Generation from the Semantic Web, Dublin, 2020: 100-106.

[50] Roig D, Lladó B, Sabà C, et al. Enhancing sequence-to-sequence modeling for RDF triples to natural text. Proceedings of the 3rd International Workshop on Natural Language Generation from the Semantic Web, Dublin, 2020: 40-47.

[51] Tan G, Chen Y, Peng Y Z. Hybrid domain feature knowledge graph smart question answering system. Computer Engineering and Applications, 2020, 56(3): 232-239.

[52] Dong L, Lapata M. Language to logical form with neural attention. Proceedings of the 54th Annual Meeting of the Association for Computational Linguistics, Berlin, 2016: 33-43.

[53] Calijorne M A, Parreiras F S. A literature review on question answering techniques, paradigms and systems. Journal of King Saud University-Computer and Information Sciences, 2020, 32(6): 635-646.

[54] 袁帅. 基于深度学习的知识库问答系统研究. 成都: 电子科技大学, 2020.

[55] Xiong H B, Wang S T, Tang M R, et al. Knowledge graph question answering with semantic oriented fusion model. Knowledge-Based Systems, 2021, 221: 106954.

[56] 绪艳霞. 时态图中具有时间约束的图匹配问题研究. 苏州: 苏州大学, 2018.

[57] Iyyer M, Yih W T, Chang M W. Search-based neural structured learning for sequential

question answering. Proceedings of the 55th Annual Meeting of the Association for Computational Linguistics, Vancouver, 2017: 1821-1831.

[58] 陆凌姣. 面向知识图谱的时间消歧方法研究. 苏州: 苏州大学, 2019.

[59] Krishnamurthy J, Dasigi P, Gardner M. Neural semantic parsing with type constraints for semi-structured tables. Proceedings of the 2017 Conference on Empirical Methods in Natural Language Processing, Copenhagen, 2017: 1516-1526.

[60] Leblay J, Chekol M W. Deriving validity time in knowledge graph. Companion of the The Web Conference 2018 on The Web Conference 2018, Lyon, 2018: 1771-1776.

[61] Dasgupta S S, Ray S N, Talukdar P. HyTE: Hyperplane-based temporally aware knowledge graph embedding. Proceedings of the 2018 Conference on Empirical Methods in Natural Language Processing, Brussels, 2018: 2001-2011.

[62] Trivedi R, Dai H J, Wang Y C, et al. Know-evolve: Deep temporal reasoning for dynamic knowledge graphs. Proceedings of the 34th International Conference on Machine Learning, Sydney, 2017: 3462-3471.

[63] Goel R, Kazemi S M, Brubaker M, et al. Diachronic embedding for temporal knowledge graph completion. The 34th AAAI Conference on Artificial Intelligence, 2020, 34(4): 3988-3995.

[64] Shao P, Zhang D, Yang G, et al. Tucker decomposition-based temporal knowledge graph completion. Knowledge-Based Systems, 2020, 238: 107841.

[65] Garcia-Duran A, Dumančić S, Niepert M. Learning Sequence Encoders for Temporal Knowledge Graph Completion. Proceedings of the 2018 Conference on Empirical Methods in Natural Language Processing, Brussels, 2018: 4816-4821.

[66] Seo Y, Defferrard M, Vandergheynst P, et al. Structured sequence modeling with graph convolutional recurrent networks. Neural Information Processing: 25th International Conference, Siem Reap, 2018: 362-373.

[67] Jin W, Qu M, Jin X, et al. Recurrent event network: Autoregressive structure inferenceover temporal knowledge graphs. Proceedings of the 2020 Conference on Empirical Methods in Natural Language Processing, Online, 2020: 6669-6683.

[68] Lacroix T, Obozinski G, Usunier N. Tensor decompositions for temporal knowledge base completion. Proceedings of the 8th International Conference on Learning Representations, Addis Ababa, 2020: 2765-2766.

[69] Mavromatis C, Subramanyam P L, Ioannidis V N, et al. TempoQR: Temporal question reasoning over knowledge graphs. The 36th AAAI Conference on Artificial Intelligence, 2022, 36(5): 5825-5833.

[70] Shang C, Wang G T, Qi P, et al. Improving time sensitivity for question answering over temporal knowledge graphs. Proceedings of the Computer Science 2022, Xiamen, 2022: 1-12.

[71] Li X, Sun Y W, Cheng G. TSQA: Tabular scenario based question answering. The 35th AAAI Conference on Artificial Intelligence, 2021, 35(15): 13297-13305.

[72] Jia Z, Pramanik S, Roy R S, et al. Complex temporal question answering on knowledge graphs. Proceedings of the 30th ACM International Conference on Information & Knowledge Management, New York, 2021: 792-802.

[73] Yao J P, Wang Y J, Li X J, et al. TERQA: Question answering over knowledge graph considering precise dependencies of temporal information on vectors. Displays, 2022, 74: 102269.

[74] Chen Z Y, Zhao X, Liao J Z, et al. Temporal knowledge graph question answering via subgraph reasoning. Knowledge-Based Systems, 2022, 251: 109134.

[75] Cai J Y, Zhang Z Q, Wu F, et al. Deep cognitive reasoning network for multi-hop question answering over knowledge graphs. Findings of the Association for Computational Linguistics: ACL-IJCNLP 2021, Stroudsburg, 2021: 219-229.

[76] Wang Q, Mao Z D, Wang B, et al. Knowledge graph embedding: A survey of approaches and applications. IEEE Transactions on Knowledge and Data Engineering, 2017, 29（12）: 2724-2743.

[77] 秦川, 祝恒书, 庄福振, 等. 基于知识图谱的推荐系统研究综述. 中国科学：信息科学, 2020, 50(7): 937-956.

[78] 徐兵. 基于知识图谱的推荐研究综述. 现代计算机, 2021, 4: 60-63.

[79] Wang H, Zhang F, Xie X, et al. DKN: Deep knowledge-aware network for news recommendation. Proceedings of the 2018 World Wide Web Conference, Lyon, 2018: 1835-1844.

[80] Huang J, Zhao W X, Dou H J, et al. Improving sequential recommendation with knowledge-enhanced memory networks. The 41st International ACM SIGIR Conference on Research & Development in Information Retrieval, Ann Arbor, 2018: 505-514.

[81] Rendle S, Freudenthaler C, Schmidt-thieme L. Factorizing personalized Markov chains for next-basket recommendation. Proceedings of 19th International Conference on World Wide Web, New York, 2010: 811-820.

[82] Xiong L, Chen X, Huang T K, et al. Temporal collaborative filtering with Bayesian probabilistic tensor factorization. Proceedings of the 10th SIAM International Conference on Data Mining, Columbus, 2010: 211-222.

[83] Khoshneshin M, Street W N. Incremental collaborative filtering via evolutionary co-clustering. Proceedings of the 4th ACM Conference on Recommender Systems, Barcelona, 2010: 325-328.

[84] Li B, Zhu X, Li R, et al. Cross-domain collaborative filtering over time. Proceedings of 22nd International Joint Conference on Artificial Intelligence, Barcelona, 2011: 2293-2298.

[85] Ren Y L, Zhu T Q, Li G, et al. Top-N recommendations by learning user preference dynamics. Advances in Knowledge Discovery and Data Mining: 17th Pacific-Asia Conference, Bangkok, 2013: 390-401.

[86] Liu Z, Tan K, Wang X Q, et al. A learning framework for temporal recommendation without explicit iterative optimization. Applied Soft Computing, 2018, 67: 529-539.

[87] Wu Z H, Pan S R, Chen F W, et al. A comprehensive survey on graph neural networks. IEEE Transactions on Neural Networks and Learning Systems, 2021, 32(1): 4-24.

[88] Mnih V, Kavukcuoglu K, Silver D, et al. Human-level control through deep reinforcement learning. Nature, 2015, 518(7540): 529-533.

[89] Hidasi B, Karatzoglou A, Baltrunas L, et al. Session-based recommendations with recurrent neural networks. Proceedings of the 1st Workshop on Deep Learning for Recommender Systems, Boston, 2016: 17-22.

[90] 饶子昀, 张毅, 刘俊涛, 等. 应用知识图谱的推荐方法与系统. 自动化学报, 2021, 47(9): 2061-2077.

[91] Cao Y X, Wang X, He X N, et al. Unifying knowledge graph learning and recommendation: Towards a better understanding of user preferences. Proceedings of the 2019 World Wide Web Conference, San Francisco, 2019: 151-161.

[92] Dadoun A, Troncy R, Ratier O, et al. Location embeddings for next trip recommendation. Proceedings of the 2019 World Wide Web Conference, San Francisco, 2019: 896-903.

[93] Dong Y X, Chawla N V, Swami A. Metapath2vec: Scalable representation learning for heterogeneous networks. Proceedings of the 23rd ACM SIGKDD International Conference on Knowledge Discovery and Data Mining, Halifax, 2017: 135-144.

[94] Grover A, Leskovec J. Node2vec: Scalable feature learning for networks. Proceedings of the 22nd ACM SIGKDD International Conference on Knowledge Discovery and Data Mining, San Francisco, 2016: 855-864.

[95] Zhao H, Yao Q, Li J, et al. Meta-graph based recommendation fusion over heterogeneous information networks. Proceedings of the 23rd ACM SIGKDD International Conference on Knowledge Discovery and Data Mining. Halifax, 2017: 635-644.

[96] Shi C, Hu B B, Zhao W X, et al. Heterogeneous information network embedding for recommendation. IEEE Transactions on Knowledge and Data Engineering, 2019, 31(2): 357-370.

[97] Wang H W, Zhao M, Xie X, et al. Knowledge graph convolutional networks for recommender systems. Proceedings of the 2019 World Wide Web Conference, San Francisco, 2019: 3307-3313.

[98] Tang X L, Wang T Y, Yang H Z, et al. AKUPM: Attention-enhanced knowledge-aware user preference model for recommendation. Proceedings of the 25th ACM SIGKDD International Conference on Knowledge Discovery & Data Mining, Anchorage, 2019: 1891-1899.

[99] 王萌, 王昊奋, 李博涵, 等. 新一代知识图谱关键技术综述. 计算机研究与发展, 2022, 59(9): 1947-1965.

[100] Guo Q Y, Zhuang F Z, Qin C, et al. A survey on knowledge graph-based recommender systems. IEEE Transactions on Knowledge and Data Engineering, 2020, 34(8): 3549-3568.

[101] Santoro A, Raposo D, BarrettD G T, et al. A simple neural network module for relational reasoning. Proceedings of the 31st International Conference on Neural Information Processing Systems, New York, 2017: 4974-4983.

[102] 官赛萍, 靳小龙, 贾岩涛, 等. 面向知识图谱的知识推理研究进展. 软件学报, 2018, 29(10): 2966-2994.

[103] 吴博, 梁循, 张树森, 等. 图神经网络前沿进展与应用. 计算机学报, 2022, 45(1): 35-68.

[104] Fey M, Lenssen J E. Fast graph representation learning with PyTorch geometric. Proceedings of the ICLR Workshop on Representation Learning on Graphs and Manifolds, New Orleans, 2019: 126-129.

[105] Wang M J, Zheng D, Ye Z H, et al. Deep graph library: A graph-centric, highly performant package for graph neural networks. arXiv preprint arXiv:1909.01315, 2020.

[106] Schlichtkrull M, Kipf T N, Bloem P, et al. Modeling relational data with graph convolutional networks. Proceedings of the 15th International Conference on the Semantic Web, Heraklion, 2018: 593-607.

[107] Cai C W, He R, McAuley J. SPMC: Socially-aware personalized Markov chains for sparse sequential recommendation. Proceedings of the 26th International Joint Conference on Artificial Intelligence, Melbourne, 2017: 1476-1482.

[108] Lao N, Cohen W W. Relational retrieval using a combination of path-constrained random walks. Machine Learning, 2010, 81(1): 53-67.

[109] Gardner M, Mitchell T. Efficient and expressive knowledge base completion using subgraph feature extraction. Proceedings of the 2015 Conference on Empirical Methods in Natural Language Processing, Lisbon, 2015: 1488-1498.

[110] Yang F, Yang Z L, Cohen W W. Differentiable learning of logical rules for knowledge base reasoning. Proceedings of the 31st International Conference on Neural Information Processing Systems, Long Beach, 2017, 2316-2325.

[111] Chen X J, Jia S B, Xiang Y. A review: Knowledge reasoning over knowledge graph. Expert Systems with Applications, 2020, 141: 1129-1148.

[112] Nickel M, Tresp V, Kriegel H P. A three-way model for collective learning on multi-relational data. Proceedings of the 28th International Conference on International Conference on Machine Learning, Madison, 2011: 809-816.

[113] Nickel M, Tresp V, Kriegel H P, et al. Factorizing YAGO: Scalable machine learning for linked data. Proceedings of the 21st International Conference on World Wide Web, Lyon, 2012: 271-280.

[114] Bordes A, Usunier N, Garcia-duran A, et al. Translating embeddings for modeling multi-relational data. Proceedings of the 26th Conference on Neural Information Processing Systems, New York, 2013: 2787-2795.

[115] Wang Z, Zhang J W, Feng J L, et al. Knowledge graph embedding by translating on hy-

perplanes. Proceedings of the 28th AAAI Conference on Artificial Intelligence, 2014, 28(1): 1112-1119.

[116] Ji G L, He S Z, Xu L H, et al. Knowledge graph embedding via dynamic mapping matrix. Proceedings of the 53rd Annual Meeting of the Association for Computational Linguistics and the 7th International Joint Conference on Natural Language Processing, Beijing, 2015: 687-696.

[117] Xiao H, Huang M L, Zhu X Y. TransG: A generative model for knowledge graph embedding. Proceedings of the 54th Annual Meeting of the Association for Computational Linguistics, Berlin, 2015: 1216-1219.

[118] Bordes A, Glorot X, Weston J. Joint learning of words and meaning representations for open-text semantic parsing. Proceedings of the 15th International Conference on Artificial Intelligence and Statistics, Santa Cruz de La Palma, 2012: 127-135.

[119] Bordes A, Glorot X, Weston J, et al. A semantic matching energy function for learning with multi-relational data: Application to word-sense disambiguation. Machine Learning, 2014, 94(2): 233-259.

[120] Socher R, Chen D Q, Manning C D, et al. Reasoning with neural tensor networks for knowledge base completion. Proceedings of the 26th International Conference on Neural Information Processing Systems, South Lake Tahoe, 2013: 926-934.

[121] Guo L B, Zhang Q H, Ge W Y, et al. DSKG: A deep sequential model for knowledge graph completion. Proceedings of the 3rd China Conference on Knowledge Computing and Language Understanding, Tianjin, 2018: 65-77.

[122] Wang H, Li S Y, Pan R, et al. Incorporating graph attention mechanism into knowledge graph reasoning based on deep reinforcement learning. Proceedings of the 2019 Conference on Empirical Methods in Natural Language Processing and the 9th International Joint Conference on Natural Language Processing, Hong Kong, 2019: 2623-2631.

[123] Tang X, Chen L, Cui J, et al. Knowledge representation learning with entity descriptions, hierarchical types, and textual relations. Information Processing & Management, 2019, 56(3): 809-822.

[124] Qu M, Tang J. Probabilistic logic neural networks for reasoning. Proceedings of the 33rd Conference on Neural Information Processing Systems, Vancouver, 2019: 7710-7720.

[125] Suchanek F M, Kasneci G, Weikum G. YAGO: A core of semantic knowledge. Proceedings of the 16th International Conference on World Wide Web, New York, 2007: 697-706.

[126] Bollacker K, Evans C, Paritosh P, et al. Freebase: A collaboratively created graph database for structuring human knowledge. Proceedings of the 2008 ACM SIGMOD International Conference on Management of Data, New York, 2008: 1247-1250.

[127] Marcheggiani D, Titov I. Encoding sentences with graph convolutional networks for semantic role labeling. Proceedings of the 2017 Conference on Empirical Methods in

Natural Language Processing, Copenhagen, 2017: 1506-1515.

[128] Shang C, Tang Y, Huang J, et al. End-to-end structure-aware convolutional networks for knowledge base completion. Proceedings of the 33rd AAAI Conference on Artificial Intelligence, 2019, 33(1): 3060-3067.

[129] Vashishth S, Sanyal S, Nitin V, et al. Composition-based multi-relational graph convolutional networks. Proceedings of the 2020 International Conference on Learning Representations, Addis Ababa, 2020: 1-16.

[130] Teru K, Denis E, Hamilton W. Inductive relation prediction by subgraph reasoning. Proceedings of the 37th International Conference on Machine Learning, Online, 2020: 9448-9457.

[131] Zhang Y Q, Yao Q M. Knowledge graph reasoning with relational digraph. Proceedings of the ACM Web Conference 2022, New York, 2022: 912-924.

[132] Montavon G, Samek W, Müller K R. Methods for interpreting and understanding deep neural networks. Digital Signal Processing, 2018, 73: 1-15.

[133] Bengio Y. The consciousness prior. Synthesis Lectures on Artificial Intelligence and Machine Learning, 2019, 3(3): 1456-1470.

[134] Zhang Y, Tiňo P, Leonardis A, et al. A survey on neural network interpretability. IEEE Transactions on Emerging Topics in Computational Intelligence, 2021, 5(5): 726-742.

[135] Camburu O M. Explaining deep neural networks. Oxford: University of Oxford, 2020.

[136] Ribeiro M T, Singh S, Guestrin C. "Why should I trust you?": Explaining the predictions of any classifier. Proceedings of the 22nd ACM SIGKDD International Conference on Knowledge Discovery and Data Mining, New York, 2016: 1135-1144.

[137] Shapley L S. A value for n-person games. Kuhn H W, Tucker A W. Contributions to the Theory of Games, Volume II. Princeton: Princeton University Press, 1953: 307-318.

[138] Lundberg S M, Lee S I. A unified approach to interpreting model predictions. Proceedings of the 31st International Conference on Neural Information Processing Systems, New York, 2017: 4768-4777.

[139] Lei T, Barzilay R, Jaakkola T. Rationalizing neural predictions. Proceedings of the 2016 Conference on Empirical Methods in Natural Language Processing, Austin, 2016: 107-117.

[140] Selvaraju R R, Cogswell M, Das A, et al. Grad-CAM: Visual explanations from deep networks via gradient-based localization. Proceedings of the IEEE International Conference on Computer Vision, Venice, 2017: 618-626.

[141] Bach S, Binder A, Montavon G, et. al. On pixel-wise explanations for non-linear classifier decisions by layer-wise relevance propagation. PLoS One, 2015, 10(7): 0130140.

[142] Springenberg J T, Dosovitskiy A, Brox T, et. al. Striving for simplicity: The all convolutional net. Proceedings of the 3rd International Conference on Learning Representations, San Diego, 2015: 1-14.

[143] Gilmer J, Schoenholz S S, Riley P F, et al. Neural message passing for quantum chemistry. Proceedings of the 34th International Conference on Machine Learning, Sydney, 2017: 1263-1272.

[144] Lin W Y, Lan H, Li B C. Generative causal explanations for graph neural networks. Proceedings of the 38th International Conference on Machine Learning, Doha, 2021: 6666-6679.

[145] Bressler S L, Seth A K. Wiener-Granger causality: A well established methodology. NeuroImage, 2011, 58(2): 323-329.

[146] Dosilovic F K, Brcic M, Hlupic N. Explainable artificial intelligence: A survey. Proceedings of 41st International Convention on Information and Communication Technology, Electronics and Microelectronics, Opatija, 2018: 210-215.

[147] Velickovic P, Cucurull G, Casanova A, et al. Graph attention networks. Stat, 2017, 1050(20): 48510-48550.

[148] Xu X R, Feng W, Jiang Y S, et al. Dynamically pruned message passing networks for large-scale knowledge graph reasoning. Proceedings of the 8th International Conference on Learning Representations, Edinburgh, 2020: 2210-2220.

[149] Li J. From uni-relational to multi-relational graph neural networks. Proceedings of the 15th ACM International Conference on Web Search and Data Mining, Online, 2022: 1551-1552.

[150] Han Z, Chen P, Ma Y P, et al. xERTE: Explainable reasoning on temporal knowledge graphs for forecasting future links. arXiv preprint arXiv:2012.15537, 2020.

[151] Zhu S G, Cheng X, Su S. Knowledge-based question answering by tree-to-sequence learning. Neurocomputing, 2020, 372: 64-72.

[152] Qiu Y Q, Zhang K, Wang Y Z, et al. Hierarchical query graph generation for complex question answering over knowledge graph. Proceedings of the 29th ACM International Conference on Information & Knowledge Management, New York, 2020: 1285-1294.

[153] Jagvaral B, Lee W K, Roh J S, et al. Path-based reasoning approach for knowledge graph completion using CNN-BiLSTM with attention mechanism. Expert Systems with Applications, 2020, 142: 112960.

[154] Xia Y C, Sun N, Wang H, et al. Research on knowledge question answering system for agriculture disease and pests based on knowledge graph. Journal of Nonlinear and Convex Analysis, 2020, 21(7): 1487-1496.

[155] Wang M, Wang J T, Jiang Y L A, et al. Hybrid human-machine active search over knowledge graph. Journal of Computer Research and Development, 2020, 57(12): 2501-2513.

[156] Huang W Y, Qu Q, Yang M. Interactive knowledge-enhanced attention network for answer selection. Neural Computing & Applications, 2020, 32(15): 11343-11359.

[157] Zhang Z, Bu J J, Ester M, et al. H2MN: Graph similarity learning with hierarchical hy-

pergraph matching networks. Proceedings of the 27th ACM SIGKDD Conference on Knowledge Discovery & Data Mining, Online, 2021: 2274-2284.

[158] Shin S J, Jin X N, Jung J, et al. Predicate constraints based question answering over knowledge graph. Information Processing & Management, 2019, 56(3): 445-462.

[159] Christmann P, Roy R S, Weikum G. Beyond NED: Fast and effective search space reduction for complex question answering over knowledge bases. Proceedings of the 15th ACM International Conference on Web Search and Data Mining, Tempe, 2022: 172-180.

[160] Vaswani A, Shazeer N, Parmar N, et al. Attention is all you need. Proceedings of the 31st International Conference on Neural Information Processing Systems, New York, 2017: 6000-6010.

[161] Yin P C, Neubig G, Yih W T, et al. TaBERT: Pretraining for joint understanding of textual and tabular data. Proceedings of the 58th Annual Meeting of the Association for Computational Linguistics, Stroudsburg, 2020: 8413-8426.

[162] Li Z L, Zhou Q Y, Li C, et al. Improving BERT with syntax-aware local attention. arXiv preprint arXiv:2012.15150, 2020.

[163] Jiao S L, Zhu Z F, Wu W Q, et al. An improving reasoning network for complex question answering over temporal knowledge graphs. Applied Intelligence, 2023, 53(7): 8195-8208.

[164] Dubey M, Banerjee D, Chaudhuri D, et al. EARL: Joint entity and relation linking for question answering over knowledge graphs. The Semantic Web- ISWC 2018: 17th International Semantic Web Conference, Monterey, 2018: 108-126.

[165] Zhang J, Zhang X K, Yu J F, et al. Subgraph retrieval enhanced model for multi-hop knowledge base question answering. Proceedings of the 60th Annual Meeting of the Association for Computational Linguistics, Dublin, 2022: 5773-5784.

[166] Verhagen M, Pustejovsky J. Temporal processing with the TARSQI toolkit. Proceedings of the 22nd International Conference on Computational Linguistics: Demonstrations Papers, Stroudsburg, 2008: 189-192.

[167] Leeuwenberg A, Moens M F. A survey on temporal reasoning for temporal information extraction from text. Proceedings of the Twenty-Ninth International Joint Conference on Artificial Intelligence, Yokohama, 2020: 5085-5089.

[168] Zhang J R, Huang J, Gao J L, et al. Knowledge graph embedding by logical-default attention graph convolution neural network for link prediction. Information Sciences, 2022, 593: 201-215.

[169] Bai S, Kolter J Z, Koltun V. An empirical evaluation of generic convolutional and recurrent networks for sequence modeling. arXiv preprint arXiv:1803.01271, 2018.

[170] Sabour S, Frosst N, Hinton G E. Dynamic routing between capsules. Proceedings of the 31st International Conference on Neural Information Processing Systems, New York, 2017: 3859-3869.

[171] Jin P P, Li F, Li X Y, et al. Temporal relation extraction with joint semantic and syntactic attention. Computational Intelligence and Neuroscience, 2022, 2022(1): 5680971.

[172] De Jong M, Zemlyanskiy Y, FitzGerald N, et al. Mention memory: incorporating textual knowledge into Transformers through entity mention attention. International Conference on Learning Representations, Online, 2021: 1-14.

[173] Sun T T, Zhang C H, Ji Y, et al. MSnet: Multi-head self-attention network for distantly supervised relation extraction. IEEE Access, 2019, 7: 54472-54482.

[174] Vashishtha S, Van Durme B, White A S. Fine-grained temporal relation extraction. Proceedings of the 57th Annual Meeting of the Association for Computational Linguistics, Florence, 2019: 2906-2919.

[175] Wu W Q, Zhu Z F, Lu Q, et al. Introducing external knowledge to answer questions with implicit temporal constraints over knowledge base. Future Internet, 2020, 12(3): 45.

[176] Chen X J, Jia S B, Ding L, et al. Reasoning over temporal knowledge graph with temporal consistency constraints. Journal of Intelligent & Fuzzy Systems, 2021, 40(6): 11941-11950.

[177] Bai L Y, Ma X N, Zhang M C, et al. TPmod: A tendency-guided prediction model for temporal knowledge graph completion. ACM Transactions on Knowledge Discovery from Data, 2021, 15(3): 41.

[178] Ma X L, Zhong H Y, Li Y, et al. Forecasting transportation network speed using deep capsule networks with nested LSTM models. IEEE Transactions on Intelligent Transportation Systems, 2020, 22(8): 4813-4824.

[179] Amouyal S, Wolfson T, Rubin O, et al. QAMPARI: A benchmark for open-domain questions with many answers. The 61st Annual Meeting of the Association for Computational Linguistics, Toronto, 2023: 97-110.

[180] Min S, Michael J, Hajishirzi H, et al. AmbigQA: Answering ambiguous open-domain questions. Proceedings of the 2020 Conference on Empirical Methods in Natural Language Processing, Stroudsburg, 2020: 5783-5797.

[181] Shao Z H, Huang M L. Answering open-domain multi-answer questions via a recall-then-verify framework. Proceedings of the 60th Annual Meeting of the Association for Computational Linguistics, Dublin, 2022: 1825-1838.

[182] Ilyas I F, Beskales G, Soliman M A. A survey of top-k query processing techniques in relational database systems. ACM Computing Surveys, 2008, 40(4): 1-58.

[183] Moniruzzaman A B M, Nayak R, Tang M L, et al. Fine-grained type inference in knowledge graphs via probabilistic and tensor factorization methods. The World Wide Web Conference, San Francisco, 2019: 3093-3100.

[184] Sedghi H, Sabharwal A. Knowledge completion for generics using guided tensor factorization. Transactions of the Association for Computational Linguistics, 2018, 6: 197-210.

[185] Nie B L, Sun S Q. Knowledge graph embedding via reasoning over entities, relations, and text. Future Generation Computer Systems, 2019, 91: 426-433.

[186] Zhang W, Paudel B, Wang L, et al. Iteratively learning embeddings and rules for knowledge graph reasoning. The World Wide Web Conference, San Francisco, 2019: 2366-2377.

[187] Cai L, Luo P E, Zhou G F, et al. Multiperspective light field reconstruction method via transfer reinforcement learning. Computational Intelligence and Neuroscience, 2020, 2020(1): 8989752.

[188] Xiong W H, Hoang T, Wang W Y. DeepPath: A reinforcement learning method for knowledge graph reasoning. Proceedings of the 2017 Conference on Empirical Methods in Natural Language Processing, Copenhagen, 2017: 564-573.

[189] Dayan P, Watkins C. Q-learning. Machine learning, 1992, 8(3): 279-292.

[190] Chen S Y, Wang M L, Song W J, et al. Stabilization approaches for reinforcement learning-based end-to-end autonomous driving. IEEE Transactions on Vehicular Technology, 2020, 69(5): 4740-4750.

[191] Ye D H, Liu Z, Sun M F, et al. Mastering complex control in MOBA games with deep reinforcement learning. Proceedings of the AAAI Conference on Artificial Intelligence, 2020, 34(4): 6672-6679.

[192] Liu F, Tang R M, Li X T, et al. State representation modeling for deep reinforcement learning based recommendation. Knowledge-Based Systems, 2020, 205: 106170.

[193] Das R, Dhuliawala S, Zaheer M, et al. Go for a walk and arrive at the answer: Reasoning over paths in knowledge bases using reinforcement learning. International Conference on Learning Representations, Vancouver, 2018: 1-9.

[194] Shen Y L, Chen J S, Huang P S, et al. M-walk: Learning to walk over graphs using Monte Carlo tree search. Proceedings of the 32nd International Conference on Neural Information Processing Systems, Montreal, 2018: 31.

[195] Liu X V, Socher R, Xiong C M. Multi-hop knowledge graph reasoning with reward shaping. Proceedings of the 2018 Conference on Empirical Methods in Natural Language Processing, Brussels, 2018: 3243-3253.

[196] Li R P, Cheng X. DIVINE: A generative adversarial imitation learning framework for knowledge graph reasoning. Proceedings of the 2019 Conference on Empirical Methods in Natural Language Processing and the 9th International Joint Conference on Natural Language Processing, Hong Kong, 2019: 2642-2651.

[197] Fu C, Tong C, Meng Q, et al. Collaborative policy learning for open knowledge graph reasoning. Proceedings of the 2019 Conference on Empirical Methods in Natural Language Processing and the 9th International Joint Conference on Natural Language Processing, Hong Kong, 2019: 2672-2681.

[198] Li S Y, Wang H, Pan R, et al. MemoryPath: A deep reinforcement learning framework

for incorporating memory component into knowledge graph reasoning. Neurocomputing, 2021, 419: 273-286.

[199] Tiwari P, Zhu H Y, Pandey H M. DAPath: Distance-aware knowledge graph reasoning based on deep reinforcement learning. Neural Networks, 2021, 135: 1-12.

[200] 王伟, 殷爽爽. 基于深度双Q网络的多用户蜂窝网络功率分配算法研究. 计算机应用研究, 2021, 38 (5): 1498-1502.

[201] Nathani D, Chauhan J, Sharma C, et al. Learning attention-based embeddings for relation prediction in knowledge graphs. Proceedings of the 57th Annual Meeting of the Association for Computational Linguistics, Florence, 2019: 4710-4723.

[202] Sun Z, Yang J, Zhang J, et al. Recurrent knowledge graph embedding for effective recommendation. Proceedings of the 12th ACM Conference on Recommender Systems, Vancouver, 2018: 297-305.

[203] Lin J, Pan W K, Ming Z. FISSA: Fusing item similarity models with self-attention networks for sequential recommendation. Proceedings of the 14th ACM Conference on Recommender Systems, Online, 2020: 130-139.

[204] Zhu X W, Zhao P P, Xu J J, et al. Knowledge graph attention network enhanced sequential recommendation. Web and Big Data: 4th International Joint Conference, Tianjin, 2020: 181-195.

[205] Goldberg D, Nichols D, Oki B M, et al. Using collaborative filtering to weave an information tapestry. Communications of the ACM, 1992, 35(12): 61-70.

[206] Resnick P, Iacovou N, Suchak M, et. al. Grouplens: An Open Architecture for Collaborative Filtering of Netnews. Proceedings of the 1994 ACM Conference on Computer Supported Cooperative Work, Chapel Hill, 1994: 175-186.

[207] Balabanović M, Shoham Y. Fab: content-based, collaborative recommendation. Communications of the ACM, 1997, 40(3): 66-72.

[208] Billsus D, Pazzani M J. Learning collaborative information filters. Proceedings of the 15th International Conference on Machine Learning, Berlin, 1998, 98: 46-54.

[209] Osadchiy T, Poliakov I, Olivier P, et al. Recommender system based on pairwise association rules. Expert Systems with Applications, 2019, 115: 535-542.

[210] Gupta J, Gadge J. Performance analysis of recommendation system based on collaborative filtering and demographics. 2015 International Conference on Communication, Information & Computing Technology, Mumbai, 2015: 1-6.

[211] Lops P, Jannach D, Musto C, et al. Trends in content-based recommendation: Preface to the special issue on recommender systems based on rich item descriptions. User Modeling and User-Adapted Interaction, 2019, 29: 239-249.

[212] Yin C Y, Shi L F, Sun R X, et al. Improved collaborative filtering recommendation algorithm based on differential privacy protection. The Journal of Supercomputing, 2020, 76(7): 5161-5174.

[213] Tarus J K, Niu Z, Mustafa G. Knowledge-based recommendation: A review of ontology-based recommender systems for e-learning. Artificial Intelligence Review, 2018, 50(1): 21-48.

[214] Sang L, Xu M, Qian S S, et al. Knowledge graph enhanced neural collaborative recommendation. Expert Systems with Applications, 2021, 164: 113992.

[215] Shi D Q, Wang T, Xing H, et al. A learning path recommendation model based on a multidimensional knowledge graph framework for e-learning. Knowledge-Based Systems, 2020, 195: 105618.

[216] Xie L J, Hu Z M, Cai X J, et al. Explainable recommendation based on knowledge graph and multi-objective optimization. Complex & Intelligent Systems, 2021, 7(3): 1241-1252.

[217] Lin Y K, Liu Z Y, Sun M S, et al. Learning entity and relation embeddings for knowledge graph completion. Proceedings of the 29th AAAI Conference on Artificial Intelligence, 2015, 29(1): 2181-2187.

[218] Wang P F, Guo J F, Lan Y Y, et al. Learning hierarchical representation model for nextbasket recommendation. Proceedings of the 38th International ACM SIGIR conference on Research and Development in Information Retrieval, Santiago, 2015: 403-412.

[219] He R N, Kang W C, McAuley J. Translation-based recommendation. Proceedings of the eleventh ACM Conference on Recommender Systems, Como, 2017: 161-169.

[220] Kang W C, McAuley J. Self-attentive sequential recommendation. 2018 IEEE International Conference on Data Mining, Singapore, 2018: 197-206.

[221] Zhang Y J, Shi Z K, Zuo W L, et al. Joint personalized Markov chains with social network embedding for cold-start recommendation. Neurocomputing, 2020, 386: 208-220.

[222] Zhou X K, Li Y, Liang W. CNN-RNN based intelligent recommendation for online medical pre-diagnosis support. IEEE/ACM Transactions on Computational Biology and Bioinformatics, 2020, 18(3): 912-921.

[223] Gan L, Nurbakova D, Laporte L, et al. Enhancing recommendation diversity using determinantal point processes on knowledge graphs. Proceedings of the 43rd International ACM SIGIR Conference on Research and Development in Information Retrieval, Online, 2020: 2001-2004.

[224] Huang X W, Fang Q, Qian S S, et al. Explainable interaction-driven user modeling over knowledge graph for sequential recommendation. Proceedings of the 27th ACM International Conference on Multimedia, Nice, 2019: 548-556.

[225] Wang P F, Fan Y, Xia L, et al. KERL: A knowledge-guided reinforcement learning model for sequential recommendation. Proceedings of the 43rd International ACM SIGIR Conference on Research and Development in Information Retrieval, Xi'an, 2020: 209-218.

[226] Yang Z X, Dong S B, Hu J L. GFE: General knowledge enhanced framework for explainable sequential recommendation. Knowledge-Based Systems, 2021, 230: 107375.

[227] Du W, Jiang G, Xu W, et al. Sequential patent trading recommendation using knowledge aware attentional bidirectional long short-term memory network (KBiLSTM). Journal of Information Science, 2023, 49(3): 814-830.

[228] Kar A K, Dwivedi Y K. Theory building with big data-driven research-Moving away from the "What" towardsthe "Why". International Journal of Information Management, 2020, 54: 102205.

[229] Zhu Y J, Che C, Jin B, et al. Knowledge-driven drug repurposing using acomprehensive drug knowledge graph. Health Informatics Journal, 2020, 26(4): 2737-2750.

[230] Qiu Z P, Wu X, Gao J Y, et al. U-BERT: Pre-training user representations for improved recommendation. The 35th AAAI Conference on Artificial Intelligence, 2021, 35(5): 4320-4327.

[231] Penha G, Hauff C. What does BERT know about books, movies and music? Probing BERT for conversational recommendation. Proceedings of the 14th ACM Conference on Recommender Systems, Rio de Janeiro, 2020: 388-397.

[232] Chen J Y, Wu Y Y, Fan L U, et al. N2VSCDNNR: A local recommender system based on node2vec and rich information network. IEEE Transactions on Computational Social Systems, 2019, 6(3): 456-466.

[233] Yuan F J, He X N, Karatzoglou A, et al. Parameter-efficient transfer from sequential behaviors for user modeling and recommendation. Proceedings of the 43rd International ACM SIGIR Conference on Research and Development in Information Retrieval, Online, 2020: 1469-1478.

[234] Tang J X, Wang K. Personalized top-N sequential recommendation via convolutional sequence embedding. Proceedings of the Eleventh ACM International Conference on Web Search and Data Mining, Los Angeles, 2018: 565-573.

[235] Li J, Ren P J, Chen Z M, et al. Neural attentive session-based recommendation. Proceedings of the 2017 ACM on Conference on Information and Knowledge Management, Montreal, 2017: 1419-1428.

[236] Wu S, Tang Y Y, Zhu Y Q, et al. Session-based recommendation with graph neural networks. The 33rd AAAI Conference on Artificial Intelligence, 2019, 33(1): 346-353.

[237] Cui W Y, Xiao Y H, Wang H X, et al. KBQA: Learning question answering over QA corpora and knowledge base. Proceedings of the VLDB Endowment, 2017, 10(5): 565-576.

[238] Wang H W, Zhang F Z, Zhao M, et al. Multi-task feature learning for knowledge graph enhanced recommendation. The World Wide Web Conference, New York, 2019: 2000-2010.

[239] Chen Y H, Li H, Li H, et al. An overview of knowledge graph reasoning: Key technologies and applications. Journal of Sensor and Actuator Networks, 2022, 11(4): 78.

[240] Luo D S, Cheng W, Xu D K, et al. Parameterized explainer for graph neural network. Proceedings of the 34th International Conference on Neural Information Processing Systems, Vancouver, 2020, 33: 19620-19631.

[241] Amara K, Ying R, Zhang Z, et al. GraphFramEx: Towards systematic evaluation of explainability methods for graph neural networks. The First Learning on Graphs Conference, New York, 2022: 2045-2053.

[242] Vincent P, Larochelle H, Lajoie I, et al. Stacked denoising autoencoders: Learning useful representations in a deep network with a local denoising criterion. Journal of Machine Learning Research, 2010, 11(12): 3371-3408.

[243] Dettmers T, Minervini P, Stenetorp P, et al. Convolutional 2D knowledge graphembeddings. Proceedings of the 32nd AAAI Conference on Artificial Intelligence and 30th Innovative Applications of Artificial Intelligence Conference and 8th AAAI Symposium on Educational Advances in Artificial Intelligence, New Orleans, 2018: 1811-1818.

[244] Pezeshkpour P, Tian Y F, Singh S. Revisiting evaluation of knowledge base completion models. Automated Knowledge Base Construction, San Diego, 2020: 23-34.

[245] Liu S W, Grau B, Horrocks I, et al. INDIGO: GNN-Based inductive knowledge graph completion using pair-wise encoding. Advances in Neural Information Processing Systems, Hong Kong, 2021: 2034-2045.

[246] Cheng K W, Liu J H, Wang W, et al. RLogic: Recursive logical rule learning from knowledge graphs. Proceedings of the 28th ACM SIGKDD Conference on Knowledge Discovery and Data Mining, Washington D. C., 2022: 179-189.

[247] Ying Z T, Bourgeois D, You J X, et al. GNNExplainer: Generating explanations for graph neural networks. Advancesin Neural Information Processing Systems, 2019, 32: 9240-9251.

[248] Galárraga L A, Teflioudi C, Hose K, et al. AMIE: Association rule mining under incomplete evidence in ontological knowledge bases. Proceedings of the 22nd International Conferenceon World Wide Web, New York, 2013: 413-422.

[249] Srinivasan A. The aleph manual. University of Oxford, Oxford, 2001: 1-66.

[250] Meilicke C, Chekol M, Ruffinelli D, et al. Anytime bottom-up rule learning for knowledge graph completion. International Joint Conference on Artificial Intelligence, Macao, 2019: 3137-3143.

[251] Kipf T N, Welling M. Semi-supervised classification with graph convolutional networks. International Conference on Learning Representations, Toulon, 2017: 2645-2656.

[252] Yuan H, Tang J, Hu X, et al. XGNN: Towards model-level explanations of graph neural networks. Proceedings of the 26th ACM SIGKDD International Conference on Knowledge Discovery& Data Mining, New York, 2020: 430-438.

[253] Yuan H, Yu H Y, Wang J, et al. On explainability of graph neural networks via subgraph explorations. International Conference on Machine Learning, Online, 2021: 12241-12252.

[254] Silver D, Schrittwieser J, Simonyan K, et al. Mastering the game of go without human knowledge. Nature, 2017, 550(7676): 354-359.

[255] Newman M E J. Mathematics of Networks: An Introduction to the Mathematical Tools Used in the Study of Networks, Tools That Will Be Important to Many Subsequent Developments. Oxford: Oxford University Press, 2010.

[256] Toutanova K, Chen D Q. Observed versus latent features for knowledge base and text inference. Proceedings of the 3rd Workshop on Continuous Vector Space Models and Their Compositionality, Beijing, 2015: 57-66.

[257] Halliwell N, Gandon F, Lecue F. User scored evaluation of non-unique explanations for relational graph convolutional network link prediction on knowledge graphs. Proceedings of the 11th Knowledge Capture Conference, NewYork, 2021: 57-64.

[258] Lehmann J, Isele R, Jakob M, et al. DBpedia—A large-scale, multilingual knowledge base extracted from Wikipedia. Semantic Web, 2015, 6(2): 167-195.